Helmut Wittlage

Moderne Organisationskonzeptionen

Business Computing

Bücher und neue Medien aus der Reihe Business Computing verknüpfen aktuelles Wissen aus der Informationstechnologie mit Fragestellungen aus dem Management. Sie richten sich insbesondere an IT-Verantwortliche in Unternehmen und Organisationen sowie an Berater und IT-Dozenten.

In der Reihe sind bisher erschienen:

SAP, Arbeit, Management
von AFOS

Steigerung der Performance von Informatikprozessen
von Martin Brogli

Netzwerkpraxis mit Novell NetWare
von Norbert Heesel und Werner Reichstein

Arbeit in der modernen Kommunikationsgesellschaft
von Marie-Theres Tinnefeld et al.

Professionelles Datenbank-Design mit ACCESS
von Ernst Tiemeyer und Klemens Konopasek

Qualitätssoftware durch Kundenorientierung
von Georg Herzwurm, Sixten Schockert und Werner Mellis

Modernes Projektmanagement
von Erik Wischnewski

Business im Internet
von Frank Lampe

Projektmanagement für das Bauwesen
von Erik Wischnewski

Projektmanagement interaktiv
von Gerda M. Süß und Dieter Eschlbeck

Projektkompass SAP®
von AFOS und Andreas Blume

Elektronische Kundenintegration
von André R. Probst und Dieter Wenger

Moderne Organisationskonzeptionen
von Helmut Wittlage

Vieweg

Helmut Wittlage

Moderne Organisationskonzeptionen

Grundlagen und Gestaltungsprozeß

Die deutsche Bibliothek – CIP-Einheitsaufnahme

Wittlage, Helmut:
Moderne Organisationskonzeptionen: Grundlagen und Gestaltungsprozeß /
Helmut Wittlage.
– Braunschweig; Wiesbaden: Vieweg, 1998
(Vieweg business computing)

Der Verlag Vieweg ist ein Unternehmen der Bertelsmann Fachinformation GmbH.

http://www.vieweg.de

ISBN-13: 978-3-528-05660-5 e-ISBN-13: 978-3-322-88904-1
DOI: 10.1007/ 978-3-322-88904-1

Vorwort

Gegenstand der Diskussion sowohl in der Organisationstheorie als auch in der Organisationspraxis sind z. Zt. die modernen Organisationskonzeptionen. Diese werden z. T. unter sehr unterschiedlichen Begriffen abgehandelt. Dies vermittelt den Eindruck, als ob es sich um grundsätzlich unterschiedliche Konstrukte handelt.

Die Zielsetzung dieser Veröffentlichung ist daher darin zu sehen, die modernen Organisationskonzeptionen unter dem Aspekt ihrer Besonderheiten und ihrer Gemeinsamkeiten darzustellen. Zudem wird dargelegt, daß die modernen Organisationskonzeptionen als eine folgerichtige Weiterentwicklung der traditionellen Konzeptionen aufgefaßt werden können. Damit wird es unumgänglich, ihren Einfluß auf die zukünftige Organisationsgestaltung darzulegen. Letzteres bedingt insbesondere, den Einfluß der modernen I- und K-Techniken zu hinterfragen. Weiterhin wird die Frage untersucht, inwieweit DV-Tools diesen Gestaltungsprozeß unterstützen.

Das Buch wendet sich an Studierende der Betriebswirtschaftslehre sowie die der Wirtschaftsinformatik sowohl im Grund- als auch im Hauptstudium. Für den Praktiker ist die Kenntnis der in diesem Buch dargelegten Grundlagen der modernen Organisationskonzeptionen als auch des Gestaltungsprozesses erforderlich, um sich der Auswirkungen seiner organisatorischen Entscheidungen bewußt zu werden.

Münster, im Januar 1998 Helmut Wittlage

Inhaltsverzeichnis

Verzeichnis der Abkürzungen

d.h. .... das heißt
ebd. .... ebenda
EDI .... Electronic Data Interchange
etc. .... und so weiter
HWO .... Handwörterbuch der Organisation
IOS .... interorganisationelles System
I u KT .... Informations - und Kommunikationstechnik
IT .... Informationstechnologie
JIT .... Just in Time
T- Form .... technical based form
u.a. .... und andere
u.a.m. .... und anderes mehr
usw. .... und so weiter
z. B. .... zum Beispiel
zfbf .... Zeitschrift für betriebswirtschaftliche Forschung
zfo .... Zeitschrift für Führung und Organisation
z.T. .... zum Teil
z. Zt. .... zur Zeit

Verzeichnis der Abbildungen

1 Vorbemerkung

Gegenwärtig werden die in den Unternehmen bestehenden Organisationsstrukturen in so weitreichender Weise in Frage gestellt und organisatorischen Veränderungen mit so tiefgreifenden Konsequenzen unterworfen wie nie zuvor. Dies findet seinen Niederschlag in der Vielzahl der in den letzten Jahren entwickelten Organisationskonzeptionen und deren Realisierung. Genannt seien die "modernen" Organisationskonzeptionen wie Lean Structure, Lean Organization, Lean Management, Geschäftsprozeßorganisation, fraktale Organisation, Vertrauensorganisation, molekulare Organisation, T-Form Organization. Im Vordergrund der Betrachtungen stehen die Entkoppelung der Elemente des magischen Dreiecks Kosten, Zeit und Effizienz in Bezug auf die betrieblichen Aufgabenerfüllungsprozesse sowie die Berücksichtigung des Marktes (Kunden, Lieferanten) und der Einsatz der moderen I- und K-Techniken.

Endogene und exogene Faktoren wie Globalisierung der Märkte, sich verschärfender Wettbewerb, Entwicklung neuer I- und K-Techniken, Ineffizienz durch hohe Regelungsdichte und Formalisierung, fehlender Leistungsbezug u.a. fanden in der Organisationsgestaltung mit der Erkenntnis, daß die Organisationsstruktur als ein wesentlicher Erfolgsfaktor anzusehen ist, zunehmend Berücksichtigung. Dies hatte zur Folge, daß die zeitlich aufeinander folgenden Organisationskonzeptionen diese Aspekte mit steigendem Gewicht berücksichtigen. Das ist bereits in der divisionalen Organisationsstruktur erkennbar. Die Marktorientierung wird in der Bildung von Divisionen/Sparten berücksichtigt, der Aspekt der eigenverantwortlich tätigen Aktionseinheiten in Form der Bildung von Cost-Centern, Profit-Centern, Investment-Centern und strategischen Geschäftseinheiten. In den letzteren Formen ist bereits der Ansatz der Bildung von Fraktalen (eigenständig handelnde Aktionseinheiten des Unternehmens) zu sehen.

Die zunehmende Ineffizienz der Unternehmen aufgrund der steigenden Kosten vor allem im administrativen Bereich als Folge einer hohen Regelungsdichte und Formalisierung führte zur Konzeption der Lean-Organization. Die Lean-Organization ist insbesondere im Hinblick auf die Beseitigung der organisatorischen Schwachstellen im Unternehmen zu sehen. Diese mehr nach innen gerichtete Gestaltungskonzeption wurde ergänzt durch die Verstärkung des marktbezogenen Aspektes in Form der Geschäftsprozeßorganisation. Das beinhaltet zugleich einen Paradigmawechsel. Der Prozeßstruktur wird im organisatorischen Gestaltungsprozeß das Primat zugewiesen, begünstigt durch den Einsatz moderner I- und K-Techniken (Die I- und K-Techniken werden als ein "enable factor" angesehen).

Die wachsende Komplexität der Unternehmensprozesse sowie die zunehmende Zahl exogener Faktoren und ihres Gewichtes verlangten nach einer Möglichkeit, das Unternehmen auch weiterhin zielorientiert steuern zu können. Im Hinblick auf diesen Aspekt, insbesondere dem Abbau der Komplexität, wurde das Konzept der fraktalen Organisation (molekulare Organisation) entwickelt, das die Konzeption der Geschäftsprozeßorganisation sinnvoll ergänzt. Somit kann die fraktale Geschäftsprozeßorganisation als der augenblickliche Stand der Entwicklung angesehen werden.[1]

Grundsätzlich gilt es aber, sich des folgenden Sachverhaltes bewußt zu sein:
"It is hard to select one particular organization form and claim that it represents *the* structure of the future. There are hundreds of thousands of organizations, and it is unlikely that a manufacturing company will develop a structure that looks exactly like that of a law firm. However, we do know that technology makes certain organizational forms attractive and there are pressures moving organi-zations in particular new directions. The combinations of these external pressures and the new technology has the potential to change the way firms are structured, and the shape of these changes, at least, can be defined."[2] Dabei ist es nur möglich, die grundsätzlichen Aspekte moderner Organisationskonzeptionen in Form einer Makrostruktur zu berücksichtigen. Jedes Unternehmen wird diese im Hinblick auf die eigene individuelle Aufgabenstellung und Situation, in der es tätig ist, noch zu modifizieren haben, z. B. Art und Umfang der Geschäftsprozesse, Anzahl der Hierarchieebenen, Bestimmung der einzusetzenden modernen I- und K-Techniken.

Aus vorstehenden Gründen ist es daher notwendig, in den folgenden Ausführungen alle unter dem Begriff "moderne Organisationskonzeptionen" zusammengefaßten Organisationskonzeptionen im einzelnen darzustellen, d.h. in Bezug auf ihre Besonderheiten und Gemeinsamkeiten, insbesondere im Hinblick auf die jeweils verfolgten organisatorischen Zielsetzungen. Dies bedingt zugleich eine Bewertung in Bezug auf ihre praktische Relevanz sowie eine Darlegung des organisatorischen Gestaltungsprozesses.

---

[1] siehe Wittlage, H., Organisationsgestaltung unter dem Aspekt der Gechäftsprozeßorganisation, in: zfo 4/1995, S. 210 ff.

[2] Lucas, H., C., Jr., The T - Form Organization, Using Technology to Design Organizations for the 21st Century, San Francisco 1996, S. 3

2 Einleitung

Für das Verständnis der in den nachfolgenden Abschnitten dargelegten Sachverhalte ist es zunächst erforderlich, den Rahmen der Organisationsgestaltung zu beschreiben. Dabei wird auf die Diskussion der unterschiedlichen Organisationsbegriffe - instrumentaler (funktionaler [Gutenberg], konfigurativer [Kosiol]) und institutioneller (Mayntz, March/Simon) - verzichtet. Vielmehr wird davon ausgegangen, daß die Organisationsgestaltung die institutionellen als auch die instrumentalen Aspekte gleichermaßen zu berücksichtigen hat, um ihrer Aufgabenstellung gerecht werden zu können.[3] Gegenstand der weiteren Ausführungen sind daher zunächst das Objekt, die Ziele der Organisationsgestaltung sowie die Bestimmungsfaktoren der Organisationsstruktur.

2.1 Objekt der Organisationsgestaltung

Das Objekt der Organisationsgestaltung ist die Erarbeitung eines Systems von generellen Regelungen, durch das

- ein soziales System strukturiert wird
- die Aktivitäten der zum System gehörenden Elemente - Menschen, Sachmittel - geordnet, deren Einsatz sowie das Informationshandling zweckorientiert festgelegt werden.[4]

Im Gegensatz zu technischen oder biologischen Systemen ist in einem sozialen System der Mensch ein wesentliches Element. Daher sind die Interaktionsbeziehungen zwischen den Systemmitgliedern, deren Leistungsvermögen, Wertvorstellungen und Bedürfnisse sowie die Verhaltenserwartungen (Rollen), die den einzelnen Mitgliedern zugeordnet werden, von großer Bedeutung.[5] Dieses so charakterisierte System wird als ein soziotechnisches System bezeichnet.

Eine zunehmende Bedeutung kommt den Sachmitteln, insbesondere in Form der modernen Informations- und Kommunikationstechniken (I- und K-Techniken) zu. Sie nehmen neben der Ausführungsfunktion, der Informationsbe- und -verarbeitung, in wachsendem Maße Kontroll-, Entscheidungs- und Steuerungsfunktio-

---

[3] Zum Inhalt der unterschiedlichen Organisationsbegriffe vgl. Schreyögg, G., Organisation, Grundlagen moderner Organisationsgestaltung, Wiesbaden 1996, S. 4 ff.

[4] Vgl. Hill, W., Fehlbaum, R., Ulrich, P., Organisationslehre, Bd. 1, 5. Aufl., Bern - Stuttgart 1994, S. 17. Einige Autoren unterscheiden eine größere Anzahl grundlegender Elemente, nämlich Aufgaben, Menschen, Sachmittel und Informationen, vgl. Frese, E., Aufbauorganisation, Gießen 1976, S. 24

[5] Zum Begriff der Rolle siehe Dahrendorf, R., Homo Soziologicus, 15. Aufl., Opladen 1977 und die dort angegebene Literatur.

nen wahr. Aufgrund dieses Sachverhaltes wird die moderne I- und K-Technik als ein enable factor gesehen, den es in der Gestaltung des soziotechnischen Systems mit einem hohen Gewicht zu berücksichtigen gilt. In diesem Zusammenhang ist u.a. auf den vermehrten Einsatz multifunktionaler Arbeitsmittel zu verweisen.

Da das Element Information als grundlegende Basis des soziotechnischen Systems zu sehen ist, werden seine Aktivitäten durch das Informationshandling weitgehend mitbestimmt. Insofern ist von einem informationsbasierten soziotechnischen System auszugehen.

Die informationsbasiertern sozio-technischen Systeme, die den Gegenstand der weiteren Betrachtung bilden, lassen sich durch eine begrenzte Anzahl spezifischer Sachverhalten eingrenzen. Als solche sind zu nennen:

- grundlegende Systemeigenschaften
- spezifische Ziel- (Zweck-) Orientierung
- spezifische Regelungen

Grundlegende Systemeigenschaften

Als grundlegende Systemeigenschaften sind zu nennen:[6]

1. Offenheit des Systems
2. Dynamik des Systems
3. Komplexität
4. Probabilität

zu 1. Offenheit

Durch seine Leistungsbeziehungen zu den Beschaffungs- und Absatzmärkten, dem Zwang zur Beachtung von Rechtsnormen (z. B. Steuer-, Arbeits-, Sozial-, Tarifrecht), die Berücksichtigung der technologischen Entwicklungen usw. werden die Struktur und die Aktivitäten des soziotechnischen Systems beeinflußt oder sogar festgelegt. Eine vollständige Erfassung der Einflüsse der Umwelt (auch als Super- bzw. Metasystem bezeichnet) ist kaum möglich. Diese Offenheit findet eine zunehmende Berücksichtigung in der Organisationsgestaltung (moderne Organisationskonzeptionen).

[6] Zur Klassifikation von Systemen siehe Beer, St., Kybernetik und Management, 3. erweiterte Aufl., Frankfurt a. M. 1967, S. 27 ff.

zu 2. Dynamik

Die Offenheit des Systems hat zur Folge, daß die Struktur (System genereller Regelungen) als auch der Einsatz der Ressourcen sowie die Aktivitäten des Systems sich im Zeitablauf verändern. Neben diesen Einflüssen der Umwelt ergeben sich auch aufgrund interner Veränderungen (z.B. Einsatz neuer Technologien im administrativen und technischen Bereich) Wandlungsprozesse. Insbesondere externe Veränderungen wie Globalisierung der Märkte, wachsender Wettbewerb, Entwicklung neuer Produkte und Technologien führen zu Systemveränderungen. Der Grad der Veränderungen des Systemszustandes kann sich zwischen einer kontinuierlichen Entwicklung (inkrementelle Veränderungen) und einer radikalen Umstrukturierung bewegen. Er schwankt im Zeitablauf.

zu 3. Komplexität

Das soziotechnische System weist eine Vielzahl von Beziehungen zwischen seinen Elementen und zu seiner Umwelt auf. Als interne Beziehungen sind zu nennen: die Mitarbeiter-Mitarbeiterbeziehungen (soziale, kommunikative, Vorgesetzten-Untergebenenbeziehungen), Sachmittel-Sachmittelbeziehungen (Arbeitsmittel, Arbeitsunterlagen), informationelle Beziehungen unterschiedlicher Art. Als externe Beziehungen sind insbesondere zu beachten: die Beziehungen zu den Beschaffungs- und Absatzmärkten, die zum Staat und zur Gesellschaft. Diese Beziehungen lassen sich nicht exakt voneinander trennen, sondern sie sind interdependent. D. h., sie durchdringen sich gegenseitig und überlagern sich. Sie bestimmen im wesentlichen Umfange die Struktur und die Aktivitäten des Systems.

zu 4. Probabilität

Insbesondere aufgrund der Offenheit und der Komplexität des Systems lassen sich nur probabilistische Aussagen über seine Struktur und seine Aktivitäten treffen. Ein weiterer wesentlicher Grund ist in dem nicht exakt voraussehbaren Verhalten der Mitarbeiter zu sehen. Selbst bei ausreichender Kenntnis der Beziehungszusammenhänge können z. T. nur Wahrscheinlichkeitsaussagen getroffen werden.

Diese vorstehend skizzierten Systemeigenschaften (Ausfluß des institutionellen Organisationsbegriffs) erschweren eine effiziente Organisationsgestaltung. Ihre Kenntnis und angemessene Berücksichtigung im Gestaltungsprozeß sind aber die Voraussetzung einer erfolgreichen Organisationsarbeit.

Spezifische Ziel- (Zweck-) Orientierung

Die Organisationsstruktur (System genereller Regelungen) des soziotechnischen Systems ist zweck- (ziel-)orientiert gestaltet, d. h., die Aktivitäten des Sytems, der Einsatz der Ressourcen. Entscheidend ist die langfristig verfolgte Zielsetzung. Diese umfaßt auch planmäßige Veränderungen, nicht hingegen improvisatorische, die aufgrund situativer Veränderungen nur kurzfristig Gültigkeit besitzen. Für den ökonomischern Bereich besteht die Zielorientierung in der Erstellung und Verwertung von Gütern und Dienstleistungen. Dabei sind Sach-, Formal- (finanzwirtschaftliche) und soziale Zielsetzungen zu unterscheiden.[7]

Sachziel

Das Sachziel wird durch das konkrete Leistungsprogramm des soziotechnischen Systems bestimmt, d.h., durch die Menge und die Art der zu erstellenden Güter und/oder Dienstleistungen sowie deren Verwertung in einem begrenzten Zeit-raum (z. B. Geschäftsjahr). Dieses Sachziel (Gesamtaufgabe) kann anhand unterschiedlicher Kriterien systematisch in partielle Ziele (Teilaufgaben/Geschäftsprozesse) aufgegliedert werden (Aufgabenanalyse). Das Ergebnis dieser Zerlegung findet in der Aufgabenstruktur bzw. in der Struktur der Geschäftsprozesse seinen konkreten Niederschlag. Diese Zerlegung ist aufgrund der arbeitsteiligen Wahrnehmung der Gesamtaufgabe im soziotechnischen System erforderlich.

Formalziel

Um die Entscheidung über die zu realisierenden Handlungsalternativen in Bezug auf die zu erfüllenden Teilaufgaben/Geschäftsprozesse treffen zu können, bedarf es eines Formalziels. Das Formalziel bestimmt den Einsatz und die Kombination der verfügbaren Ressourcen (Mensch, Sachmittel, Informationen). Für den ökonomischen Bereich wird die Gewinnmaximierung (Erfolgsziel) als vorrangig angesehen. Aufgrund empirischer Untersuchungen[8] kann aber festgestellt werden, daß eine Vielzahl unterschiedlicher Formalziele in der Praxis Berücksichtigung finden und ein Formalziel, allein z. B. das Gewinnmaximierungsprinzip, keine ausreichende Berücksichtigung der Realität darstellt. Neben dem vorrangig verfolgten Ziel der Gewinnerzielung - nicht Gewinnmaximierung - sind folgende Formalziele im Hinblick auf die Bestimmung der zu realisierenden Handlungsalternative feststellbar: angemessene Gewinnerzielung, kurz- und langfristige Kostendeckung, Erhalt der unternehmerischen Selbständigkeit, Marktführerschaft, angemessene

[7] vgl. Grochla, E., Unternehmensorganisation, Reinbeck bei Hamburg 1972, S. 38 ff.

[8] vgl. Heinen, E., Grundlagen betriebswirtschaftlicher Entscheidungen. Das Zielsystem der Unternehmung, 3. Aufl., Wiesbaden 1976, S. 38 ff.

Rentabilität des eingesetzten Kapitals, usw.[9] In diesem Zusammenhang ist festzustellen, daß nicht nur ein Formalziel verfolgt wird und bei mehrfacher Zielsetzung diese nicht zueinander konsistent sein müssen.

Soziale Ziele

Ein wesentliches Element des soziotechnischen Systems sind die Mitarbeiter, die voneinander abweichende Zielstrukturen besitzen. Diese finden in mehr oder weniger großem Umfange Berücksichtigung in den sozialen Zielen, die das soziotechnische System verfolgen kann. Als solche sind zu nennen: Sicherheit und Erhalt von Arbeitsplätzen, finanzielle Unterstützung über den gesetzlichen Rahmen bei Krankheit, Arbeitsunfähigkeit der Mitarbeiter hinaus, medizinische Versorgung, usw.. Diese sozialen Ziele erhalten insbesondere in wirtschaftlichen ″Notzeiten ″ (z. B. hohe Arbeitslosigkeit) ein besonderes Gewicht.

Neben den jeweils relevanten Ausprägungen der Formal-, Sach- und Sozialziele sind die individuellen Zielstrukturen der Mitarbeiter bei der Organisationsgestaltung zu berücksichtigen, beeinflussen sie doch im erheblichen Umfang deren Leistung. Als Teilziele der individuellen Zielstrukturen sind zu nennen: hohe Einkommenserzielung, Sicherheit des Arbeitsplatzes sowie dessen humane Gestaltung, Realisierung der vorhandenen Fähigkeiten wie Kreativität, Selbständigkeit, Entscheidungsvermögen, usw.. Zwischen den individuellen Zielstrukturen der Mitarbeiter und der Zielstruktur des soziotechnischen Systems sind folgende Interdependenzen denkbar: konkurrierende, komplementäre, identische, indifferente, neutrale. Zielharmonie fördert die Zielerreichung des soziotechnischen Systems, Zielneutralität beeinflußt sie nicht. Zielantinomie wirkt sich negativ aus. Diese möglichen Beziehungszusammenhänge sind bei der Gestaltung der Organisationsstruktur, des zu praktizierenden Führungsstils, der Führungsform ent-sprechend zu berücksichtigen.[10]

Die Zielstruktur des soziotechnischen Systems wird letztendlich von der Leitung verbindlich festgelegt. Selbst wenn sie das Ergebnis eines Zielbildungsprozesses unter Beteiligung aller Mitarbeiter ist, so lassen sich Zielkonflikte für den einzelnen Mitarbeiter aufgrund seiner individuellen Zielstruktur nicht vermeiden. Diese Zielkonflikte müssen aber im Hinblick auf die Zielerreichung des Gesamtsystems möglichst gering gehalten werden.

---

[9] Die Diskussion über die Zielbildungsprozesse wird in der Literatur zum Teil kontrovers ausgetragen. vgl. Kubicek, H., Unternehmensziele, Zielkonflikte und Zielbildungsprozesse, Kontroversen und offfene Fragen in einem Kernbereich betriebswirtschaftlicher Theorienbildung, in: WiSt, 10. Jg., 1981, S. 458 ff.

[10] siehe Bleicher, K., Führungsstile, Führungsformen und Organisatonsformen, in: ZfO, 38. Jg. 1969, S. 31 ff. und die dort angegebene Literatur.

Spezifische Regelungen

Die Organisationsstruktur (System genereller Regelungen) als das Ergebnis des planvollen organisatorischen Gestaltungsprozesses kann im Hinblick auf die organisatorischen Regelungen, unabhängig von den jeweils berücksichtigten Sach-, Formal- und Sozialzielen, wie folgt charakterisiert werden:

- Einsatz der Systemelemente Mitarbeiter und Sachmittel (Arbeitsmittel und Arbeitsunterlagen) und deren Aktivitäten sind zielorientiert geregelt
- die informationellen Beziehungen zwischen den Elementen des Systems sind verbindlich festgelegt
- das Regelsystem gilt für alle Mitarbeiter gleichermaßen; es ist unabhängig von den individuellen Personen; es ist in mehr oder minder großem Umfang schriftlich fixiert (Formalisierung)
- von jedem Mitglied des Systems wird die Anerkennung des Regelsystems verlangt.

Aufgrund der vorstehenden Darlegungen läßt sich das Objekt der Organisationsgestaltung (Unternehmensorganisation) definieren als „ein offenes, dynamisches, äußerst komplexes und probabilistisches soziotechnisches System, dessen formalisierte Gebilde- und Prozeßstruktur auf die Erreichung des „offiziellen" Zieles ausgerichtet ist (zielorientiert)".[11]

Das Objekt der Organisationsgestaltung umfaßt damit sowohl die privaten und öffentlichen Unternehmen als auch die öffentliche Verwaltung, soweit sie dem Bereich der vorstehend gekennzeichneten sozio-technischen Systeme zuzurechnen ist, z. B. die Sozialversicherungsanstalten, staatliche Krankenhäuser, öffentliche Krankenkassen.

2.2 Ziel der Organisationsgestaltung

Die Organisationsstruktur als zweck- (ziel-)orientiertes System genereller Regelungen bildet den Ordnungsrahmen für die im Unternehmen durchzuführenden Prozesse (Prozeßstruktur, Ablauforganisation). Es weist den Mitarbeitern des Unternehmens ihre Aufgaben, Kompetenzen und Verantwortung zu (Gebildestruktur, Aufbauorganisation). Es stellt sich in diesem Zusammenhang die Frage, welches organisatorische Ziel im Rahmen des Gestaltungsprozesses verfolgt wird. Allgemein kann dieses Ziel dahingehend formuliert werden, daß das Regelsystem

[11] vgl. Blohm, H., Organisation, Information und Überwachung, 3. völlig neu bearbeitete Aufl., Wiesbaden 1977, S. 19

effektiv sein soll. Die Effektivität bedarf aber einer weitergehenden Konkretisierung, d.h., einer Zerlegung in ihre einzelnen Komponenten.

Diese Konkretisierung beinhaltet sowohl im Hinblick auf die Organisationstheorie als auch in Bezug auf die Organisationspraxis große Schwierigkeiten. Die Gründe sind in den folgenden Fakten zu sehen:

- unzureichende Erfaßbarkeit der spezifischen Ziele der Organisationsgestaltung,
- Abgrenzungsschwierigkeiten zu den Zielen der Planung,
- Abgrenzungsschwierigkeiten zu den Zielen der Unternehmung (Unternehmensziele).

Die Organisationsstruktur als Teilsystem der Unternehmung kann in diesem Kontext nicht isoliert gesehen werden. Sie weist einen instrumentalen Charakter auf. Ihre Hauptfunktion besteht in der Unterstützung im Hinblick auf die Erreichung der Unternehmensziele. Es liegt somit eine Ziel-Mittel-Beziehung vor. Daher werden die Ziele der Organisationsgestaltung durch die Unternehmensziele bestimmt.

Die Summe der Erfüllungsgrade der unterschiedlichen organisatorischen Teilziele bestimmt die Effektivität unterschiedlich gestalteter Gebilde- und Prozeßstrukturen. In diesem Zusammenhang ist aber darauf hinzuweisen, daß bisher noch keine allgemein anerkannte Lösung für das Problem der Effektivitätsbestimmung unterschiedlicher Organisationsstrukturen vorhanden ist.[12]

In der Organisationstheorie sind im Laufe der Zeit eine Vielzahl unterschiedlicher Effizienzansätze entwickelt worden. Auch in der Organisationspraxis wird eine große Anzahl unterschiedlicher Effizienzkriterien verwandt. Aufgrund dieser Sachverhalte existiert z.Zt. kein einheitliches, allgemein anerkanntes und umfassendes System organisatorischer Gestaltungsziele.

Das Bemühen, allgemeingültige Ziele für die Organisationsgestaltung zu formulieren, hat mit Beginn einer wissenschaftlichen Organisationslehre in den zwanziger Jahren seinen Niederschlag in den Organisationsprinzipien oder Organisationsgrundsätzen gefunden. Sie wurden als Regeln zweckmäßigen Organisierens bzw. einer zweckmäßigen Organisation verstanden und als solche in die Organisationspraxis übernommen. Aufgrund dieser Organisationsgrundsätze bzw. Organisationsprinzipien (vergleiche die diesbezüglichen Ausführungen in der „älteren“ Literatur z. B. Theisinger, K., Mellerowicz, K., Bleicher, K.) sowie den

---

[12] Zum Problemkreis der Bestimmung der Effektivität/Effizienz von Organisationsstrukturen und ihrer Ermittlung siehe Kapiel 7 der Ausführungen.

Ausführungen zu den Organisationszielen in der „neuen“ Literatur (Frese, Grochla, Kubick, Schreyögg, Welge) werden als Ziele der organisatorischen Gestaltung u. a. aufgeführt:

Flexibilität, Stabilität, Produktivität, klare Kompetenzabgrenzung, Anpassungsfähigkeit, ökonomische und menschliche Nützlichkeit, Entlastung des Managements, sachgerechte Entscheidungsfindung, Zufriedenheit der Mitarbeiter.

Diese Ziele werden in ihrer Rangordnung und Gewichtung dabei unterschiedlich gesehen. Sie können aber nicht isoliert und voneinander unabhängig begriffen werden, sondern sie sind in ein Zielsystem zu integrieren und durch Zieldimensionen und Zielkriterien zu operationalisieren. „Zieldimensionen stellen Aggregate zieldefinierender Sachverhalte dar, die in ihrer Gesamtheit dann ein Ziel abbilden. Sie müssen folgenden Anforderungen genügen:

- organisatorische Zieldimensionen müssen organisatorisch beeinflußbar sein,
- sie müssen voneinander (weitgehend) unabhängig sein,
- sie müssen operationalisierbar sein, d. h. eine Messung in konkretisierbaren Merkmalen erlauben.

Die Zielkriterien erlauben in der nächsten Konkretisierungsstufe eine Beschreibung von Merkmalen; . . . sie haben nicht den Charakter von Endzielen, sondern können als Zielmaßstäbe aufgefaßt werden. Sie müssen einzelnen Dimensionen

- exakt zurechenbar sein,
- diese vollständig abbilden
- und organisatorisch beeinflußbar sein.“[13]

Nachfolgend wird der Entwurf eines solchen Zielsystems dargestellt.[14]

[13] Welge, K., Jansen, A., Organisation, Kurseinheit 1, Ziele der organisatorischen Gestaltung, Feruniversität Hagen, Hagen 1982, S. 60 ff.

[14] Entnommen aus Welge, K., Jansen, A., a.a.O., S. 61 f.

Abb. 1: Zielsystem der organisatorischen Gestaltung

Dimension Kriterium	Zweckmäßige Aufgabenerfüllung	Harmonisation	Bedarfsgerechte Information und Kommunikation	Qualität der Entscheidung
	• Gleichgewicht von Anforderungen und Leistungsfähigkeit • Kongruenz von Aufgaben, Kompetenzen und Verantwortung • reibungsloser Ablauf der Prozesse • Realisierung von Lerneffekten	• intersystemische Harmonisation - innerbetriebliche Kooperation - Reduktion des Konflikpotentials • intrasystemische Harmonisation - Fit zwischen Struktur und Unternehmensstrategie - Fit zwischen Struktur und Situation - Fit zwischen Struktur und Managementphilosophie	• schnelle und problemgerechte Bereitstellung von genauen und sicheren Informationen • Intensivierung des vertikalen und horizontalen Informationflusses • Minderung der Störanfälligkeit des Kommunikationssystems	• rechtzeitiges Erkennen von Problemen • ausreichende Analyse der Probleme • Ausschöpfung des kreativen Potentials der Mitarbeiter bei der Alternativengenerierung • Durchführbarkeit der Entscheidung und Durchsetzungsfähigkeit der Entscheider

Dimension Kriterium	Umfassende Ressourcennutzung	Motivation und Zufriedenheit	Anpassungsfähigkeit und Stabilität
	• bedarfsgerechte Beschaffung und Bereitstellung von Personal • sinnvolle Nutzung der Personalkapazität • bedarfsgerechte Beschaffung von Sachmitteln • umfassende Nutzung der Sachmittel	• Ermöglichung von sozialen Beziehungen • Akzeptanz der Aufgabe und Vermeidung von Rollenkonflikten • Autonomie • gehaltvoller Aufgabeninhalt mit geringer Routinisierung und Monotonie	• Sensivität • Synergie • Slack

Das vorstehende Zielsystem der organisatorischen Gestaltung ist als ein Versuch zu verstehen, entsprechend den vorstehend aufgeführten, von einem Zielsystem zu erfüllenden Forderungen, die in der Literatur genannten sowie die in der empirischen Forschung ermittelten Ziele der organisatorischen Gestaltung systematisch zusammenzufassen.

Im Rahmen der praktischen Organisationsarbeit ist dieses Zielsystem, bezogen auf die jeweilige Gestaltungsaufgabe, gegebenenfalls durch zusätzliche Dimensionen und/oder Kriterien zu ergänzen. Die einzelnen Dimensionen und Kriterien sind aufgrund der jeweiligen situativen Gegebenheiten zu gewichten, denn eine weitgehend gleiche Erfüllung aller Gestaltungsziele ist weder möglich noch sinnvoll. Das Ergebnis der Organisationsgestaltung (Organisationsstruktur) ist unter diesem Gesichtspunkt als ein Kompromiß divergierender Ziele zu sehen.

Im Rahmen des Business Reengineering (Einführung einer Geschäftsprozeßorganisation) wird an die Stelle des vorstehenden Prinzips, alle organisatorischen Ziele möglichst hinreichend und damit kein Organisationsziel allein optimal zu erfüllen, folgendes gesetzt, "in horizontaler Hinsicht (nahezu) ausschließlich die Prozeßeffizienz und in vertikaler Hinsicht zuerst die Nutzung der Problemnähe und des Detailwissens untergeordneter Einheiten (also einen Aspekt der Delegationseffizienz) zum Maßstab des Handelns zu machen."[15] Die übrigen Organisationsziele finden in Form von Nebenbedingungen Berücksichtigung.

2.3 Bestimmungsfaktoren der Organisationsstruktur

Neben den Zielen der Organisationsgestaltung sind bei der Organisationsarbeit noch weitere Aspekte zu berücksichtigen, die als Bestimmungsfaktoren der Organisationsstruktur bezeichnet werden können. Das sind Faktoren, die im Rahmen der organisatorischen Tätigkeit zu berücksichtigen sind und damit deren Ergebnis , die Organisationsstruktur, beeinflussen bzw. bestimmen. Über Umfang und Bedeutung der relevanten Bestimmungsfaktoren existieren sowohl in der Theorie als auch in der Praxis voneinander abweichende Aussagen. In der Organisationstheorie findet dies seinen Niederschlag in den unterschiedlichen theoretischen Konzeptionen (organisationstheoretischen Ansätzen) und zwar in den jeweiligen Bestimmungsfaktoren der Organisationsstruktur.

Nach ihrem Inhalt lassen sich entsprechend den Ausführungen von Hill, Fehlbaum und Ulrich idealtypisch in ihrer zeitlichen Abfolge folgende organisationstheo-

15 Theuvsen, L., Business Reengineering - Möglichkeiten und Grenzen einer prozeßorientierten Organisationsgestaltung, in: zfbf, 1/1996, S. 76

retischen Ansätze unterscheiden:[16]

Physiologischer Ansatz (arbeitswissenschaftlicher Ansatz)

Ausgangspunkt des Gestaltungsprozesses sind die Analyse und Gestaltung von Arbeitsabläufen im Fertigungsbereich. Bestimmungsfaktoren sind die Beziehungen zwischen Mensch und Sachmittel auf der Basis der Erkenntnisse der Arbeitsphysiologie und der Technologie. Die Zielsetzung hohe Produktivität sollte durch eine weitgehende Arbeitsteilung, eine physiologisch bestimmte Arbeitsdurchführung und Arbeits-/Pausenregelung sowie durch eine leistungssteigernde Entlohnung (Akkord) erreicht werden. Der Mitarbeiter fand dabei nur in physiologischer Sicht (als Produktionsfaktor) Berücksichtigung (scientific management; Begründer: Taylor → Taylorismus).

Bürokratisch-administrativer Ansatz

Zu unterscheiden sind der Bürokratieansatz Max Webers und der administrative Ansatz H. Fayols. Grundlage des Bürokratieansatzes ist die Schaffung einer Ordnung auf der Basis eines Systems, das als Modell bezeichnet wird (Bürokratiemodell). Zentraler Punkt in diesem Modell ist der Aspekt der Herrschaft.

Grundlage des administrativen Ansatzes ist die Strukturierung auf der Basis allgemein gültiger, fundamentaler Organisationsgrundsätze (z.B. Einheit der Auftragserteilung). Gegenüber Max Weber wird der Führungsprozeß bei H. Fayol stärker betont.

Auf diesen Ansätzen basieren die angloamerikanische Mangementlehre und die deutsche Organisationslehre (Formalisierung von Strukturierungsaussagen auf der Basis arbeitswissenschaftlicher und verfahrenstechnischer Erkenntnisse → E. Kosiol).

Motivationsorientierter Ansatz

Die Human-Relation-Variante, basierend auf den Hawthorne Experimenten, sieht die Bestimmungsfaktoren der Struktur in den psychologischen und sozialen Gegebenheiten sowie in dem Gruppenverhalten (Mayo, Roethlisberger). Die motivationsorientierte Variante betont die Zusammenhänge zwischen Motivation, Frustation, Zufriedenheit und Leistung der Mitarbeiter als wesentliche Bestimmungs-

---

16 siehe Hill,W., Fehlbaum, R., Ulrich,P., Organisationslehre Bd. 2, 4. Aufl., Bern - Stuttgart 1992 S. 407 ff.; zu davon abweichenden Systematisierungen siehe: Kieser, A., Kubicek, M., Organisation, 3. Aufl., Berlin/New York 1992, S. 33 ff.; Frese, E., Grundlagen der Organisation, 6. Aufl., Wiesbaden 1995, S. 112 ff., Schreyögg, G., Organisation, Grundlagen moderner Organisationsgestaltung, Wiesbaden 1996, S. 31 ff.

faktoren (u. a. Maslow, Argyris, Herzberg). Die Erkenntnisse der Soziologie und Psychologie bilden bei beiden Ansätzen die grundlegende Basis.

Entscheidungstheoretischer Ansatz

Als Bestimmungsfaktoren der Strukturierung werden in diesem Ansatz die Entscheidungsorientierung und die Rationalität der Entscheidung angesehen. Dabei kann zwischen zwei Varianten unterschieden werden. Die mathematische (formalwissenschaftliche) Variante basiert die Strukturierungsentscheidung auf der Anwendung formaler Entscheidungsmethoden (quantitative Methoden wie Lineare Programmierung, Spieltheorie und mathematische Teamtheorie → Marschak, Arnoff/Radner). Die verhaltenswissenschaftliche, empirische Variante integriert die Motivation und das reale Entscheidungsverhalten von Individuen und Gruppen zu einer verhaltenswissenschaftlichen Betrachtung (→ Simon, March, Barnard).

Systemorientierter Ansatz

Die Bestimmungsfaktoren der Organisationsstruktur werden in diesem Ansatz aus den Erkenntnissen der Systemtheorie abgeleitet. Dabei können unterschiedliche Ausprägungen unterschieden werden. Die organisationssoziologische Variante stellt in den Vordergrund der Überlegungen die Gesichtspunkte der Systemerhaltung und der Zielrealisierung basierend auf den Kategorien Struktur und Funktion (strukturelle funktionale Theorie →Talcott, Parsons, Etzioni). Die kybernetische Vatiante stellt insbesondere ab auf die Aspekte Regelung, Steuerung, Stabilität und Anpassung als Bestimmungsfaktoren der Organisationsstruktur (→ Ackoff, Beer). Die Integration struktureller, sozialer und technologischer Aspekte in Bezug auf das Individuum, die Gruppe und das Gesamtsystem führt zu dem Konzept des soziotechnischen Systems (→ Emery/Trist, Katz/Kahn, J. D. Thompson).

Situativer Ansatz

Die Ergebnisse der seit den 70ger Jahren verstärkt betriebenen empirischen Organisationsforschung (vergleichende Organisationsforschung) führten zu dem situativen Ansatz (strukturorientierter Ansatz). Bestimmungsfaktoren der Organisationsstruktur sind nunmehr die Beziehungen zwischen der Situation (Situationsvariablen, Kontextvariablen), in der sich das System befindet, und der Organisationsstruktur, in den Ausprägungen der Strukturdimensionen gesehen (→ Udy, Hall, Pygh). Ziel der Organisationsgestaltung ist mithin ein Fit zwischen Situation und Struktur. Dieser Ansatz basiert auf den folgenden Annahmen [17]:

---

[17] vgl. Ebers, M., Situative Organisationstheorie, in: HWO, Hrsg. Frese, E., 3. Aufl., Stuttagrt 1992, Sp. 1818 f.

- die unterschiedlichen Ausprägungen der Strukturdimensionen sowie das Verhalten des Systems werden durch die situativen Gegebenheiten (Situationsvariablen, Kontextvariablen) beeinflußt bzw. bestimmt.

- alternative Ausprägungen der Strukturdimensionen sowie das damit verbundene Verhalten des Systems führen in unterschiedlichen Situationen zu einer voneinander abweichenden Effektivität der Organisationsstruktur.

Für die vorstehende Systematisierung der organisationstheoretischen Ansätze ist festzustellen, daß die Zahl der unterschiedenen Ansätze vom gewünschten Detaillierungsgrad[18] abhängig ist. Die Zuordnungen stellen z. T. Kompromisse dar. Die Analyse der Ansätze ergibt aber, daß zeitlich gesehen zunächst einzelne Bestimmungsfaktoren einseitig betont, darauf aufbauend Versuche zu einer umfassenden Erfassung der Bestimmungsfaktoren der Organisationsstruktur unternommen wurden. Trotz dieser Bemühungen ist festzustellen, daß sich noch kein allgemein akzeptierter theoretischer Bezugsrahmen herausgebildet hat.[19] Die unterschiedlichen organisationstheoretischen Ansätze geben keine allgemeingültigen Antworten auf die Fragen

1. Welche Bestimmungsfaktoren sind bei der Organisationsgestaltung zu berücksichtigen und welches ist ihr relatives Gewicht?

2. Welche Sachzwänge ergeben sich aufgrund der unterschiedlichen Bestimmungsfaktoren für die organisatorische Gestaltung und welcher Gestaltungsspielraum verbleibt ?

Im Gegenteil kommen Organisationstheoretiker zu unterschiedlichen und z.T. widersprüchlichen Aussagen sowohl aufgrund theoretischer Modellbetrachtungen als auch aufgrund empirischer Untersuchungsergebnisse. Eine entsprechende Feststellung ist auch für die Organisationspraxis aufgrund der Aussagen von Unternehmen, Managern und Organisatoren in Bezug auf die Bestimmungsfaktoren zu treffen, die ihre Strukturierungsentscheidungen bestimmt haben bzw. bestimmen (vgl. die in den Abb. 2 und 3 dokumentierten Ergebnisse von Befragungen dieser Personenkreise).

---

[18] Grochla unterscheidet aufgrund eines geringen Detaillierungsgrades zwischen betriebswirtschaftlich-pragmatischem, entscheidungstheoretischem, verhaltenstheoretischem und informationstechnologischem Ansatz, siehe Grochla, E., Unternehmensorganisation, 9. Aufl., Opladen 1983, S. 20 ff.

[19] vgl. Frese, E., Grundlagen der Organisation, 6. Aufl., Wiesbaden 1995, S. 112

Abb. 2: Bestimmungsfaktoren der Organisationsstruktur

Gewicht der Bestimmungsfaktoren	Anzahl der Unternehmen		Mittelwert
	absolut	relativ	
Tradition			
- kein Gewicht	42	21,2 %	
- geringes Gewicht	55	27,6 %	2,6
- mittleres bis sehr	102	51,2 %	
hohes Gewicht			
Umwelt (Wettbewerb,			
Marktbedingungen)			
- kein Gewicht	7	3,5 %	
- geringes Gewicht	30	15,1 %	3,7
- mittleres bis sehr	162	81,4 %	
hohes Gewicht			
erfolgreiche Unternehmen			
- kein Gewicht			
- geringes Gewicht	16	8,1 %	
- mittleres bis sehr	19	9,5 %	3,8
hohes Gewicht	164	82,4 %	
Unternehmensstrategie			
- kein Gewicht			
- geringes Gewicht	10	5,0 %	
- mittleres bis sehr	8	4,0 %	4,0
hohes Gewicht	181	91,0 %	
sonstige Faktoren			
- kein Gewicht			
- geringes Gewicht	2	6,9 %	
- mittleres bis sehr	2	6,9 %	4,3
hohes Gewicht	25	86,2 %	

Basis: 145 Industrieunternehmen, 28 Handelsunternehmen, 26 sonstige Unternehmen
1 = kein Gewicht, 2 = geringes Gewicht, 3 = mittleres Gewicht, 4 = hohes Gewicht, 5 = sehr hohes Gewicht
Die Unternehmen wiesen 50 bis 500 Beschäftigte auf.

Ergebnis einer empirischen Untersuchung mittelständischer Unternehmen im Jahre 1995, siehe: Wittlage, H., Organisationsgestaltung mittelständischer Unternehmen, Wiesbaden 1996, S. 73

Abb. 3a: Bewertung der wichtigsten Bedingungen für die Gestaltung der Organisationsstruktur eines Unternehmens*

	Angaben von Organisationsspezialisten (n = 49)			
	Einflußgrößen	Rangwert-summe	Anzahl Nennung.	durchsch. Rangwert
1	Management-Philosophie	96	26	3,7
2	Diversifikation	90	27	3,3
3	Größe	78	22	3,5
4	Konkurrenzverhältnisse	48	16	3,0
5	Kundenstruktur	44	13	3,4
6	Herkunft und Tradition	38	11	3,5
7	Technologischer Fortschritt	37	15	2,5
8	Fertigungstechnologie	31	12	2,6
9	Rechtsform u.Eigentumsverhältnisse	20	5	4,o
10	Standort	19	5	3,8
11	Professonalisierung	15	6	2,5
12	Orientierung an Personen	12	6	2,0
13	Konzernabhängigkeit	11	4	2,8
14	Entwicklungsphase der Unternehmung	10	3	3,3
15	Struktur der Geschäftsleitung	8	3	2,7
16a	Image der Unternehmung	4	2	2,0
16b	Informationstechnologie	4	2	2,0
16c	Institutionelle Bedingungen der org. Gestaltung	4	1	4,0
19a	Fertigungstiefe	3	1	3,0
19b	Fertigungspolitik	3	2	1,5
21	Gewichtung von Funktionen	1	1	1,0
22	Organisationstheoretisches Wissen	0	0	0

Abb. 3b: Bewertung der wichtigsten Bedingungen für die Gestaltung der Organisationsstruktur eines Unternehmens*

Angaben von Top-Managern (n = 49)				
	Einflußgrößen	Rangwert-summe	Anzahl der Nennung.	durchschn. Rangwert
1	Diversifikation	81	21	3,9
2	Management-Philosophie	77	21	3,7
3	Größe	57	16	3,6
4	Kundenstruktur	46	13	3,5
5	Konzernabhängigkeit	29	9	3,2
6	Fertigungstechnologie	27	11	2,5
7	Konkurrenzverhältnisse	26	8	3,3
8a	Technolog. Fortschritt	23	8	2,9
8b	Entwicklungsphase der Unternehmung	23	5	4,6
10	Rechtsform u. Eigentumsverhältnisse	22	7	3,1
11	Standort	16	7	2,3
12a	Orientierung an Personen	15	5	3,0
12b	Herkunft und Tradition	15	4	3,8
14	Gewichtung von Funktionen	10	3	3,3
15	Professionalisierung	9	3	2.8
16	Organisationstheoretisches Wissen	8	2	4,0
17	Struktur der Geschäftsleitung	6	3	2,0
18	Fertigungstiefe	3	1	3,0
19a	Image der Unternehmung	2	2	1,0
19b	Personalpolitik	2	2	1,0
21	Informationstechnologie	1	1	1,0
22	Institutionelle Bedingungen	0	0	0

* nach Kubicek, H., Die Vorstellungen von Top-Managern und Organisationsspezialisten von den Einflußgrößen der Organisationsstruktur. Ein erster Auswertungsbericht aus einer explorativen empirischen Studie. Arbeitspapier Nr. 13/76 , Institut für Unternehmensführung im Fachbereich Wirtschaftswissenschaften der Freien Universität Berlin, Berlin 1976

Für die Darlegung der modernen Organisationskonzeptionen ist es trotz des Fehlens eines allgemein verbindlichen Bezugsrahmens erforderlich festzulegen, auf welchem organisationstheoretischen Ansatz die Analyse erfolgen soll. Trotz der vorhandenen Kritikpunkte[20] wird aufgrund der folgenden Argumente von dem situativen organisationstheoretischen Ansatz ausgegangen:[21]

- Die operationalisierte Konzeption der Organisationsstruktur (Strukturdimensionen) ermöglicht die sytematische Darstellung der die modernen Konzeptionen kennzeichnenden Strukturmerkmale.
- Zusammenhänge zwischen Situation und Strukturdimensionen ermöglichen die Darlegung der situativen Ausprägungen der Strukturdimensionen der Organisationsstruktur.
- Der Einfluß der modernen I- und K-Techniken auf die Ausprägungen der Strukturdimensionen läßt sich in den organisatorischen Gestaltungsmöglichkeiten in ausreichendem Umfange darlegen und neue Gestaltungsspielräume lassen sich aufzeigen.
- Interdependenzen zwischen den Strukturdimensionen der Gebilde- und Prozeßstruktur lassen sich aufzeigen und damit Gestaltungsspielräume abgrenzen.
- Ergebnisse der empirischen Organisationsforschung können Hinweise auf organisatorische Regelmäßigkeiten geben und als Hinweise bei der situativen Organisationsgestaltung genutzt werden.
- Die Entwicklung der modernen Organisationskonzeptionen kann als ein evolotionärer Prozeß dargelegt werden.

Zum Abschluß dieser Ausführungen muß eine Antwort auf die Frage gegeben werden:

Welche Bedeutung besitzen die Ergebnisse der Organisationstheorie im Hinblick auf die Bestimmungsfaktoren der Organisationsstruktur für die praktische Organisationsarbeit und welchen Beitrag können sie zur Erarbeitung einer effektiven Organisationsstruktur leisten.?

Die Antwort der Organisationspraxis ergibt sich aus der folgenden schrittweisen Vorgehensweise bei der organisatorischen Gestaltung:

1. Schritt: Ermittung der Bestimmungsfaktoren, die zum Zeitpunkt der Gestaltung und zukünftig für die Unternehmensstruktur relevant sind.

[20] vgl. Kieser, A., Kubicek, H., Organisation, 3. Aufl., Berlin-New York 1992, S. 214 ff.; Frese, E., Organisationstheorie - Stand und Aussagen aus betriebswirtschaftlicher Sicht, Wiesbaden 1990, S. 7 ; Ebers, M.., Situative Organisationstheorie, a.a.O., Sp. 1832 f.

[21] vgl. Krickl, O., Ch., Business Redesign, Wiesbaden 1995, S. 68

2. Schritt: Bestimmung der Ausprägungen der Strukturdimensionen der Gebilde- und Prozeßstruktur unter Berücksichtigung der relevanten Bestimmungsfaktoren im Hinblick auf eine möglichst hohe Effektivität .

Die Organisationstheorie unterstützt diese Vorgehensweise durch Hinweise auf mögliche, zu beachtende Bestimmungsfaktoren und deren Auswirkungen auf die Strukturdimensionen. Für die Lösung praktischer Organisationsprobleme muß aber festgestellt werden, daß "modellmäßig gewonnene Aussagen einer konkreten Entscheidungssituation nicht genau entsprechen können und damit eine Optimierung aufgrund theoretischer Zielwirkungsprognosen nicht möglich ist."[22]

Der Organisator wird durch das Schließen der Lücken im theoretischen Erkenntnisstand aufgrund seiner Erfahrungen zu befriedigenden Problemlösun-gen gelangen. Organisationsmethoden und -techniken sowie die einzusetzenden Werkzeuge (DV-Tools) werden ihn bei diesem Vorhaben unterstützen.[23]

Literatur:

Beckmann, M., Tinbergen, J., Lectures on Organization Theory, 2. Aufl., Berlin 1988

Blohm, H., Organisation, Information und Überwachung, 3. Aufl., Wiesbaden 1977

Ebers, M., Situative Organisationstheorie, in: HWO, Hrsg. Frese, E., 3. Aufl., Stuttgart 1992, Sp. 1818 ff.

Frese, E., Grundlagen der Organisation, 6. Aufl., Wiesbaden 1995

Grochla, E., Unternehmensorganisation, 9. Aufl., Oplsaden 1983

Hill, W., Fehlbaum, P., Ulrich, P., Organisationslehre, Bd. 1, 5. Aufl., Bern-Stuttgart 1994, Bd. 2., 4. Aufl., Bern-Stuttgart 1992

Kieser, A., Kubicek, H., Organisation, 3. Aufl., Berlin- New York 1992

Kosiol, E., Organisation der Unternehmung, 2. Aufl., Wiesbaden 1976

Kubicek, H., Unternehmensziele, Zielkonflikte und Zielbildungsprozesse, Kontroversen und offene Fragen in einem Kernbereich betriebswirtschaftlicher Theorienbildung, in: WiSt, 10. Jg. 1981, S. 458 ff.

Mintzberg, H., Organization design: fashion or fit?, in: Harward Business Review, ½ 1981 S. 2104

Schreyögg,G., Organisation, Grundlagen moderner Organisationsgestaltung, Wiesbaden 1996

Welge, K., Jansen, A., Organisation, Kurseinheit 1, Ziele der organisatorischen Gestaltung, Fernuniversität Hagen, Ha

Wittlage, H., Organisationsgestaltung mittelständischer Unternehmen, Wiesbaden 1996

[22] Hill, W., Fehlbaum, R., Ulrich, U., Bd. 1, a.a.O., S. 53; Grochla, E., Unternehmensorganisation, a.a.O., S. 14; Wild, J., Zur praktischen Bedeutung der Organisationstheorie, in: ZfB, 37. Jg. 1967, S. 575

[23] Zu diesem Themenkomplex siehe die Ausführungen im Kapitel 6 .

3 Parameter der Organisationsgestaltung

3.1 Grundlagen

Die gestaltende organisatorische Tätigkeit besteht in der Festlegung der Ausprägungen der Strukturdimensionen der Organisation. Diese Strukturdimensionen sind mithin keine unveränderlichen Größen sondern Gestaltungsparameter. Unter dem Begriff Parameter wird in der Mathematik die zur Unterscheidung der einzelnen Funktionen einer bestimmten Gruppe gewählte charakteristische Konstante ver-standen. Auf den Bereich der Organisation übertragen wird unter diesem Begriff eine charakteristische Größe (Dimension) des jeweiligen organisatorischen Handelns begriffen.

Um Organisationsstrukturen analysieren und gestalten zu können, dies gilt auch für die modernen Organisationskonzeptionen, sind folgende Fragen zu klären:[24]

1. Welche Strukturdimensionen sind relevant?

2. Welche Interdependenzen bestehen zwischen den Ausprägungen der Strukturdimensionen?

3. Wie lassen sich die Strukturdimensionen operationalisieren?

Dabei ist zwischen den Strukturdimensionen der Gebilde- und Prozeßstruktur zu unterscheiden.

In Seidels Veröffentlichung "Betriebsorganisation" [25] wird der grundlegende Gedanke einer Trennung der Organisationsstruktur in eine Aufbau- und Ablauforganisation vorgestellt. Diese Trennung wird von Nordsieck in seinem Buch "Grundlagen der Organisationslehre" [26] übernommen. Der zentrale Begriff ist bei ihm die Aufgabe, zu deren Erfüllung menschliche Arbeitsleistungen erforderlich werden..

Während die Beziehungslehre die Zusammenhänge der Aufgabenträger untereinander und zur Unternehmensaufgabe beinhaltet (Gebildestruktur, Aufbauorganisation), umfaßt die Ablauflehre die inhaltliche und zeitliche Abfolge der Arbeitsleistungen (Tätigkeiten/Verrichtungen) in Bezug auf die Aufgabenerfüllung (Prozeßstruktur, Ablauforganisation). Der grundlegende Gedanke ist ,"daß

[24] vgl. Kieser, A., Kubicek, H., Organisation, 3 Aufl., Berlin-New York 1992, S. 67 ff.
[25] Seidel, N., Betriebsorganisation, Berlin-Wien 1932
[26] Nordsieck, F., Grundlagen der Organisationslehre, Stuttgart 1934

der Betrieb in Wirklichkeit ein fortwährender Prozeß, eine ununterbrochene Leistungskette ist. Die wirkliche Struktur eines Betriebes ist die eines Stromes."[27]

Das Gedankengut Nordsiecks, die Trennung der Organisationsstruktur in eine Aufbau- und Ablauforganisation, wurde insbesondere von Kosiol übernommen und einer differenzierten Betrachtung unterzogen.[28] Er definiert die Aufbauorganisation als das Ergebnis der strukturierenden Gestaltung mit dem Bezug auf institutionelle Probleme und Bestandsphänomene, vorzugsweise im Hinblick auf die Stellen- und Abteilungsgliederung sowie deren instanzieller Verknüpfung. Unter der Gebildestruktur wird mithin die Zuweisung verteilungsfähiger Aufgaben, der zu ihrer Erfüllung erforderlichen Kompetenzen und Verantwortung an die Mitarbeiter im Unternehmen (Bildung von Aktionseinheiten) sowie die Festlegung eines dauerhaften Beziehungszusammenhanges verstanden.

Grundlage der Gestaltung ist das Analyse-Synthese Konzept, das sowohl für die Aufbau- als auch für die Ablauforganisation Anwendung findet.

Die Aufgabenanalyse[29] auf der Basis der Gliederungskriterien Verrichtung, Objekt, Rang, Phase und Zweckbeziehung ergibt Teilaufgaben unterschiedlicher Ordnung, die im Rahmen der Aufgabensynthese nach unterschiedlichen Prinzipien - Verrichtungs-, Objekt-, Entscheidungszentralisation usw. - zu Aufgabenkomplexen zusammengefaßt werden können. Deren Verteilung auf Aufgabenträger beinhaltet die Bildung von Aktionseinheiten (Stellen), die zu Abteilungen (primären) zusammengefaßt werden. Deren Zusammenfassung zu sekundären Abteilungen (Bereiche) endet mit der Zuordnung zur Unternehmensleitung.

Aufgrund der in der Aufgabensynthese angewandten Prinzipien ergeben sich die Strukturdimensionen der Gebildestruktur - sachliche Spezialisierung, formale Spezialisierung, Koordination und Konfiguration -, die dabei unterschiedliche Ausprägungen erfahren können.

Die vorstehend dargelegten Zusammenhänge lassen sich in der folgenden Darstellung abbilden:

---

27 Nordsieck, F., Betriebsorganisation, Betriebsaufbau und Betriebsablauf , 4. Aufl., Stuttgart 1972, S. 9

28 Kosiol, E., Organisation der Unternehmung, 1. Aufl., Wiesbaden 1962 (2. Aufl. 1976)

29 Zur Aufgabenanalyse siehe Wittlage, H., Unternehmensorganisation, a.a.O., S. 58 ff.

Abb. 4: Zusammenhang zwischen dem Aufgaben-Analyse-Synthese Konzept und den Strukturdimensionen der Gebildestruktur

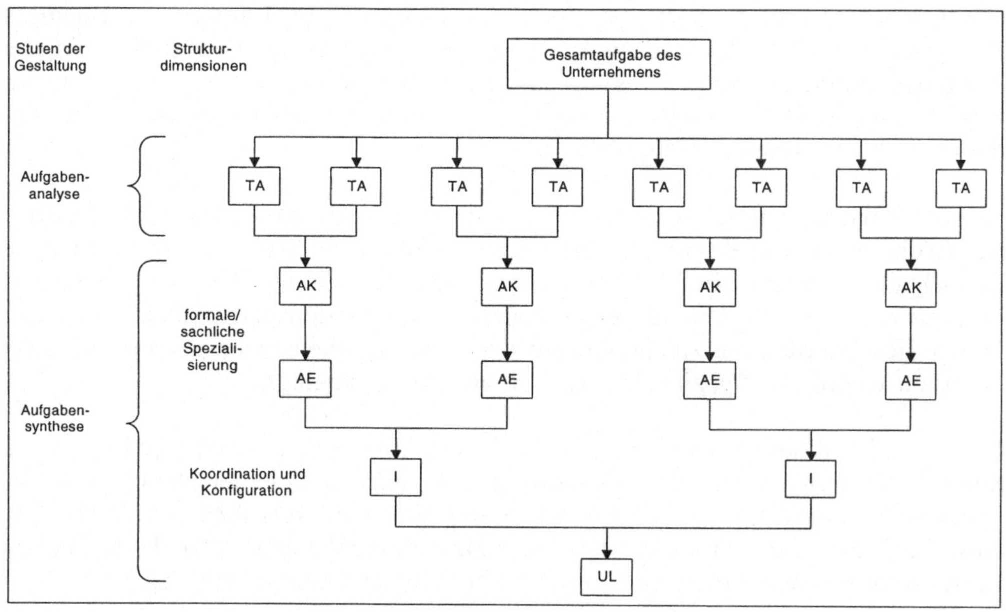

Legende TA = Teilaufgabe
AK = Aufgabenkomplex
AE = Aktionseinheit
I = Instanz
UL = Unternehmensleitung

Gegen das Aufgaben-Analyse-Synthese Konzept als Basis der organisatorischen Gestaltung werden sowohl theoretische als auch praktisch begründete Einwendungen geltend gemacht, u. a. :[30]

- Eine Gesamtaufgabe kann nicht logisch zwingend und gleichsam neutral in Teilaufgaben aufgespaltet werden.
- Die Aufgabenanalyse ist ein dekonstruktiver Schöpfungsprozeß, da sie an bereits vorhandene Prozeßvorstellungen anknüpft.

[30] siehe Schreyögg, G., Organisation, Grundlagen moderner Organisationsgestaltung, Wiesbaden 1996, S. 117 f.

- Die Aufgabenanalyse geht von den nicht gegebenen Prämissen stabiler und völlig durchschaubarer Aufgaben aus. Damit werden Unsicherheit und Komplexität als Aufgabenbedingungen negiert.

Es ist daher zu prüfen, inwieweit diese Überlegungen im Rahmen des Business Reengineering, Business Redesign, Process Reengineeering im Hinblick auf die Aufgabenbildung Berücksichtigung finden (siehe dazu die Ausführungen im Kapitel 6.4 : Modifizierung des Vorgehens im Hinblick auf Realisierung der modernen Organisationskonzeptionen).

Auf den Ergebnissen der Arbeitsanalyse - sie knüpft an den Teilaufgaben niedrigster Ordnung an, von Kosiol als verlängerte erfüllungsbezogene Aufgabenanalyse bezeichnet - basiert die Arbeitssynthese, die Gestaltung der Aufgabenerfüllungsprozesse. Sie besteht in der personellen, temporalen und lokalen Synthese. Durch diese werden die Ausprägungen der Strukturdimensionen der Prozeßstruktur arbeitstechnische Spezialisierung, Ort und Zeit festgelegt.

Die Prozeßstruktur (Ablauforganisation) kann damit umschrieben werden als die Summe der Regelungen aller gleichzeitg oder nacheinander erfolgenden Tätigkeiten/Verrichtungen, die auf die Erfüllung gleicher Aufgaben gerichtet sind, sowie als die Sicherstellung des Gesamtzusammenhanges aller betrieblichen Leistungsprozesse zur Erreichung des übergeordneten Unternehmenszieles.

Die Unterscheidung in eine Gebilde- und Prozeßstruktur wird aus rein methodischen Gesichtspunkten vorgenommen. Dies bedeutet, daß die organisatorische Gestaltung der Gebildestruktur untrennbar mit der der Prozeßstruktur verbunden ist und vice versa. Zwischen den Strukturdimensionen der Gebilde- und Prozeßstruktur bestehen somit wechselseitige Beziehungen. Durch die Organisationsgestaltung müssen daher die betrieblichen Vorgänge und Beziehungen zu einer produktiven Einheit zusammengefaßt werden. Dies wird durch ein System von Regelungen erreicht. Dieses Regelsystem bildet den konkreten Inhalt der Unternehmensorganisation. Durch die unterschiedliche Gestaltung dieses Systems ergeben sich die verschiedenen Organisationskonzeptionen.

3.2 Strukturdimensionen der Gebildestruktur

Eine Auswahl der in der Organisationstheorie und der empirischen Organisationsforschung verwandten Strukturdimensionen der Gebildestruktur stellt die folgende Aufzählung dar:[31]

- Spezialisierung
- (De-) Zentralisation
- Professionalisierung
- Motivationsmechanismen
- Delegation
- Koordination
- Formalisierung
- Kommunikation
- Hierarchie
- Konfiguration

Die verwandten Stukturdimensionen weichen nach Art und Umfang voneinander ab. Daraus wird ersichtlich, daß ihnen ein unterschiedliches Gewicht in Bezug auf die Gestaltung der Organisationsstruktur beigemessen wird. Weiterhin ist festzustellen, daß einige als selbständige Strukturdimensionen aufgeführte Größen als Teildimensionen anderer Dimensionen anzusehen sind.

Die sechs Strukturdimensionen Spezialisierung, Formalisierung, Delegation, Koordination, Konfiguration und Professionalisierung finden in der Literatur weitgehend Berücksichtigung, wie eine entsprechende Untersuchung zeigt.[32]

In den folgenden Ausführungen werden dagegen die vier Dimensionen

- sachliche Spezialisierung
- formale Spezialisierung
- Koordination
- Konfiguration

als aus- und hinreichend betrachtet werden,[33] um die Gebildestruktur eines Unternehmens sowohl erfassen als auch unter Berücksichtigung der jeweiligen Rahmen-

[31] vgl. Kubicek, H., Messung der Organisationsstruktur, in: HWO, hrsg. Grochla, E.,2.Aufl., Stuttgart 1980, Sp. 1781 ff., Wolter, G., Messung der Organisationsstruktur, Stuttgart 1985

[32] vgl. Breilmann, U., Dimensionen der Organisationsstruktur, Ergebnisse einer empirischen Untersuchung, in: zfo, 3/1995, S. 259 ff.

[33] vgl. Grochla, E., Einführung in die Organisationstheorie, Stuttgart 1978, S. 31

bedingungen (organisatorische Ziele, Bestimmungsfaktoren) effektiv und effizient gestalten zu können. Somit ergibt sich ein vierdimensionaler Möglichkeitsraum.

Als eine für die Charakterisierung der Gebildestruktur wichtige und notwendige Strukturdimension wird die Formalisierung angesehen.[34] Die Formalisierung beinhaltet die schriftliche Fixierung der organisatorischen Regelungen in Form von Organigrammen, Funktionsdiagrammen, Stellenbeschreibungen, usw., die oftmals in einem Organisationshandbuch zusammengefaßt werden. Hierbei handelt es sich um die Dokumentation der Ausprägungen der Strukturdimensionen sachliche, formale Spezialisierung, Koordination und Konfiguration, nicht aber um eine eigenständige Strukturdimension. Denn durch eine fehlende Dokumentation des vorliegenden Regelsystems erfährt die Gebildestruktur keine Veränderung. Eine entsprechende Dokumentation findet auch für die Strukturdimensionen der Prozeßstruktur statt, z.B. in Form von Arbeitsablaufdarstellungen, Programmablaufplänen, Verfahrensanweisungen. Da die Formalisierung nur als eine Dokumentation der jeweiligen die Gebilde- und Prozeßstruktur kennzeichnenden Ausprägungen der Strukurdimensionen angesehen werden darf, wird sie in den folgenden Ausführungen nicht als eine eigenständige Strukturdimension begriffen. Damit wird aber nicht die Notwendigkeit der Dokumentation der Strukturdimensionen der Gebilde- und Prozeßstruktur in Frage gestellt.[35]

Diese vier Strukturdimensionen der Gebildestruktur erhalten aufgrund der jeweils angewandten Prinzipien - Strukturierungsprinzipien - unterschiedliche Ausprägungen. Durch die Auflistung der jeweils zutreffenden Strukturierungsprinzipien in Form einer Strukturformel läßt sich jede Gebildestruktur[36] präzise darstellen. Diese Formel lautet:

$$G = \{ S, E, K, L \}$$

G = Gebildestruktur
S = Art der sachlichen Spezialisierung (Objekt, Verrichtung)
E = Art der formalen Spezialisieruing (Entscheidungszentralisation, -dezentralisation)
K = Koordination (personale, strukturelle, technokratische)
L = Konfiguration (Einlinien-, Mehrlinien-, Stabliniensystem, Leitungsspannenhöhe)

---

[34] vgl. Kieser, A., Kubicek, H., Organisation, 3. Aufl., Berlin-New York 1992, S. 67 ff., Breilmann, U., a.a.O., S. 261

[35] Zu den Zielen und Formen der Dokumentationstechniken siehe Wittlage, H., Methoden und Techniken der praktischen Organisationsarbeit, 3. Aufl., Herne- Berlin 1993, S. 106 ff.

[36] Gebildestruktur im Sinne einer Makrostruktur, d.h., es wird in dieser Formel das Grundmuster der formalen Gebildestruktur dargelegt.

Weichen die Ausprägungen der Stukturdimensionen für die primären und sekundären Aktionseinheiten des Unternehmens voneinander ab, so ist die Gebildestruktur mit Hilfe einer entsprechenden Anzahl unterschiedlicher Strukturformeln darzustellen. Dann muß zwischen der Grundstruktur - die erste und zweite hierarchische Ebene betreffend (Makrostruktur) - und den Abteilungsstrukturen - sie erfassen die dritte bis zur n-ten Ebene (Mikrostruktur) - unterschieden werden.

Strukturdimension sachliche Spezialisierung

Durch die sachliche Spezialisierung wird die Form der Zuweisung von verteilungsfähigen Aufgabenkomplexen auf die Aufgabenträger im Unternehmen bestimmt. Diese Aufgabenkomplexe bilden damit die Basis der im Unternehmen gebildeten Aktionseinheiten (primäre und sekundäre Abteilungen).

Bei der Anwendung des Verrichtungsprinzips werden die durch gleichartige Verrichtungen gekennzeichneten Teilaufgaben zu Aufgabenkomplexen zusammengefaßt (Beschaffung, Fertigung, Vertrieb, Verwaltung, Buchhaltung, Datenverarbeitung usw.). Beziehen sich diese auf unterschiedliche Objekte, so ist damit eine Objektdezentralisation verbunden. Damit wird das Problem der Zentralisation bzw. der Dezentralisation zum fundamentalen Gleichgewichtsproblem zwischen Aufgabenteilung und Koordination.[37]

Bei der Anwendung der Objektzentralisation werden hingegen unterschiedliche Verrichtungen an gleichartigen Objekten zu Aufgabenkomplexen zusammengefaßt. Dies bedeutet zugleich eine Verrichtungsdezentralisation. Als Objekte kommen Produkte, Produktgruppen, Kundengruppen, regionale Märkte, Geschäftsprozesse usw. in Frage.

Die auf dieser Basis gebildeten Aktionseinheiten werden u.a. als Divisionen, Sparten, Geschäftsbereiche bezeichnet. Wird die Objektzentralisation auf der zweiten hierarchischen Ebene vollzogen, so finden insbesondere die Außenbeziehungen des Unternehmens, Markt- und Kundenbeziehungen, in der Bildung der Aktionseinheiten Berücksichtigung (divisionale Organisation).

Verrichtungs- als auch die Objektzentralisation weisen jeweils spezifische Vor- und Nachteile auf, die in Bezug auf die Spezialisierung der Ressourcen (Sachmittel, Personal), die Kosten, die Verkehrswege (Transport, Kommunikation), die Koordination und die Nutzung der humanen Ressourcen (Innovation, Kreativität) in Abhängigkeit von den situativen Gegebenheiten zu sehen sind.[38]

---

[37] vgl. Grochla, E., Unternehmensorganisation, a.a.O., S. 57
[38] vgl. Wittlage, H.,Unternehmensorganisation, 5. Aufl., Herne-Berlin 1993, S. 94 ff.

Strukturdimension formale Spezialisierung

Bei der Entscheidungszentralisation werden die Teilaufgaben mit Entscheidungscharakter zu einer geringen Zahl von Aufgabenkomplexen zusammengefaßt. Dadurch wird eine Rangordnung der diese Aufgabenkomplexe wahrnehmenden Aktionseinheiten (Instanzen) im Unternehmen gebildet. Es ensteht zwischen den Aktionseinheiten mit Realisationsaufgaben und den Instanzen ein sachliches Abhängigkeitsverhältnis derart, daß die Aktivitäten der Realisationseinheiten durch die Entscheidungen der Instanzen gesteuert werden. Der Umfang der Steuerung wird vom Grad der Entscheidungszentralisation bzw. -dezentralisation (-delegation) bestimmt.

Dieser kann in Abhängigkeit von der Art der Entscheidung - Gesamtunternehmensentscheidungen, reine, um- und übergreifende Bereichsentscheidungen - , den für die Entscheidungen notwendigen Informationen und der Nutzung der human Ressourcen unterschiedlich gestaltet werden. Sowohl die Entscheidungszentralisation als auch die Dezentralisation weisen situativ bedingt ihre spezifischen Vor- und Nachteile im Hinblick auf Kosten (Personal-), Entscheidungsfindung und -qualität, Kommunikation und Nutzung der human Ressourcen auf.[39]

Strukturdimension Koordination

Die auf der Basis der sachlichen und formalen Spezialisierung gebildeten Aktionseinheiten des Unternehmens weisen aufgrund der zugrundeliegenden Aufgabenkomplexe einen Verteilungs- und sachlichen Zusammenhang auf. Dieser Zusammenhang ist aber nicht ausreichend, die arbeitsteilige Aufgabenerfüllung auf die gemeinsamen Unternehmensziele hin auszurichten. Dazu bedarf es weiterer Regelungen, die unter dem Begriff der Koordination zusammengefaßt werden. Unter der Koordination wird die Ausrichtung der Aktivitäten der Aktionseinheiten des soziotechnischen Systems auf dessen Zielsystem verstanden. Diese Ausrichtung kann personenorientiert, strukturell oder technokratisch gestaltet werden, so daß zwischen personenorientierter, struktureller und technokratischer Koordinationsform unterschieden werden kann.[40]

---

[39] ebenda, S. 99

[40] vgl. Khandwalla, P., N., The Design of Organizations, New York 1977; im Hinblick auf eine andere Gruppierung der Koordinationsformen siehe Poensgens, D., H., Koordination, in HWO, hrsg. Grochla,E ., 2.Aufl., Stuttgart 1980, Sp. 1131 ff.

Abb. 5: Formen der Koordination

Koordination				
personenorientierte Koordination		strukturelle Koordination	technokratische Koordination	
Koordinations-zentralisation	Koordinations-dezentralisation	spezielle Aktionseinheiten	numerische Informationen	Programmierung und Regelkreise
• einzelfall-bezogene Anweisungen • generelle Anweisungen	• Zielvorgabe (Management by Objectives) • Selbstkoor-koordination • Unternehmens-philosophie	• Leitungshilfs-stellen, z.B. Stäbe, Ausschüs-se • Instanzen wie Produktmanager Projektmanager (Matrixorgani-sation), Case Owner (Ge-schäftsprozeß-organisation) • Linking Pins (System über-lappender Grup-pen)	• Kennzahlen • Budgets • innerbetrieb-liche Verrech-nungspreise	• Programmierung • Regelkreise

Die unterschiedlichen Koordinationsformen weisen jeweils insbesondere bezüglich der horizontalen und vertikalen Koordination spezifische Vor- und Nachteile, u.a. im Hinblick auf Kosten, Flexibilität, Effizienz, in Abhängigkeit von den situativen Gegebenheiten auf.[41] Aufgrund dieser wird es immer erforderlich sein, im Unternehmen einen Mix unterschiedlicher Koordinationsformen zu realisieren.

Strukturdimension Konfiguration

Die Konfiguration beinhaltet die äußere Form des Gefüges der Aktionseinheiten, d.h., die grundsätzlich möglichen Ordnungen zwischen den Aktionseinheiten des zielgerichteten soziotechnischen Systems Unternehmung. Diese möglichen Ordnungen - auch als Organisationstypen bezeichnet - sind das Einlinien-, das Mehrlinien- und das Stabliniensystem. Bei diesen handelt es sich um die klassischen Grundmodelle der Kompetenzregelung, Regelung im Sinne von Anweisungsbefugnissen, hingegen nicht um das Treffen von Entscheidungen.

---

41 Zu den einzelnen Formen und ihren Vor- und Nachteilen siehe Wittlage, H., Unternehmensorganisation, a.a.O., S. 126 ff.

Im Rahmen der Konfiguration werden zugleich die formalen Kommunikationsbeziehungen zwischen den Aktionseinheiten des Unternehmens festgelegt.

Einliniensystem

Das Einliensystem beruht auf dem Grundsatz der Einheit der Auftragserteilung - jeder Mitarbeiter hat nur einen Vorgesetzten. Es ist durch die folgenden Kriterien charakterisiert:

- Die Linie ist die einzig zulässige Kommunikationsbeziehung zwischen den Aktionseinheiten. Anordnungen, Vorschläge, Beschwerden und Informationen sind an die Linie gebunden. Direkte Verkehrswege zwischen nicht direkt über- bzw. untergeordneten Aktionseinheiten (Instanzensprung) sind unzulässig ebenso wie die zwischen Aktionseinheiten gleicher hierarischer Ebene (Passerellen).
- Betonung des hierarchischen Denkens (Tendenz zur Entscheidungszentralisation).
- Eine Spezialisierung der Leitungsfunktion ist nicht gegeben, da sich letztere auf den gesamten Aufgabenkoplex der untergeordneten Aktionseinheiten bezieht.
- Wenige Zwischeninstanzen führen zu einer flachen Organisationsstruktur (hohe Leitungsspannen, wenige Hierarchieebenen), viele Zwischeninstanzen zu einer tiefen Organisationsstruktur (niedrige Leitungsspannen, viele Hierarchieebenen).

Abb. 6: Einliniensystem

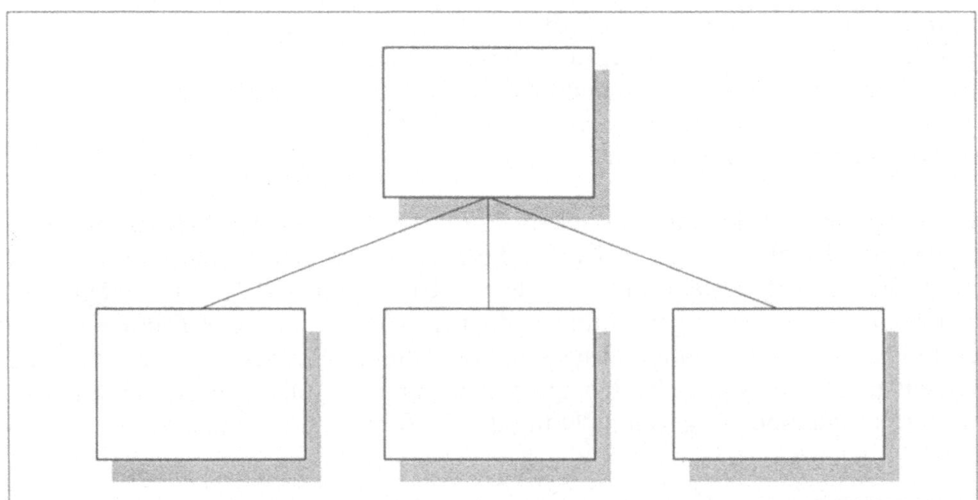

Mehrliniensystem

Beim Mehrliniensystem tritt an die Stelle des Grundsatzes der Einheit der Auftragserteilung die Mehrfachunterstellung als Folge einer höchstmöglichen Spezialisierung der Leitungsfunktion. Die einzelnen Aktionseinheiten erhalten von mehreren Instanzen Anweisungen. Dieser Typ der Kompetenzregelung kann durch folgende Kriterien charakterisiert werden:

- Weitgehende Spezialisierung der Leitungsfunktion (Job-Specialization). Daraus resultiert eine Tendenz zur Entscheidungsdezentralisation.
- Im Vordergrund steht die Fachkompetenz (funktionale Autorität), nicht hierarchisches Denken (hierarchische Autorität).
- Hohe Zahl von Instanzen.
- Kurze und direkte Kommunikationsbeziehungen, die sich überschneiden.

Abb. 7: Mehrliniensystem

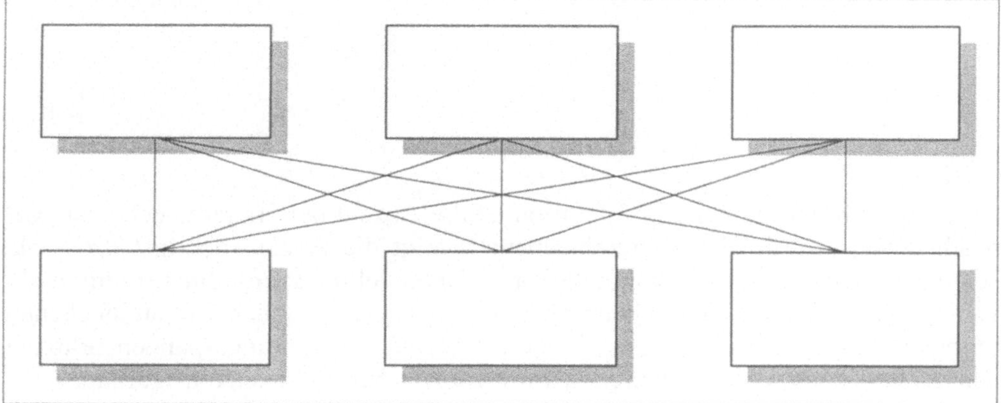

Stabliniensystem

Das Stabliniensystem verbindet das Prinzip der Einheit der Auftragserteilung mit dem der höchstmöglichen Spezialisierung der Leitungsfunktion. Die Spezialisierung findet Berücksichtigung in den den Instanzen zugeordneten spezialisierten Stäben. Diese besitzen keine Anweisungsbefugnisse. Sie nehmen abgeleitete Leitungsaufgaben wahr. Daraus ergeben sich die folgenden charakteristischen Merkmale :

- Es gilt das Prinzip der Einheit der Auftragserteilung und gleichzeitig besteht die Möglichkeit der Spezialisierung der Instanzen über die diesen zugeordneten Stabsstellen (z.B. Koordinationsstab, Kontrollstab, Informationsstab).

- Die Linie ist die einzig zulässige Kommunikationsbeziehung zwischen den Aktionseinheiten.
- Bei Stäben auf mehreren hierarchischen Ebenen kann eine Stabshierarchie aufgebaut werden. Der Stab der höheren hierarchischen Ebene besitzt dann fachliche Anweisungsbefugnisse gegenüber den nachgeordneten Stäben.

Abb. 8: Stabliniensystem

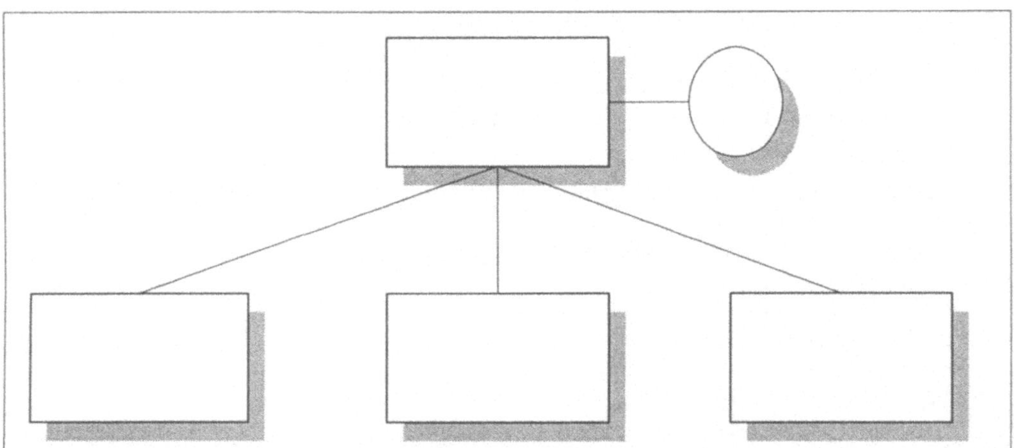

Ein weiteres Merkmal der Konfiguration ist die Anzahl der Hierarchieebenen. Mit zunehmender Anzahl der Hierarchieebenen steigt die Anzahl der Instanzen, die Leitungsspannen (Anzahl der unmittelbaren Unterstellungsverhältnisse) nimmt ab. Es liegt damit eine Tiefengliederung vor. Ist die Anzahl der Hierarchieebenen gering, verringert sich die Anzahl der Instanzen, die Leitungsspannen erhöhen sich. Es liegt somit eine Breitengliederung vor (flache/schlanke Konfiguration).

3.3 Strukturdimensionen der Prozeßstruktur

Wie die Gebildestruktur findet die Gestaltung der Prozeßstruktur ihren Niederschlag in den Ausprägungen ihrer Strukturdimensionen. Als relevante Strukturdimensionen sind zu nennen:

- arbeitstechnische Spezialisierung (Arbeitsteilung, Arbeitsverteilung)
- Raum (Gestaltung des Ortes der Aufgabenerfüllung, Sachmitteleinsatz)
- Zeit (zeitliche Abstimmung der Verrichtungen/Tätigkeiten eines Aufgabenerfüllungsprozesses)

Diese Strukturdimensionen ergeben einen dreidimensionalen Möglichkeitsraum.

Je nach den situativen Gegebenheiten - u.a. eingesetzte I- und K-Techniken, verfügbare human Ressourcen, Aufgabenart (Leitungs-, Fach-, Sach- und Unterstützungsaufgaben) - können diese Strukturdimensionen unterschiedliche Ausprägungen erfahren. Sie sind nicht voneinander isoliert zu sehen, sondern weisen wechselseitige Interdependenzen auf.

Wie die Gebildestruktur läßt sich die Prozeßstruktur gleichfalls in einer Strukturformel darstellen:

$$P = \{ A, R, Z \}$$

P = Prozeßstruktur
A = arbeitstechnische Spezialisierung (Grad der Arbeitsteilung, Verteilung der Arbeitsmengen)
R = Raum (Gestaltung des Ortes der Aufgabenerfüllung, Sachmitteleinsatz)
Z = Zeit (Art der zeitlichen Abstimmung der Verrichtungen/Tätigkeiten eines Aufgabenerfüllungsprozesses)

Aufgrund der unterschiedlichen Aufgaben (Leitungs-, Fach-, Sach- und Unterstützungsaufgaben und deren Regelbarkeit) werden sich für deren Prozesse jeweils andere Ausprägungen der Strukturdimensionen und damit andere Strukturformeln ergeben. Die Prozeßstruktur wird sich deshalb nur tendenziell in einer Strukturformel darstellen lassen, in der die für alle Aufgabenerfüllungsprozesse geltenden Ausprägungen der Strukturdimensionen ihren Niederschlag finden.

Strukturdimension arbeitstechnische Spezialisierung

Die Strukturdimension arbeitstechnische Spezialisierung beinhaltet den Sachverhalt der Arbeitsteilung und der Arbeitsverteilung. Die Arbeitsteilung beruht darauf, daß die Verrichtungen/Tätigkeiten eines Aufgabenerfüllungsprozesses unterschiedlichen Personen zur Erfüllung übertragen werden. Damit kann zugleich der Tatbestand berücksichtigt werden, daß die Prozesse in einem Zeitintervall wiederholt auftreten. Die Arbeitsteilung beruht dabei nicht auf einer Berufsspezialisierung (Job-Specialization) sondern auf einer arbeitstechnischen (Task-Specilization). Der Grad der Arbeitsteilung kann unterschiedlich hoch gestaltet werden. Als Bestimmungsgründe sind ökonomische als auch humane Aspekte zu nennen.[42] Die zunehmende Berücksichtigung sozio-emotionaler Faktoren und deren ökonomische Auswirkungen haben zu der Entwicklung des Job-Rotation, Job-Enlargement, Job-Enrichement und der Bildung teilautonomer Gruppen geführt (Abbau der weitgehenden Arbeitsteilung und funktionalen Spezialisierung).

---

[42] vgl. Wittlage, H., Unternehmensorganisation, a.a.O., S. 212 ff.

Strukturdimension Zeit

Die Arbeitsteilung bedingt eine Abstimmung der einem Aufgabenerfüllungsprozeß zugehörigen Verrichtungen/Tätigkeiten, um die Gesamtdauer der Aufgabenerfüllung zu minimieren. Im Vordergrund der Überlegungen stehen die beiden Möglichkeiten der zeitlichen Abstimmung , nämlich die auf der Basis von Durchschnittszeiten (grobe zeitliche Abstimmung) und der zeitlichen Integration.. Dabei steht die Reduzierung der Komponenten der Durchlaufzeit, Liegezeit und Transportzeit der zu bearbeitenden Objekte im Vordergrund der Betrachtung.

Einerseits wird diese Komponente durch den Grad der Arbeitsteilung unmittelbar beeinflußt, andererseits nimmt der Einfluß der eingesetzten Sachmittel - moderne I- und K-Techniken - zu. Hinzuweisen ist in diesem Zusammenhang auf das Workflowmanagement, durch das Geschäftsprozesse als Gesamtheit und nicht einzelne Verrichtungen/Tätigkeiten dv-gestützt bearbeitet bzw. verwaltet werden können. D.h., es werden dem Arbeitsträger Routineaufgaben abgenommen, ständig sich wiederholende Vorgänge automatisch abgwickelt und die integrierte Bearbeitung von Vorgängen ermöglicht.

Strukturdimension Raum

Unter der Strukturdimension Raum werden die Teilaspekte Anordnung der Arbeitsplätze, Arbeitsplatzgestaltung und Gestaltung der Arbeitsumwelt subsumiert. Während die Anordnung der Arbeitsplätze auf die Komponente Transportzeit der zu bearbeitenden Objekte abstellt, sind die Gestaltung des Arbeitsplatzes und der Arbeitsumwelt im Hinblick auf die Komponente Bearbeitungszeit zu sehen.

Durch eine dem Objektfluß entsprechende Anordnung der Arbeitsplätze soll eine möglichst kurze Transportzeit erreicht werden. Im Zuge der zunehmend papierlosen Bearbeitung von Geschäftsprozessen - die einen Geschäftsprozeß auslösenden Dokumente werden dv-mäßig erfaßt, papierlos an die Bearbeiter weitergeleitet und von diesen bearbeitet - verliert diese Komponente der Strukturdimension Raum zunehmend an Bedeutung (=> Telearbeitsplätze).

Die Komponente Gestaltung der Arbeitsumwelt - Klima, Lichtverhältnisse, Geräuschpegel [43] - wirkt sich über die Beeinflussung der physischen und psychischen Leistungsfähigkeit mittelbar auf die Bearbeitungszeit aus. Für die Gestaltung dieser Faktoren sind die jeweils aktuellen Erkenntnisse der Arbeitsphysiologie und der Arbeitspsychologie zu beachten, so daß sich hier kaum gravierend unterschiedliche Gestaltungsspielräume ergeben.

Hingegen ist dies im Hinblick auf die Gestaltung des Arbeitsplatzes, insbesondere in Bezug auf die Ausstattung mit Sachmitteln - Arbeitsmittel und Arbeitsunterlagen - anders zu sehen. Insbesondere die modernen I- und K-Techniken ermöglichen durch den Einsatz multifunktionaler Arbeitsmittel und dv-gestützter Arbeitsunterlagen einen breiten Spielraum von Gestaltungsmöglichkeiten im Hinblick auf die Verkürzung der erforderlichen Bearbeitungszeiten.

3.4 Interdependenzen der Strukturdimensionen

"Neben der Organisation des Betriebsaufbaues gibt es, streng genommen, keine besondere Organisation des Betriebsablaufes. Die Organisation des Betriebsaufbaues ....stellt ja nur das Instrument dar, das den Betriebsablauf lenkt."[44] Die Teilung in eine Gebilde- (Aufbau-) und eine Prozeßstruktur (Ablauforganisation) wird aus rein methodischen und pragmatischen Gründen vorgenommen. Dies bedeutet, daß die organisatorische Gestaltung der Gebildestruktur untrennbar mit der der Prozeßstruktur verbunden ist. Daneben bestehen auch wechselseitige Beziehungen zwischen den Strukturdimensionen der Gebilde- und der Prozeßstruktur. Somit sind drei Arten der Interdependenzen zwischen den Strukturdimensionen zu unterscheiden:

- Wechselbeziehungen zwischen den Ausprägungen der Strukturdimensionen der Gebildestruktur
- Wechselbeziehungen zwischen den Ausprägungen der Strukturdimensionen der Prozeßstruktur
- Wechselbeziehungen zwischen den Ausprägungen der Strukturdimensionen der Gebilde- und der Prozeßstruktur.

Diese Interdependenzen finden in den folgenden Sachverhalten ihren Niederschlag:

---

[43] Zu den Faktoren der Arbeitsumwelt siehe Wittlage, H., Methoden und Techniken..., a.a.O., S. 81 ff.

[44] Gutenberg, E., Grundlagen der Betriebswirtschaftslehre, Bd. 1, Die Produktion, 4. Aufl., Berlin- Göttingen-Heidelberg 1958, S. 188

Wechselwirkungen zwischen den Strukturdimensionen der Gebildestruktur

Strukturdimension formale Spezialisierung

Ein hoher Grad der Entscheidungsdelegation führt zu hohen Leitungsspannen, einer geringen Anzahl von Hierarchieebenen (Strukturdimension Konfiguration), zu einer erhöhten Selbstkoordination der Aktionseinheiten sowohl in horizontaler als in vertikaler Richtung (Strukturdimension Koordination).

Strukturdimension Koordination

Ein hoher Grad der Selbstkoordination bedingt ein gewisses Maß der Entscheidungsdelegation (Strukturdimension formale Spezialisierung).

Strukturdimension Konfiguration

Eine geringe Anzahl von Hierarchieebenen und hohe Leitungsspannen erfordern eine Entscheidungsdelegation (Strukturdimension formale Spezialisierung) und eine erhöhte Selbstkoordination der Aktionseinheiten (Strukturdimension Koordination).

Die Interdependenzen der Ausprägungen der Strukturdimensionen der Gebildestruktur führen zu typischen Kombinationen, die sich in Form einer Matrix darstellen lassen. Die Summe der Kennungen in einer Spalte der Matrix stellt eine solche typische Kombination dar.

Abb. 9: Typische Kombinationen der Ausprägungen der Strukturdimensionen der Gebildestruktur (Makrostruktur)

		Typ 1	Typ 2	Typ 3	Typ 4	Typ 5
sachliche Spezialisierung	Verrichtung	X	X		X	
	Objekt			X	X	X
formale Spezialisierung	Entschei.. Zentrali.	X	X			
	Entschei. Dezentr.			X	X	X
Koordination	personenorientiert.	X	X	X	X	X
	strukturelle		X		X	X
	technokratische			X		
Konfiguration	Einlinien	X		X		X
	Mehrlinien				X	
	Stablinien		X			

x = Kennzeichnung der miteinander kombinierten Ausprägungen

Wechselwirkungen zwischen den Strukturdimensionen der Prozeßstruktur

Strukturdimension arbeitstechnische Spezialisierung

Ein geringer Grad der Arbeitsteilung führt zu einer zeitlichen Integration der Verrichtungen/Tätigkeiten eines Aufgabenerfüllungsprozesses (Strukturdimension Zeit) und erfordert den Einsatz anforderungsgerechter Arbeitsmittel und Arbeitsunterlagen (moderne I- und K- Techniken; Strukturdimension Raum).

Strukturdimension Raum

Der Einsatz multifunktionaler Arbeitsmittel ermöglicht einen geringen Grad der Arbeitsteilung (Strukturdimension arbeitstechnische Spezialisierung), die zeitliche Integration der Verrichtungen/Tätigkeiten und die dv-mäßige Steuerung der Arbeitsprozesse (Workflowmanagement, Strukturdimension Zeit).

Strukturdimension Zeit

Eine zeitliche Integration der Verrichtungen/Tätigkeiten eines Aufgabenerfüllungsprozesses wird unterstützt durch den Einsatz multifunktionaler Arbeitsmittel (Strukturdimension Raum) und bedingt einen geringen Grad der Arbeitsteilung (Strukturdimension arbeitstechnische Spezialisierung)

Die Interdependenzen der Ausprägungen der Strukturdimensionen der Prozeßstruktur führen zu typischen Kombinationen, die sich in Form einer Matrix darstellen lassen. Die Summe der Kennungen in den Spalten geben diese Kombinationen wieder.

Abb. 10: Typische Kombinationen der Ausprägungen der Strukturdimensionen der Prozeßstruktur

		Typ 1	Typ 2
arbeitstechnische Spezialisierung	hoher Grad der Arbeitsteilung	X	
	geringer Grad der Arbeitsteilung		X
Raum	monofunktio. Arbeitsmittel konventionelle Arbeitsunt.	X	
	multifunktio. Arbeitsmittel dv-gestützte Arbeitsunter.		X
Zeit	zeitliche Abstimmung der Verrichtungen	X	
	zeitliche Integration der Verrichtungen		X

x = Kennzeichnung der miteinander kombinierten Ausprägungen

Wechselwirkungen zwischen den Strukturdimensionen der Gebilde- und der Prozeßstruktur

Diese Interdependenzen seien an dem folgenden Sachverhalt beispielhaft dargelegt. Wird im Rahmen der arbeitstechnischen Spezialisierung die Strategie der weitgehenden Arbeitsteilung und Spezialisierung durch den Grundsatz der ganzheitlichen Aufgabenerfüllung (Aufgabenerfüllung aus einer Hand, case worker) ersetzt, so wird damit zunächst die Strukturdimension der Prozeßstruktur Zeit tangiert (zeitliche Integration der Verrichtungen/Tätigkeiten eines Aufgabenerfüllungsprozesses, Liege- und Transportzeiten). Zugleich werden damit die Strukturdimensionen der Gebildestruktur sachliche Spezialisierung (die funktionalen Aufgabenkomplexe der Aktionseinheiten werden umfangreicher bzw. objektorientiert gebildet => Geschäftsprozesse), formale Spezialisierung (die Aufgabenkomplexe der Aktionseinheiten beinhalten einen höheren Anteil von Entscheidungsaufgaben) und Koordination (Zunahme der Selbstkoordination) grundlegend in ihren Ausprägungen mitbestimmt. Vice versa übt die Ausprägung einer Strukturdimension der Gebildestruktur entsprechende Einflüsse auf die Strukturdimensionen der Prozeßstruktur aus. Z. B. führt ein hoher Grad der Entscheidungsdelegation zu einem niedrigen Grad der arbeitstechnischen Spezialisierung (→ job enrichment).

Damit ergibt sich ein sehr komplexes Geflecht von Abhängigkeiten zwischen den Strukturdimensionen der Organisationsstruktur. Entscheidend ist in diesem Zusammenhang, welchem Aspekt der Organisationsstruktur, der Gebilde- oder Prozeßstruktur, im Rahmen der Organisationsgestaltung das Primat zugewiesen wird.[45]

Die Zusammenfassung der drei vorstehend beschriebenden Ebenen der Interdependenzen zwischen den Ausprägungen der Strukturdimensionen der Gebilde- und Prozeßstruktur ergeben unterschiedliche Typen der Organisationsstruktur, die in der folgenden Abbildung dargelegt werden.

[45] vgl. Scholz, R., Geschäftsoptimierung, Bergisch - Gladbach / Köln 1993, S. 166 ff., Gaitanides, M., Prozeßorganisation, München 1983, S. 123 ff.

Abb. 11: Typen der Organisationsstruktur

Strukturtypen Ausprägungen der Strukturdimensionen	Typ 1	Typ 2	Typ 3	Typ 4	Typ 5	Typ 6
Gebildestruktur						
• Formale Spezialisierung						
- Entscheidungszentralis.	x					
- Entscheidungsdezentral.		x	x	x	x	x
• sachliche Spezialisierung						
- verrichtungsorientiert	x		x			x
- objektorientiert		x	x	x	x	
• Koordination						
- personenorientiert	x	x	x	x	x	x
- strukturell	(x)		x	x	x	
- technokratisch		x				
• Konfiguration						
- Einliniensystem	x	x		x		x
- Mehrliniensystem			x		x	
- wenige Hierarchieebene				x	x	x
- viele Hierarchieebenen	x	x	x			
Prozeßstruktur						
• arbeitstechnische Spezialiserung						
- weitgehende Arbeitsteilung u. funktionale Spezialisierung	x	x	x			
- ganzheitliche Aufgabenerfüllung				x	x	x
• Raum						
- monofunktionale Arbeitsmittel	x	x	x			
- multifunktionale Arbeitsmittel				x	x	x
- konventionelle Arbeitsunterlagen	x	x	x			
- dv-gestützte Arbeitsunterlagen				x	x	x
• Zeit						
- zeitliche Abstimmung derVerrichtungen	x	x	x			
- zeitliche Integration der Verrichtungen				x	x	x

3.5 Operationalisierung

Bei der Operationalisierung der vorstehend dargelegten Strukturdimensionen sowohl der Gebilde- als auch der Prozeßstruktur handelt es sich um die Frage, in welchen Maßgrößen diese ausgedrückt bzw. erfaßt werden können. Insbesondere im Rahmen der empirischen Organisationsforschung sind mit der Beantwortuung dieser Frage eine Vielzahl von inhaltlichen und methodischen Problemen verbunden.[46] In Anlehnung an den gegenwärtigen Forschungsstand der vergleichenden Organisationsforschung wird in den folgenden Ausführungen auf quantitative Skalen zurückgegriffen, "mit deren Hilfe die Intensitäten oder Stärken der Ausprägungen von Eigenschaften der formalen Organisationsstruktur (ihr Strukturierungsgrad) erfaßt werden. Gegenstand solcher Messungen sind Makrostrukturen."[47] Da in den Ausführungen des Kapitels 5, Moderne Organisationskonzeptionen, die jeweiligen Makrostrukturen dargelegt werden, ist der Rückgriff auf quantitative Skalen als berechtigt anzusehen

3.5.1 Strukturdimensionen der Gebildestruktur[48]

Strukturdimension sachliche Spezialisierung

Die sachliche Spezialisierung bezieht sich auf den Inhalt der der Bildung der Aktionseinheiten zugrundeliegenden Aufgabenkomplexe, d.h., ob diese verrichtungs- oder objektorientiert gebildet werden. Die Abteilungsbildung auf der der Unternehmensleitung folgenden Ebene prägt die Grundstruktur der Gebildestruktur. Die Art der sachlichen Spezialisierung findet somit in den unterschiedlichen Abteilungsbezeichnungen ihren Niederschlag. Neben der reinen funktionalen Spezialisierung - alle Abteilungsbezeichnungen weisen unterschiedliche Funktionen aus - und der reinen objektorientierten Spezialisierung - alle Abteilungsbezeichnungen

[46] Zu diesem Problemkreis siehe Kubicek, H., Messung der Organisationsstruktur, in: HWO, Hrsg. Grochla, E., 2. Aufl., Stuttgart 1980, Sp. 1778 ff., Kubicek, H., Wollnik, M., Kieser, A., Wege zur praxisorientierten Erfassung der formalen Organisationsstruktur. Konfektionsware, Selbstgestricktes oder Maßschneiderei ?, in: Der praktische Nutzen empirischer Forschung, Hrsg. Witte, E., Tübingen1981, S. 79 ff.

[47] Kieser, A., Kubicek, H., Organisation, a.a.O., S. 174

[48] Zu den folgenden Ausführungen siehe Kieser, A., Kubicek, H., Organisation, a.a.O., S. 175 ff., Krickl, O., Ch., Business Redesign, a.a.O., S. 82 f, 91 f, 111, 121 f.

beinhalten unterschiedliche Objekte - sind auch Hybridstrukturen möglich. Dann haben die Abteilungsbezeichnungen sowohl Funktionen als auch Objekte zum Inhalt. Die Verhältniszahl der unter diesem Aspekt inhaltlich unterschiedlichen Abteilungsbezeichnungen zeigt dann an, ob eine überwiegend funktionale oder objektorientierte sachliche Spezialisierung vorliegt.

Der Grad der Spezialisierung kann also in der Anzahl der inhaltlich unterschiedlichen Abteilungsbezeichnungen gesehen werden. Dabei gilt es aber noch zu berücksichtigen, inwieweit Abteilungen selber noch funktions- bzw. objektorientiert in Aktionseinheiten untergliedert werden. So ist z.B. von einem gleich hohen Spezialisierungsgrad auszugehen, wenn ein Unternehmen eine Abteilung Buchaltung mit der Untergliederung in Debitoren- und Kreditorenbuchhaltung aufweist, eine andere die Abteilungen Kreditoren- und Debitorenbuchhaltung. Für die Anzahl der Abteilungen ist nämlich das Aufgabenvolumen des jeweiligen Unternehmens entscheidend.

Strukturdimension formale Spezialisierung

Da die Entscheidungszentralisation bzw. -dezentralisation (Delegation) in einer Vielzahl von Faktoren ihre Ausprägung findet, kann sie nicht in einer Maßgröße erfaßt werden. Es sind deshalb folgende Maßstäbe zu berücksichtigen:

- Anteil der Routineentscheidungen an der Gesamtheit der von der Unternehmensleitung getroffenen Entscheidungen
- Umfang und Art der Entscheidungen der unterschiedlichen Hierarchieebenen (um-, übergreifende und reine Bereichsentscheidungen)
- Art und Umfang der Beteiligung der Aktionseinheiten/Mitarbeiter an der Entscheidungsfindung der unterschiedlichen Hierarchieebenen.

Dabei gilt es zu beachten, daß diese Fakten sich gegenseitig beeinflussen.

Strukturdimension Koordination

Entsprechend den unterschiedlichen Koordinationsformen ist zwischen der Messung der personenorientierten, strukturellen und technokratischen Koordination zu unterscheiden.

Personenorientierte Koordination

Der Umfang der persönlichen Weisungen kann anhand der Maßzahl, Anzahl der Instanzen zu der der ausführenden Aktionseinheiten, erfaßt werden. Dabei wird unterstellt, daß mit steigendem Grad der persönlichen Anweisungen eine wachsende Anzahl von Instanzen (Hierarchieebenen) verbunden ist.

Die Selbstkoordination findet ihren Niederschlag in der Anzahl, dem Umfang und dem Inhalt von Besprechungen, Konferenzen und Sitzungen sowie in der horizontalen Kommunikation. Zu berücksichtigen ist hierbei die Art der Entscheidungsfindung zwischen den Beteiligten.

Strukturelle Koordination

Für die Erfassung der strukturellen Koordination ist als Maßgröße die Anzahl der Aktionseinheiten anzusehen, denen als Aufgabe die horizontale und/oder vertikale Koordination zugewiesen wird, also die Anzahl von Koordinationsstäben, Koordinatoren, linking pins, case owner usw..

Technokratische Koordination

Als Maßstab ist der Umfang der vorgegebenen Regelungen zu sehen, aufgrund der die Mitarbeiter ihre Aufgabenerfüllung zu gestalten haben. Dies bedeutet, daß nur die offiziellen Regelungen Berücksichtigung finden und nicht die inoffiziellen.

Strukturdimension Konfiguration

Für die Messung der Konfiguration, Einlinien-, Mehrlinien-, Stabliniensystem, flache Hierarchie kommen die folgenden Maßgrößen in Frage:

- Gliederungstiefe: Anzahl der Hierarchieebenen
- Leitungsspanne: Anzahl der einer Aktionseinheit unmittelbar unterstellten Aktionseinheiten (Anzahl der unmittelbaren Unterstellungsverhältnisse)
- Stellenrelation: Anzahl der Instanzen zur Anzahl der ausführenden Aktionseinheiten
- Zuordnung der Aktionseinheiten zu übergeordneten Aktionseinheiten (Ein- oder Mehrfachunterstellung).

Aus vorstehend dargelegten Maßgrößen ist erkennbar, daß sie in empirischen Untersuchungen mit unterschiedlicher Genauigkeit und Eindeutigkeit ermittelt werden können. Zusätzlich weisen sie wechselseitige Interdependenzen auf.

3.5.2 Strukturdimensionen der Prozeßstruktur

Auch für die Strukturdimensionen der Prozeßstruktur gilt es, Maßstäbe fetzulegen, mit deren Hilfe die Ausprägungen der Strukturdimensionen ausgedrückt bzw. in empirischen Untersuchungen erfaßt werden können.

Strukturdimension arbeitstechnische Spezialisierung

Als Maßgrößen kommen in Frage:

Anzahl der Mitarbeiter, die an der Erfüllumg einer Aufgabe bzw. eines Geschäftsprozesses mit der Wahrnehmung unterschiedlicher Verrichtungen/Tätigkeiten beteiligt sind im Verhältnis zu der Anzahl der insgesamt auszuführenden unterschiedlichen Tätigkeiten/Verrichtungen der entsprechenden Aufgabe/des Geschäftsprozesses.

- Anzahl der unterschiedlichen Tätigkeiten/Verrichtungen, die ein Mitarbeiter zu erfüllen hat.
- Anzahl der Aktionseinheiten, die an einem Aufgabenerfüllungsprozeß beteiligt sind.

Zu berücksichtigen ist bei diesen Maßgrößen der Umfang/Inhalt des Bezugsobjektes Aufgabe bzw. Geschäftsprozeß.

Strukturdimension Ort

Da es sich bei dieser Strukturdimension u.a. um die Gestaltung der Arbeitsmittel und Arbeitsunterlagen sowie die Anordnung der Arbeitsplätze handelt, können folgende Maßgrößen Verwendung finden:

- Anzahl der monofunktionalen Arbeitsmittel im Verhältnis zu den multifunktionalen Arbeitsmitteln einer Aktionseinheit
- Anzahl der monofunktionalen bzw. multifunktionalen Arbeitsmittel im Verhältnis zur Gesamtzahl der eingesetzten Arbeitsmittel einer Aktionseinheit
- Anzahl der Tele-Arbeitsplätze zur Gesamtzahl der Arbeitsplätze einer Aktionseinheit
- Anzahl der konventionellen Arbeitsmittel (Karteien, Listen, Verzeichnisse, usw.) im Verhältnis zur Anzahl dv-basierter Arbeitsunterlagen (Dateien, Datenbanken).
- Anzahl der konventionellen bzw. dv-basierten Arbeitsunterlagen zur Gesamtzahl der eingesetzten Arbeitunterlagen einer Aktionseinheit.

Bei dem Bezugsobjekt Aktionseinheit kann es sich um das gesamte Unternehmen als auch um einen Bereich, eine Abteilung oder eine Stelle handeln.

Strukturdimension Zeit

Innerhalb dieser Strukturdimension sind insbesondere die beiden Komponenten Liege- und Transportzeit von Bedeutung. Niedrige Liege- und Transportzeiten der zu bearbeitenden Objekte weisen auf einen hohen zeitlichen Integrationsgrad hin. Als Maßgrößen können daher eingesetzt werden:

- Anzahl der an einem Aufgabenerfüllungsprozeß beteiligten Mitarbeiter, denn jeder Bearbeiterwechsel bedingt Liege- und Transportzeiten.
- Umfang der papierlosen bzw. papierenen Bearbeitung, denn papierlose Bearbeitung verkürzt die Liege- und Transportzeiten.

Die Bezugsobjekte Aufgabe/Geschäftsprozeß beeinflussen die Größen der vorstehenden Maßgrößen. Weiterhin unterscheiden sie sich im Hinblick auf Genauigkeit und Erfaßbarkeit. Dabei ist auch zu beachten, daß sie wechselseitige Interdependenzen aufweisen.

Abschließend ist festzustellen, daß bisher für theoretische als auch für praktische Fragestellungen in Bezug auf die Erfassung der Ausprägungen der Strukturdimensionen der Gebilde- und Prozeßstruktur kein umfassender und allgemein akzeptierter Katalog von Maßgrößen vorhanden ist.

Literatur

Blau,, P., Schoenherr, F., The Structure of Organizations, New York 1971

Breilmann, U., Dimensionen der Organisationsstruktur, Ergebnisse einer empirischen Untersuchung, in: zfo 3/1995, S. 259 ff.

Frese, E., Grundlagen der Organisation, 6. Aufl., Wiesbaden 1995

Frese, E., Koordination, in: Handwörterbuch der Betriebswirtschaft, Hsrg Grochla, E., Wittmann, W., 4. Aufl., Stuttgart 1975, Sp. 2263 ff.

Frese, E., Organisation und Koordination, in: zfo 41 Jg. 1972, S. 404 ff.

Gaitanides, M., Prozeßorganisation, München, 1983

Grochla, E., Einführung in die Organisationstheorie, Stuttgart, 1978

Grochla, E., Unternehmensorganisation, 9. Aufl., Opladen 1983

Gutenberg, E., Grundlagen der Betriebswirtschaftslehre, Bd. 1 Die Produktion, 4. Aufl., Berlin-Göttingen-Heidelberg, 1958

Hill,W., Fehlbaum, R., Ulrich, P., Organisationslehre, Bd. 1, 5. Aufl., Bern-Stuttgart 1994, Bd. 2., 4.Aufl., Bern-Stuttgart 1992

Khandwalla, P., N., The Design of Organizations, New York 1977

Kieser, A., Kubicek, H., Organisation, 3. Aufl., Berlin-New York 1992

Kieser, A., Kubicek, H., Organisationstheorien, 2 Bde, Stuttgart 1978

Kosiol, E., Organisation der Unternehmung, 2. Aufl., Wiesbaden 1976

Krickl, O., Ch. Business Redesign, Wiesbaden 1995

Kubicek, H., Messung der Organisationsstruktur, in: HWO, Hrsg. Grochla, E., 2. Aufl., Stuttgart 1980, Sp. 1776 ff.

Kubicek, H., Wollnik, M., Kieser, A., Wege zur praxisorientierten Erfassung der formalen Organisationsstruktur. Konfektionsware, Selbstgestricktes oder Maßschneiderei?, in: Der praktische Nutzen empirischer Forschung, Hrsg. Witte, E., Tübingen 1981

Nordsieck, F., Betriebsorganisation, Betriebsaufbau und Betriebsabaluf, 4. Aufl., Stuttgart 1972

Nordsieck, F., Grundlagen der Organisationslehre, Stuttgart, 1934

Poensgens, D., H., Koordination, in: HWO, Hrsg. Grochla, E., 2. Aufl., Stuttgart 1980, Sp. 1131 ff.

Schanz, G., Organisationsgestaltung, 2. Aufl., München 1994

Scholz, R., Geschäftsoptimierung, Bergisch-Gladbach - Köln, 1993

Schreyögg, G., Organisation, Grundlagen moderner Organisationsgestaltung, Wiesbaden 1996

Seidel, N., Betriebsorganisation, Betriebsaufbau und Betriebsablauf, 4. Aufl., Stuttgart, 1972

Welge, K., Jansen, A., Organisation, Kurseinheit 3, Aktionsparameter der organisatorischen Gestaltung, Fernuniversität Hagen, Hagen 1983

Wittlage, H., Methoden und Techniken der praktischen Organisationsarbeit, 3. Aufl., Herne-Berlin 1993

Wittlage, H., Unternehmensorganisation, 6. Aufl., Herne-Berlin 1998

Wolter, G., Messung der Organisationsstruktur, Stuttgart 1985

4 Traditionelle Organisationskonzeptionen [49]

4.1 Vorbemerkung

In den folgenden Ausführungen werden die traditionellen Organisationskonzeptionen

- funktionale (verrichtungsorientierte) Organisation
- Produktmanagement
- divisionale Organisation
- Tensororganisation

einer kurzen Analyse unterworfen. Es soll dadurch erkennbar werden,

1. worin sich die im Kapitel 5 dargelegten modernen Organisationskonzeptionen von den traditionellen unterscheiden,

2. daß der organisatorische Gestaltungsprozeß in der Bestimmung der Ausprägungen der Strukturdimensionen der Gebilde- und Prozeßstruktur besteht,

3. daß die modernen Organisationskonzeptionen als das Ergebnis einer schlüssigen Entwicklung der traditionellen Organisationsstrukturen in Abhängigkeit von den veränderten endogenen und exogenen Faktoren (situative Gegebenheiten) angesehen werden können.

4.2 Funktionale Organisationsstruktur

Die funktionale Organisationsstruktur kann als das „traditionelle" Organisationskonzept angesehen werden. Neben den im Punkte 22 dargelegten allgemeinen Gestaltungszielen finden in ihr insbesondere folgende Aspekte Berücksichtigung:

- klare hierarchische Strukturierung des Unternehmens (Top-Down-Sicht, vertikale Sicht)
- Betonung der Hierarchie (formale Autorität)
- umfassende Kontrolle des gesamten betrieblichen Geschehens
- weitgehende Aufteilung der Gesamtaufgabe des Unternehmens in Entscheidungs- und Ausführungsaufgaben.

Diese Aspekte finden ihren Niederschlag in den Ausprägungen der Strukturdimensionen der Gebilde- und Prozeßstruktur.

---

[49] Zu den folgenden Ausführungen siehe Wittlage, H., Unternehmensorganisation, a.a.O., S. 148 ff.

4.2.1 Gebildestruktur

Die Gebildestruktur der funktionalen Organisation ist gekennzeichnet durch:

- Basis der Aktionseinheiten sind nach dem Verrichtungsprinzip gebildete Aufgabenkomplexe.
- eine weitgehende Entscheidungszentralisation in der Unternehmensspitze, auch in Bezug auf Bereichsentscheidungen (reine, um- und übergreifende). Dies führt zu langen Entscheidungswegen und hohem zeitlichen Entscheidungsaufwand mit der Folge, daß Entscheidungen sowohl in sachlicher als auch zeitlicher Hinsicht nicht anforderungsgerecht getroffen werden können.
- Die strikte Trennung von Entscheidungs- und Ausführungsaufgaben führt zu einer Tiefengliederung der Gebildestruktur (viele hierarchische Ebenen).
- Um die sich aus der Entscheidungszentralisation ergebenden Nachteile zu kompensieren, werden Unterstützungseinheiten, vorzugweise in Form von Stäben gebildet. Damit werden zusätzliche Konfliktpotentiale zwischen Stab und Linie geschaffen.
- einen hohen Grad der Fremdkontrolle.
- einen geringen Grad der Selbstkoordination der Mitarbeiter.
- Mitarbeiter werden weitgehend tätig aufgrund von Anweisungen (fremdbestimmtes Handeln). Dadurch ergibt sich ein hoher Regelungsbedarf. Die Vielzahl von Vorschriften und Verfahrensanweisungen führen zu einer Verbürokratisierung. Dies induziert einen hohen Verwaltungsaufwand (großer Overheadbereich).
- Der Gebildestruktur wird das Primat zugewiesen,d.h., sie bestimmt die Gestaltung der Prozeßstruktur.
- inside-out Orientierung.
- einen autokratischen/autoritären Führungsstil.

Diese Merkmale lassen sich zurückführen auf die folgenden Ausprägungen der Strukturdimensionen der Gebildestruktur.

formale Spezialisierung	= Entscheidungszentralisation (E_z)
sachliche Spezialisierung	= funktionsorientierte Aufgabenbildung (S_f)
Koordination	= personenorientiert (Einzelfall bezogenen, generelle Anweisungen) (K_p)
Konfiguration	= Einliniensystem, Tiefengliederung (viele Hierarchieebenen) ($L_{e/t}$)

Als Strukturformel für die Gebildestruktur (G_f) ergibt sich mithin:

$$G_f = \{ E_z, S_f, K_p, L_{e/t} \}$$

Abb. 12: Funktionale Organisationsstruktur

Unternehmens-leitung

Beschaffung | Fertigung | Marketing | Verwaltung ← funktionsorientierte Teilbereiche

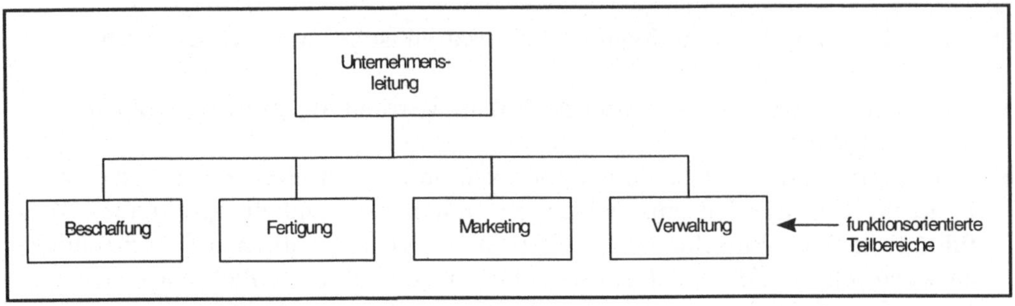

4.2.2 Prozeßstruktur

Die Prozeßstruktur wird bestimmt durch die Gebildestruktur, der das Primat bei der Gestaltung der Organisationsstruktur zugewiesen wird. Die Strukturdimensionen der Prozeßstruktur erfahren eine entsprechende Ausprägung in der folgenden Form:

arbeitstechnische Spezialisierung = weitgehende Arbeitsteilung und funktionale Spezialisierung (A_f)

Raum = monofunktionale Arbeitsmittel und konventionelle Arbeitsunterlagen ($R_{e/k}$)

Zeit = zeitliche Abstimmung der Verrichtungen des Aufgabenerfüllungsprozesses (Z_z) auf der Basis von Durchschnittswerten

Für die Prozeßstruktur (P_f) ergibt sich damit die folgenden Strukturformel:

$$P_f = \{ A_f, R_{e/k}, Z_z \}$$

Die funktionale Organisationsstruktur entspricht damit dem Typ 1 der Abbildung 11 (Typen der Organisationsstruktur).

Die der funktionalen Organisationsstruktur entsprechenden situativen Gegebenheiten können wie folgt formuliert werden:

- konstante Nachfrage bzw. marginale Nachfrageveränderungen
- insbesondere Verkäufermarkt
- geringe Diversifikation, d.h., wenige grundsätzlich unterschiedliche Produkte/ Dienstleistungen, die auf getrennten Märkten abgesetzt werden
- konstante bzw. nur geringe technologische Veränderungen der Produkte und deren Erstellung.

Diese situativen Gegebenheiten verlangen von der Unternehmung nur eine operative Anpassungsfähigkeit (Reagieren auf mengenmäßige Veränderungen des Leistungsprogramms), die durch die Ausprägungen der Strukturdimensionen der funktionalen Organisation als gegeben angenommen werden kann.

4.3 Produktmanagement

Unter dem Produktmanagement sollen die folgenden Organisationsstrukturen subsumiert werden:

- Stabsproduktorganisation
- Matrixproduktorganisation.

4.3.1 Stabsproduktorganisation

Bei einer größeren Anzahl unterschiedlicher Produkte/Dienstleistungen sind die Funktionsabteilungen überfordert, die jeweiligen speziellen Erfordernisse insbesondere im Hinblick auf die marktlichen Gegebenheiten angemessen zu berücksichtigen. Aus diesem Grunde werden im Unternehmen Produktmanager eingesetzt. Diese können der Unternehmensleitung als Stab zugeordnet werden (ressortunabhängiges Stabsproduktmanagement) bzw. dem Leiter eines Funktionsbereiches, insbesondere des Marketingbereiches (ressortabhängiges Stabsproduktmanagement). Der Produktmanager nimmt Stabsfunktionen wahr. Dies sind Funktionen , die der Entscheidung der Instanzen, denen der Produktmanager zugeordnet ist, vor- und/oder nachgelagert sind. Als solche sind in bezug auf das dem Produktmanager zugeordnete Produkte/Produktgruppen zu nennen:

- Sammlung, Aufbereitung und Weitergabe von Informationen
- Erarbeitung und Bewertung der relevanten Entscheidungsalternativen aufgrund der gesammelten und aufbereiteten Informationen
- Erarbeitung kurz-, mittel- und langfristiger Planungsunterlagen
- Entwicklung von Kontrollplänen, -methoden und -verfahren
- Koordination und Überwachung der Realisationsmaßnahmen

Diese Stabsfunktionen erstrecken sich beim ressortunabhängigen Stabsproduktmanagement auf alle Funktionsbereiche des Unternehmens, beim ressortabhängigen Stabsproduktmanagement nur auf das jeweilige Ressort. Entscheidungsbefugnisse werden den Produktmanagern nicht übertragen.

Durch das Stabsproduktmanagement findet nur eine Veränderung der Strukturdimension Konfiguration der funktionalen Organisationsstruktur dergestalt statt, daß aus einem Einliniensystem ein Stabliniensystem wird. Die Organisationsstruktur der funktionalen Organisationsstruktur bleibt damit im Grundsatz erhalten (Typ 1 in der Abbildung 11, Typen der Organisationsstruktur).

Abb. 13: Stabs-Produktorganisation (ressortabhängig)

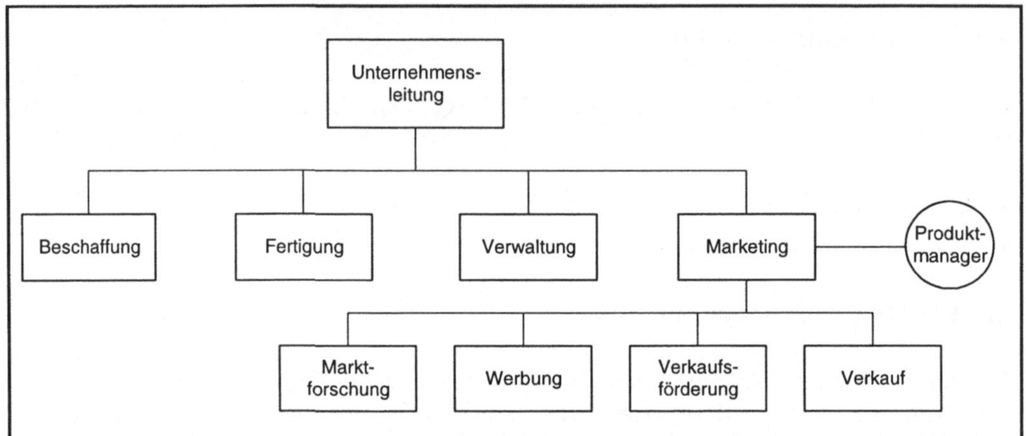

Die situativen Gegebenheiten entsprechen denen der funktionalen Organisation mit Ausnahme der geringen Diversifikation. Durch die Berücksichtigung der erhöhten Diversifikation in Form von Produktmanagern wird hier die erforderliche operative Anpassungsfähigkeit des Unternehmens sichergestellt.

4.3.2 Matrixproduktorganisation

Bei der Matrixproduktorganisation werden den Produktmanagern im Gegensatz zur Stabsproduktorganisation Entscheidungsbefugnisse übertragen. Das funktionsorientierte Entscheidungssystem wird durch ein produktbezogenes Entscheidungssystem überlagert.

Abb. 14: Matrix-Produktorganisation

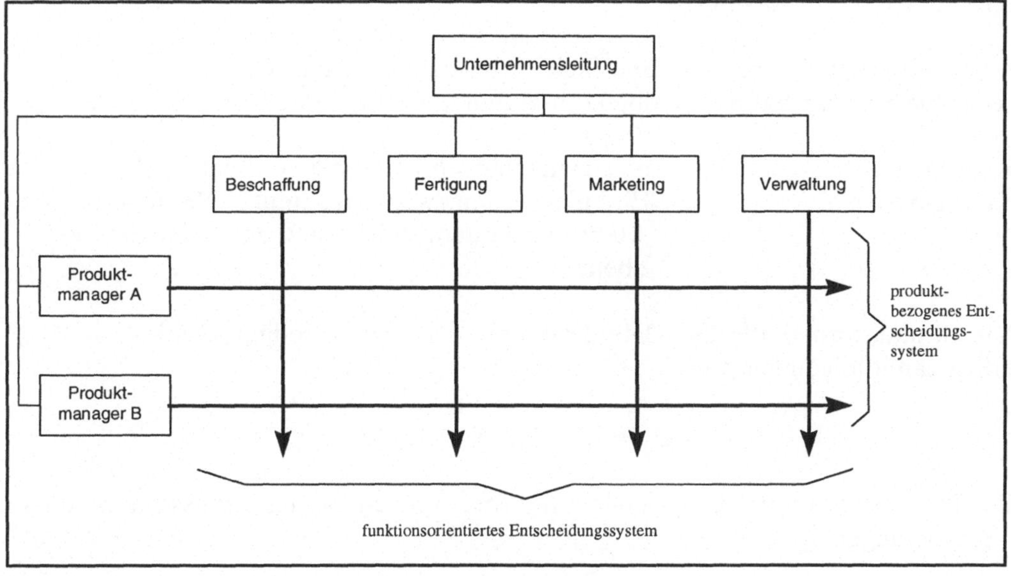

Die Produktmanager, sie sind wie die Funktionsmanager auf der zweiten Hierarchieebene angeordnet, vertreten die Belange der jeweiligen Produkte gegenüber den Funktionsmanagern aller Unternehmensbereiche. Sie bestimmen, was wann in Bezug auf das jeweilige Produkt zu tun ist, die Funktionsmanager entscheiden über das Wie der Aufgabenerfüllung.

Die Aufgaben der Produktmanager sind insbesondere:[50]

- Sammlung und Analyse produktbezogener unternehmensinterner und -externer Informationen
- Ausarbeitung der produktbezogenen Wachstums- und Wettbewerbsstrategien des Marketingprogramms
- Koordination der Funktionsbereiche in Bezug auf das jeweilige Produkt
- Kontrolle der Realisation der produktbezogenen Planungen, Abweichungsanalyse und darauf basierend Erarbeitung von Anpassungsmaßnahmen bei sich ändernden technologischen und marktlichen Gegebenheiten.

[50] vgl. Frese, E., Grundlagen der Organisation, 6. Aufl., Stuttgart 1995

Aufgrund des Einsatzes von Produktmanagern mit Entscheidungsbefugnissen erfahren die Strukturdimensionen der Gebildestruktur der Matrixproduktorganisation (G_m) folgende Ausprägungen:

formale Spezialisierung	=	Entscheidungsdezentralisation (E_d)
sachliche Spezialisierung	=	objekt- und funktionsorientierte Spezialisierung ($S_{f/o}$)
Koordination	=	personelle und strukturelle Koordination ($K_{p/st}$)
Konfiguration	=	Einliniensystem zwischen 1. und 2. Hierarchieebene Mehrliniensystem zwischen 2. und 3. Hierarchieebene ($L_{e/m}$)

Die Strukturformel für die Gebildestruktur der Matrixproduktorganisation (G_m) erhält damit folgende Form:

$$G_m = \{ E_d, S_{f/o}, K_{p/st}, L_{e/m} \}$$

Die Prozeßstruktur erfährt gegenüber der funktionalen Organisationsstruktur keine Veränderungen.

Die Organisationsstruktur der Matrixproduktorganisation entspricht damit dem Typ 3 in der Abbildung 11, Typen der Organisationsstruktur.

Die der Matrixproduktorganisation entsprechenden situativen Gegebenheiten erfahren im Vergleich zu denen der Stabsproduktorganisation insofern eine Veränderung, daß hier marktliche und technologische Entwicklungen vorliegen, die eine strategische Anpassungsfähigkeit erfordern.

Durch die Matrixproduktorganisation wird die inside-out Orientierung der funktionalen Organisation durch eine outside-in Orientierung ergänzt werden. Die marktlichen Gegebenheiten erfahren eine erhöhte Berücksichtigung im Rahmen der Aufgabenerfüllungsprozesse. Die Auswirkungen auf die Organisationsstrukur sind aber auf die Gebildestruktur beschränkt,d.h., das Primat der Gebildestruktur bleibt erhalten.

4.4 Divisionale Organisation

4.4.1 Reine divisionale Organisation

Die reine divisionale Organisation (Spartenorganisation) ist durch die Verlagerung von Entscheidungskompetenzen und Verantwortung auf die zweite hierarchische Ebene gekennzeichnet. Dieser werden Aufgabenkomplexe zugeordnet, die auf der

Basis von Objekten wie Produkte, Produktgruppen, abgrenzbare Käuferschichten sowie regionaler Märkte gebildet werden. Dadurch wird das Gesamtunternehmen in beschränkt eigenständige (autonome) Einheiten aufgelöst, die alle Kernfunktionen des Unternehmens (Beschaffung, Fertigung, Marketing, Verwaltung) umfassen. Der Grad der Autonomie kann unterschiedlich gestaltet werden in Form des Cost-Centers (Kostenverantwortlichkeit), des Profit-Centers (Gewinnverantwortlichkeit) oder des Investment-Centers (zusätzliche Entscheidung über die Investition zugewiesener Finanzierungsmittel).

Die das Gesamtunternehmen betreffenden Entscheidungen werden von der Unternehmensleitung getroffen, die die Divisionen betreffenden Entscheidungen (Bereichsentscheidungen) und Kontrollen werden den Spartenleitern übertragen. Die Koordination des Gesamtunternehmens wird vorzugsweise technokratisch gestaltet (Budgetierung, Vorgabe von Kennzahlen wie der ROI).

Die einzelnen Divisionen (Sparten) sind in Form der funktionalen Organisation gestaltet. Damit beschränkt sich die Veränderung gegenüber der funktionalen Organisationsstruktur auf die zweite hierarchische Ebene.

Abb. 15: Divisionale Organisationsstruktur (Spartenorganisation)

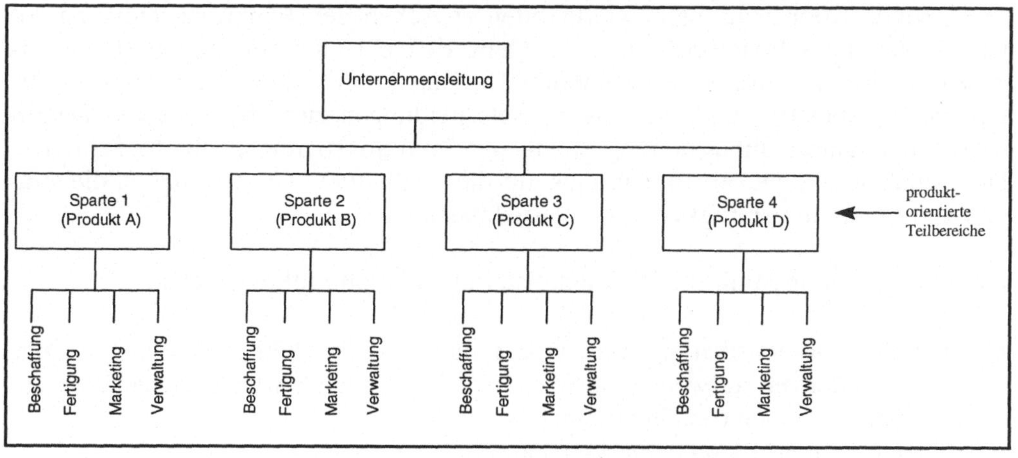

Die Rahmenstruktur der divisionalen Organisation (G_d) weist damit folgende Ausprägungen der Strukturdimensionen auf:

formale Spezialisierung = Entscheiduungsdezentralisation bezogen auf die 1. und 2. Hierarchieebene (E_d)

sachliche Spezialisierung	= objektorientierte Spezialisierung (S_o)
Koordination	= personenorientierte und technokratische Koordination ($K_{p/t}$)
Konfiguration	= Einliniensystem, Tiefengliederung ($L_{e/t}$)

Die Strukturformel lautet demnach:

$$G_d = \{ E_d, S_o, K_{p/t}, L_{e/t} \}$$

Die Strukturformeln für die Gebilde- und Prozeßstruktur der Divisionen (Sparten) entsprechen denen der funktionalen Organisation.

Die Organisationsstruktur der divisionalen Organisation entspricht damit dem Typ 2 der Abbildung 11, Typen der Organisation.

Die situativen Gegebenheiten und damit die Gründe für die Divisionalisierung sind darin zu sehen, daß sich bei der Erschließung neuer Märkte, hohem Diversifikationsgrad, zunehmender Unternehmensgröße (steigendes Geschäftsvolumen), starkem technischem Fortschritt und dynamischen marktlichen Veränderungen zunehmende Koordinationsschwierigkeiten zwischen den Funktionsbereichen sowie Anpassungsschwierigkeiten an die langfristige Unternehmenszielsetzung ergeben. Weiterhin sind im vergrößerten Umfang komplexere und weniger überschaubare dispositive und strategische Entscheidungen zu treffen, die das Detailwissen der Unternehmensleitung sowie der Funktionsbereiche überfordern. Die Divisionalisierung sichert im Hinblick auf diese situativen Gegebenheiten die strategische Anpassungsfähigkeit des Unternehmens.

Als Voraussetzungen für die Divisionalisierung müssen mithin gegeben sein:

- ein hoher Diversifikationsgrad, wobei die Produkte keine oder nur geringe Interdependenzen aufweisen dürfen; diese Interdependenzen beziehen sich auf die Kernfunktionen des Unternehmens,
- dynamische marktliche und/oder technologische Veränderungen
- Möglichkeit der eigenständigen, wirtschaftlichen Wahrnehmung der Kernfunktionen in den Divisionen; dies bedingt ein entsprechendes Aufgabenvolumen.

Wie die vorstehenden Ausführungen zeigen, beschränkt sich die verstärkte Marktorientierung auf eine Veränderung der Gebildestruktur. Das Primat der Gebildestruktur bleibt erhalten. Die Prozeßstruktur erfährt hingegen gegenüber der funktionalen Organisation keine Veränderung.

Die reine divisionale Struktur wird oftmals dahingehend modifiziert, daß für die Divisionen gemeinsame Funktionsbereiche gebildet werden, z. B. Beschaffungsbereich, Forschung und Entwicklung, zentrale Dienstleistungsabteilungen (DV, Organisation, Recht). Dies ist dann sinnvoll, wenn dadurch Doppelarbeiten vermieden werden und die Aufgabenerfüllung effizienter gestaltet werden kann. Konflikte zwischen den Divisonen im Hinblick auf die gemeinsame Nutzung dürfen dabei weitgehend nicht entstehen.

4.4.2 Bildung von strategischen Geschäftseinheiten

Schwachstellen der divisionalen Organisation werden vor allem in der sachgerechten Lösung der Koordinationsprobleme zwischen den Sparten sowie in der Tendenz der kurzfristigen Gewinnoptimierung in den Divisionen gesehen. Zudem sind die Sparten mehr operativ als strategisch ausgerichtet. Um diesen Schwachstellen zu begegnen, wird das Umfeld des Unternehmens in strategische Geschäftseinheiten (Synonyme: strategisches Geschäftsfeld, Strategic Business Unit, Business Area) aufgeteilt.

"Unter einer strategischen Geschäftseinheit versteht man die Unternehmenseinheit, an die der Prozeß der Formulierung und Ausführung spezifischer Strategien von der Unternehmensleitung delegiert wird; in der strategischen Geschäftseinheit werden die Entscheidungen über Ressourcen-Zuteilungen in Abhängigkeit von ihrer Positionierung im strategischen Ziel-Portfolio der Unternehmung und den Ergebnissen in der strategischen Wettbewerbsanlyse getroffen."[51]

Aktionseinheiten einer oder mehrerer Divisionen werden im Hinblick auf strategische Planungsaufgaben zusammengefaßt. Die Kompetenz der Linienmanager wird auf strategische Aufgaben ausgedehnt. Bei der Erfüllung dieser Aufgaben können sie durch einen strategischen Planungsstab als zentrale Planungsinstanz und durch strategische Geschäftseinheitsleitungen als dezentrale Planungsinstanzen unterstützt werden. Die Bildung strategischer Geschäftseinheiten erfolgt ergänzend zur bestehenden Organisationsstruktur, d.h., es erfolgt eine Überlagerung der Primär- durch eine Sekundärstruktur.

Die Berücksichtigung der Produkt-Marktbeziehungen, die in der Bildung der Divisionen bereits ihren Niederschlag finden, wird verstärkt durch die Bildung strategischer Geschäftseinheiten. Sie finden damit aber wiederum nur in der Gebildestruktur, nicht aber in der Prozeßstruktur Berücksichtigung. Das Primat der Gebildestruktur bleibt weiterhin erhalten.

---

[51] Hinterhuber, H.-H., Strategische Unternehmensführung, 3. Aufl., Berlin-New York 1984, S. 267f.

4.5 Tensororganisation

Finden auf der zweiten hierarchischen Ebene bei der Bildung der Aufgabenkomplexe (Strukturdimension sachliche Spezialisierung) neben der Funktion noch weitere Objektaspekte Berücksichtigung, so liegt eine Tensororganisation vor. So können neben dem Objekt Produkt/Produktgruppen noch weitere Objekte wie Kundengruppen, regionale Märkte als Basis für die Bildung von Aufgabenkomplexen herangezogen werden. Bei der Berücksichtigung der Objekte Produkt/ Produktgruppe und regionale Märkte neben den Funktionen werden auf der zweiten hierarchischen Ebene Produkt- und Regionalmanager eingesetzt. Diesen werden Produkt- und Regionalzuständigkeiten übertragen.

Abb. 16: Tensor-Organisation

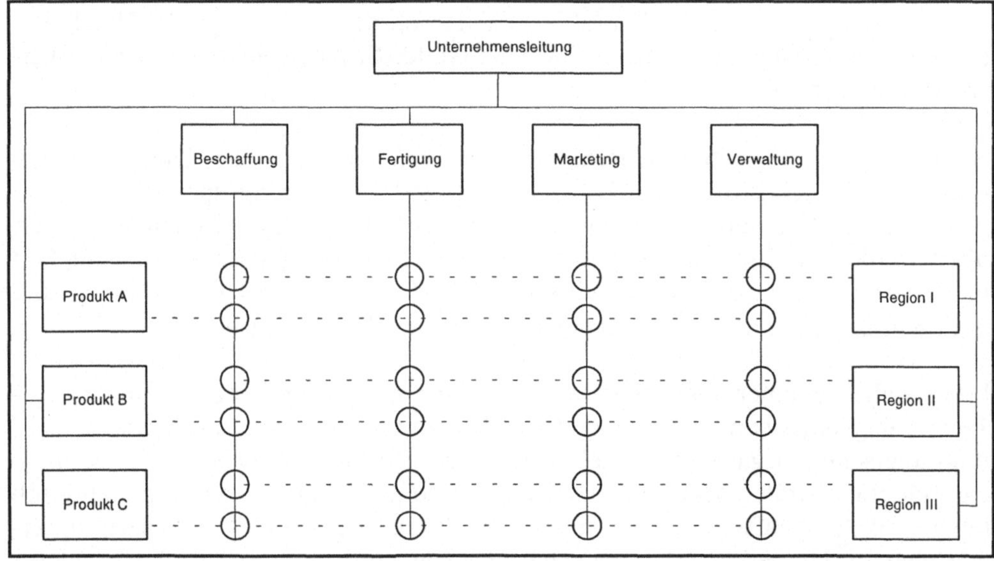

Die Strukturdimensionen der Gebilde- und der Prozeßstruktur sind mit denen der Produktmatrixorganisation weitgehend identisch. Die sachliche Spezialierung weist nur einen höheren Spezialisierungsgrad auf, bei der Konfiguration in Form des Mehrliniensystems erhöht sich die Zahl der Weisungsberechtigten.

Die bei der Produktmatrixorganisation auftretenden Abgrenzungsprobleme im Hinblick auf Aufgaben, Kompetenzen und Verantwortung sowie Koordination treten verstärkt auf.

4.6 Zusammenfassung

Aufgrund der vorstehenden Ausführungen können die Organisationsstrukturen der traditionellen Organisationskonzeptionen tendenziell wie folgt charakterisiert werden:

Gebildestruktur

- Primat der Gebildestruktur
- Betonung der hierarchischen Autorität
- Tendenz zur Entscheidungszentralisation
- tiefe hierarchische Gliederung (viele Hierarchieebenen)
- Koordination vorrangig in Form der Einzelfall bezogenen und generellen Anweisungen, z.T. ergänzt um eine strukturelle Koordination.
- primäre inside-out Orientierung, ergänzt durch eine mehr oder weniger ausgeprägte outside-in Orientierung in Form spezieller Aktionseinheiten (z.B. Produktmanager)

Prozeßstruktur

- weitgehende Arbeitsteilung und funktionale Spezialisierung
- Einsatz weitgehend monofunktionaler Arbeitsmittel und konventioneller Arbeitsunterlagen
- zeitliche Abstimmung der Verrichtungen eines Aufgabenerfüllungsprozesses auf der Basis von Durchschnittswerten der Bearbeitungszeiten.

Wie Ergebnisse empirischer Untersuchungen zeigen, sind insbesondere die Organisationsstrukturen kleiner und mittelständischer Unternehmen in Form der traditionellen Organisationskonzeptionen gestaltet.[52]

Literatur

Arrow, K., Wo Organisation endet - Management an den Grenzen des Machbaren, Wiesbaden 1980

Bendixen, P., Teamorientierte Organisationsformen, in: HWO, Hrsg. Grochla, E., 2. Aufl.,Stuttgart 1980, Sp. 2227 ff.

Bowman, C., Asch, D., Strategic Management, London 1987

Bühner, R., Betriebswirtschaftliche Organisationslehre, 5. Aufl. München-Wien 1991

---

[52] vgl. Wittlage, H., Organisationsgestaltung mittelständischer Unternehmen, Wiesbaden 1996, S. 41 ff.

Damkowski, W., Managementkonzepte und Mangementtechniken. Ihre Anwendung und Eignung in der öffentlichen Verwaltung, in: zfo, 44. Jg., 1975, S. 153 ff.
Dreger, W., Projekt-Mangement, Planung und Abwicklung von Projekten, Wiesbaden-Berlin 1975
Frese, E., Grundlagen der Organisation, 6. Aufl., Wiesbaden 1995
Frese, E., Aufbauorganisation, Gießen 1976
Grochla, E., Unternehmensorganisation, 9. Aufl., Opladen 1983
Heinen, E., Betriebswirtschaftliche Führungslehre. Grundlagen - Strategien - Modelle, Wiesbaden 1984
Hill, W., Fehlbaum, R., Ulrich, P., Organisationslehre, Bd. 1, 5. Aufl., Bern-Stuttgart 1994, Bd., 2, 4. Aufl., Bern-Stuttgart 1992
Hofer, C., W., Schendel, D., Strategy Formulation, Analytical Concepts, Minnesota 1978
Hinterhuber, H., H., Strategische Unternehmensführung, 3. Aufl., Berlin-New York 1984
Hub, J., Organisationslehre, Wiesbaden (o.J.)
Jacob, H. (Hrsg.) Schriften zur Unternehmensführung, Strategisches Management 1, Bd. 29, Wiesbaden 1982
Johnson, G., Scholes, K., Exploring Corporate Strategy, London 1984
Kienbaum, G., Unternehmensführung, München 1976
Kieser, A., Zur Flexibilität verschiedener Organisationsstrukturen,in: zfo, 38. Jg.1969, S.237 ff.
Kieser, A., Kubicek, H., Organisation, 3. Aufl., Berlin-New York 1992
Köhler, R., Organisation, in: HWO, Hrsg. Grochla, E., 2. Aufl., Stuttgart 1980, Sp. 1923 ff.
Kosiol, E., Organisation der Unternehmung, 2. Aufl., Wiesbaden 1976
Peters, T., Watermann, R., Auf der Suche nach Spitzenleistungen, Landsberg am Lech 1986
Scharmann, Th., Teamarbeit im Unternehmen, Bern-Stuttgart 1972
Schnelle, W., Entscheidungen im Management.Wege zur Lösung komplexer Aufgaben in großen Organisationen, Quickborn 1966
Schreyögg, G., Organisation. Grundlagen moderner Organisationsgestaltung, Wiesbaden 1996
Schröder, H., J., Projekt-Mangement, Wiesbaden 1979
Schwarz, H., Betriebsorganisation als Führungsaufgabe, 9. Aufl., Landsberg am Lech 1983
Wittlage, H., Unternehmensorganisation, 6. Aufl., Herne-Berlin 1998

5 Moderne Organisationskonzeptionen

5.1 Vorbemerkung

Organisationstheorie und -praxis diskutieren insbesondere seit Mitte der achtziger Jahre die Organisationskonzeptionen Lean Organization, Lean Structure, kundenorientierte Organisationsstruktur, Geschäftsprozeßorganisation, fraktale Organisation usw.. Die gemeinsame Zielsetzung ist in der Gestaltung effizienter Gebilde- und Prozeßstrukturen zu sehen. Dies wird insbesondere darin gesehen, das Problem des "magischen" Dreiecks Kosten, Zeit und Effizienz der Aufgabenerfüllung [53] zu lösen. Dies besteht einerseits darin, die Bestimmungsfaktoren der Organisationsstruktur den situativen Gegebenheiten entsprechend zu berücksichtigen.[54] Andererseits sollen die in vielen Unternehmen feststellbaren organisatorischen Defizite[55] beseitigt werden.

Die vorstehend aufgeführten Organisationskonzepte werden in den folgenden Ausführungen unter dem Begriff moderne Organisationsationskonzeptionen zusammengefaßt. Sie unterscheiden sich von den im Kapitel vier dargelegten Konzeptionen, den traditionellen, durch die Kombination anders ausgeprägter Strukturdimensionen der Gebilde- und Prozeßstruktur. Wie aus den folgenden Ausführungen erkennbar wird, ist der Übergang von den traditionellen zu den modernen Organisationskonzeptionen als ein folgerichtiger Entwicklungsprozeß zu sehen, der durch eine situativ bedingte veränderte Gewichtung der Bestimmungsfaktoren der Organisationsstruktur begründet ist. [56]

[53] Abweichend hiervon werden als Anforderungen an die Organisationsstruktur Erhöhung der Kundenorientierung, Steigerung der Kostenwirtschaftlichkeit und Reduzierung der Reaktionszeit genannt, vgl. Frese, E., von Werder, A., Organisation als strategischer Wettbewerbsfaktor - Organisationstheoretische Analyse gegenwärtiger Umstrukturierungen, in: Organisationsstrategien zur Sicherung der Wettbewerbsfähigkeit - Lösungen deutscher Industrieunternehmen - Hrsg. Frese, E., Maly, W., Sonderheft 3 /94 ZfbF, Düsseldorf 1994, S. 5

[54] vgl. Kraus, H., Historische Entwicklung von Organisationsstrukturen, Ursachen für die Notwendigkeit neuer Organisationskonzepte?, in: Geschäftsprozeßmanagement, hrsg. von Krickl, O., Heidelberg 1994, S. 11

[55] vgl. Erdl, G., Schönicker, G., Vorgangssteuerungssysteme im Überblick, in: Office Management, 3/93, S. 14

[56] Die Unterscheidung von traditionellen und modernen Organisationskonzeptionen ist daher in erster Linie unter dem Zeitpunkt ihrer Entstehung zu sehen.

Gegenstand der weiteren Ausführungen sind die folgenden Organisationskonzeptionen:

- Lean Organization
- Lean Structure
- Kundenorientierte Organisationsstruktur
- Fraktale Organisation
- Geschäftsprozeßorganisation
- T-Form Organization

Diese Konzeptionen sollen auf ihre Gemeinsamkeiten und Unterschiede hin untersucht werden. Dies beinhaltet zugleich eine kritische Bewertung der modernen Organisationskonzeptionen im Hinblick auf ihre Praxisrelevanz. Weitere moderne Organisationskonzeptionen wie die Vertrauensorganisation (Bleicher[57]), die wettbewerbsorientierte Organisation, die human zentrierte Organisation u.a.m. werden nicht gesondert behandelt, da die in diesen Konzeptionen besonders betonten Bestimmungsfaktoren der Organisationsstruktur in den in den weiteren Ausführungen dargelegten Konzeptionen weitgehend Berücksichtigung finden.

5.2 Organisatorische Defizite der traditionellen Organisationsstrukturen

Wie bereits angemerkt wurde, ist die Entwicklung der modernen Organisationskonzeptionen u.a. in dem Ziel der Beseitigung der organisatorischen Defizite der traditionellen Organisationskonzeptionen zu sehen. Als Defizite der traditionellen Organisationsstrukturen werden insbesondere genannt:[58]

- unzureichende Marktorientierung
  inflexible Strukturen im Hinblick auf situative Veränderungen (Markt, Technologie)
- reagierendes statt agierendes unternehmerisches Handeln infolge unangemessener Entscheidungszentralisation

[57] Bleicher, K., Organisation : Strategie - Strukuren - Kulturen, 2. Aufl., Wiesbaden 1991

[58] Vgl. u.a. Fleter, R.,a.a.O., S.20; Pankus, G.: Führung und schlankes Denken: Der Wettbewerb zwingt zum Umschalten, in: Gablers Magazin 4/1993, S. 13; Droege u. Comp.: Herausforderung Organisation - Perspektiven in Zeiten des strategischen Umbruchs, Ergebnisse der Befragung von 800 europäischen Unternehmen, in: Wirtschaftswoche Nr. 51, 17.12.93, S. 43 ff.

- vorrangig hierarchisches und vertikales Denken; die Folge sind viele Hierarchieebenen und ein hoher Leitungsaufwand
- vorrangige Ergebnisorientierung, nicht Prozeßorientierung
- hoher Grad der Arbeitsteilung und der funktionalen Spezialisierung führen zu hohen Durchlaufzeiten (Verlustzeiten, Doppelarbeiten, Liege- und Transportzeiten) und bedingen Informationsverluste und Übertragungsfehler
- funktionale Gliederung in Fachbereiche führt zu Ressortegoismen
- vorrangige Sach-, geringe Personenorientierung (Organisation ad rem, nicht ad personam)
- Vernachlässigung positiver gruppendynamischer Effekte im Hinblick auf die Nutzung der Kreativität und Innovationspotentiale der Mitarbeiter
- Verbürokratisierung (hoher Verwaltungsaufwand)
- Überbetonung der Standardisierung.

Die Aufzählung der Defizite läßt sich noch verlängern. Die entscheidende Frage ist aber: Sind die feststellbaren Defizite auf eine unzureichende theoretische Durchdringung organisatorischer Sachverhalte zurückzuführen (Vorliegen ungelöster organisatorischer Problemstellungen) oder handelt es sich um eine fehlende (fehlerhafte) Umsetzung organisationstheoretischer Gestaltungshinweise im Hinblick auf die veränderten situativen Gegebenheiten (wirtschaftliche, technologische) in der Praxis?

Diese veränderten situativen Gegebenheiten sind vorrangig in den folgenden Fakten zu sehen:

- Globalisierung der Märkte
- sich verschärfender Wettbewerb infolge der Internationalisierung der Märkte
- steigende Qualitätsanforderungen an Produkte und Dienstleistungen
- differenzierte Kundenanforderungen (Problemlösungen)
- dynamische Entwicklung neuer Informations- und Kommunikationstechniken
- steigende Komplexität der Aufgabenerfüllungsprozesse

Diese situativen Veränderungen verlangen von den Unternehmen eine strategische und strukturelle Anpassungsfähigkeit.

Die vorstehend aufgeführten organisatorischen Schwachstellen sind einerseits in der fehlenden Umsetzung entsprechender organisationstheoretischer Gestaltungshinweise zu sehen, zu denen auch die Nichtbeachtung bewährter organisatorischer Grundsätze gehört.[59] Andererseits sind auch ungelöste organisatorische Problem-

[59] Vgl. Blohm, A.: Organisation, Information, Überwachung, 3.Aufl., Wiesbaden 1976, S. 144

stellungen als Gründe auszumachen. Zu den ersten sind die unzureichende und/ oder die fehlende praktische Realisierung der folgenden Gestaltungshinweise zu zählen:

- Bildung von strategischen Geschäftseinheiten (Geschäftsbereiche)
- Job Enrichment (→ ganzheitliche Aufgabenerfüllung)
- Konzeption der Bildung teilautonomer Gruppen (u.a. Fertigungsinseln, Vertriebsinseln, Cost-Center, Profit-Center)
- Teambildung
- Produktmanagement
- Entscheidungsdelegation der reinen, über- und umgreifenden Bereichsentscheidungen auf die entsprechenden Hierarchieebenen
- Mehrdimensionale Organisationsstrukturen (z.B. Matrix- und Tensororganisation)
- Vernetzung.

In einem umfassenderen Sinn ist zu dieser Gruppe auch die Nichtbeachtung des Zielsystems[60] sowie der Bedingungen der organisatorischen Gestaltung[61] zu zählen.

Zum anderen sind als Gründe für die Schwachstellen u.a. auch die folgenden, zur Zeit noch ungelösten organisatorischen Problemstellungen zu nennen:

- Bestimmung optimaler Leitungsspannen (→ damit die Bestimmung der Anzahl der erforderlichen Hierarchieebenen)
- Ermittlung des Personalbedarfs für die Wahrnehmung von Führungs- und Fachaufgaben in einem Unternehmen (damit die Bestimmung des Leitungs- und Führungsaufwandes eines Unternehmens)
- Bestimmung der Effektivität einer Organisationsstruktur (→ damit Auswahl der effektiven aus einer Anzahl alternativer Organisationsstrukturen).

---

[60] Zum Zielsystem der organisatorischen Gestaltung siehe: Welge, H./ Jansen, A.: Organisation, Kurseinheit 1, Ziele der organisatorischen Gestaltung, Fernuniversität Hagen 1983, S. 61/62

[61] Zu den Bedingungen der organisatorischen Gestaltung, siehe: Kubicek, H.: Arbeitspapier Nr. 13/76, Institut für Unternehmensführung im Fachbereich Wirtschaft der Freien Universität Berlin, Berlin 1976

Daher kann festgestellt werden, daß die den traditionellen Organisationsstrukturen zugeschriebenen organisatorischen Schwachstellen in der Mehrzahl nicht auf organisationstheoretischen Defiziten beruhen, sondern daß sie in einer unzureichenden Berücksichtigung organisationstheoretischer Gestaltungshinweise zu sehen sind.

5.3 Lean Konzeptionen

Die Entwicklung der Lean Konzeptionen ist als eine Reaktion auf die erfolgreiche Unternehmenspolitik japanischer Unternehmen in den USA und Europa zu sehen. Bevor auf diese eingegangen werden soll, ist es erforderlich, eine begriffliche Klarstellung im Hinblick auf den Begriff Lean vorzunehmen. In Bezug auf die verschiedenen Funktionen und Bereiche des Unternehmens wird dieser in folgenden Zuordnungen verwandt: Lean-Production, Lean-Management, Lean-Office, Lean-Computing, Lean-Controlling, Lean-Organization, Lean-Consulting usw.. Dabei wird das englische Adjektiv Lean fälschlicherweise mit dem deutschen Begriff schlank übersetzt. Diese Übersetzung ist unzutreffend. So ist das Adjektiv Lean laut Wörterbuch ins Deutsche mit mager zu übersetzen[62]. Noch unerklärlicher wird die Übersetzung schlank, wenn man die englische Erklärung des Wortes Lean heranzieht. Sie lautet: "non productive or of poor quality"[63]. Es ist aber festzustellen, daß der Begriff Lean in den vorstehend genannten Zuordnungen inhaltlich genau das Gegenteil beinhaltet. Lean Management, Lean Production, Lean Organization usw. sind ja gerade durch eine hohe Effizienz, Produktivität und Qualität gekennzeichnete Konzepte. In den folgenden Ausführungen soll von dieser begrifflichen Unklarheit abgesehen der Begriff Lean im Sinne von schlank gleich produktiv bzw. effizient verstanden werden.

Im Vordergrund der weiteren Ausführungen steht die Organisationskonzeption Lean Organization mit der damit eng verknüpften Konzeption Lean-Structure. Die zu untersuchende Problemstellung kann wiefolgt formuliert werden:

1. Auf welchen Grundgedanken basieren die Konzeptionen Lean Organization und Lean Structure?

2. Welche Ausprägungen erfahren die Strukturdimensionen der Gebilde- und Prozeßstruktur?

3. Wie ist die Praxisrelevanz dieser Lean Konzeptionen zu beurteilen?

---

[62] Vgl. Langscheidts Taschenwörterbuch Deutsch-Englisch, 6. Neubearbeitung, Berlin-München-Wien-Zürich 1970, S. 312.

[63] Vgl. Hornby, A.S./ Gatterby, E.V./ Wakefield, H.; The Advanced Learner`s Dictionary of Current English, 3. Edition, London 1971, S. 554.

Diese Fragestellungen bedingen zunächst eine Darlegung der Grundprinzipien, der Ziele und der Bestimmungsfaktoren der Organisationsstruktur, auf die die Lean Konzeptionen zurückgreifen.

5.3.1 Grundlagen

"Der Begriff Lean Management ist die logische Erweiterung des vom MIT (Massachusetts Institute of Technology) in einer großen Vergleichsstudie der weltweiten Automobilindustrie geprägten Begriffs "Lean Production", welcher das nach dem Krieg von Toyota entwickelte Produktionssystem mit schlank und fit kennzeichnete."[64]

Lean Management ist ein komplexes System, das alle Bereiche des Unternehmens sowie dessen unmittelbare Umwelt in die Betrachtung einbezieht, d.h., Beschaffunmg/ Lieferanten, Produktion/ Produktentwicklung/Qualität, Vertrieb/ Kunden, Führung/ Mitarbeiter. Die organisatorische Gestaltung aller Bereiche soll auf einem schöpferischen Denken beruhen. Dieses ist gekennzeichnet durch folgende Elemente:[65]

- Vorausschauendes, positives Denken
  Zukünftige Aktivitäten werden prognostizierend gestaltet, d.h., Substitution von Reagieren durch Agieren.
- Sensitives Denken
  Die situativen Gegebenheiten und deren Veränderungen erfassen und im Rahmmen des gegenwärtigen und zukünftigen Agierens berücksichtigen.
- Ganzheitliches Denken
  Berücksichtigung der Auswirkungen gegenwärtiger und zukünftiger Aktivitätäten der unterschiedlichen Unternehmensbereiche, deren gegenwärtiger situativer Gegebenheiten und deren Veränderungen, bereichsübergreifend.
- Potentielles Denken
  Alle vorhandenen betrieblichen und außerbetrieblichen Ressourcen (Kunden, Lieferanten) nutzen und zusätzliche Ressourcen erschließen. Insbesondere gilt dies für die im Unternehmen vorhandenen menschlichen Ressourcen (Mitarbeiter).
- Wirtschaftliches Denken
  Ausrichtung der betrieblichen Aktivitäten an der Wertschöpfung im Rahmen der Leistungserstellung. d.h., Eliminierung aller nicht wertschöpfenden Aktivitäten.

---

[64] Bösenberg, D., Metzen, H., Lean Management, Vorsprung durch schlanke Konzepte, 5. Aufl., Landsberg/Lech 1995, S. 9
[65] ebenda, S. 41

Diese Elemente des schöpferischen Denkens sollen in den folgenden Fakten der Organisationsstruktur als Ergebnis des organisatorischen Gestaltungsprozesses ihren konkreten Niederschlag finden: [66]

- Teambildung
  Bildung hierarchiefreier Grupen, die das Solidaritätsprinzip verwirklichen und dadurch den internen Wettbewerb durch auf Konsens beruhen des Handeln erersetzen, Verbesserung der Problemlösungen und Steigerung der Mitarbeiterleistungen durch stimulierenden und kommunikationsfördenden Eigenschaften des Teams.
- Eigenverantwortung
  Eigenverantwortliches Tätigwerden der Mitarbeiter bei gleichzeitiger Abnahme der Fremdkontrolle.
- Feedback
  Die Aktivitäten der Mitarbeiter werden von den Reaktionen der anderen Mitarbeiter sowie der Außenwelt (Kunden, Lieferanten) gesteuert.
- Kundenorientierung
  Das Handeln der Mitarbeiter ist am Kunden orientiert, d.h., auf die Erzielung eines möglichst hohen Nutzen des Kunden in Bezug auf die erbrachten Produkte/Dienstleistungen.
- Wertschöpfungsorientierung
  Der Einsatz der Ressourcen ist an der Wertschöpfung auszurichten. Nicht wertschöpfende Verrichtungen/Tätigkeiten sind zu eliminieren (Beseitigung von Unwirtschaftlichkeiten).
- Ständige Verbesserung (Kaizen)
  Die Prozesse sind kontinuierlich zu verbessern, Verbesserungen sind immer möglich. Fehler werden aufgrund der erkannten Ursachen sofort beseitigt.
- Problemvermeidung
  Durch vorausschauendes Denken sind Probleme zu vermeiden. Problemvermeidung tritt an die Stelle einer erfolgreichen Problembeseitigung.
- Schrittweise Entwicklung
  Entwicklungen sind nicht in Sprüngen, sondern in überschaubaren Schritten durchzuführen unter Berücksichtigung des Feedback.

Diese Leitlinien bestimmen damit die Ausprägungen der Strukturdimensionen der Gebilde- und Prozeßstruktur.[67]

Das Ergebnis der Analyse von Veröffentlichungen zum Lean Management, die auf theoretischen Überlegungen und praktischen Erfahrungen der Realisierung des

---

[66] ebenda, S. 68

[67] Zu den folgenden Ausführungen siehe Schmidt, B.; Lean Management, in: Office Management, 3/1993, S. 38 ff

Konzeptes, insbesondere bei japanischen Unternehmen (Automobilindustrie) [68] beruhen, läßt sich wie folgt zusammenfassen: [69]

- Umstrukturierung traditioneller Organisationsstrukturen in schlanke, ausgedünnte Unternehmenseinheiten mit wenigen Hierarchieebenen (Verschlankung)
- geringe Anzahl von Mitarbeitern mit vorwiegenden Leitungsaufgaben
- Gestaltung der Leitungsstruktur im Hinblick auf schnelle, dezentrale Entscheidungen
- "optimale" Förderung und Nutzung der individuellen Leistungspotentiale der Mitarbeiter (human capital, → Kreatvität, Innovationsfähigkeit)
- konstruktive, offene Atmosphäre im Hinblick auf die Identifikation der Mitarbeiter mit den Unternehmenszielen
- prozeßorientierte Aufgabenbearbeitung
- Teams als kleinste organisatorische Einheit
- offener konstruktiver Führungsstil
- Bildung kundenorientierter Organisationseinheiten.

Die vorstehende Aufzählung zeigt auf, daß im Rahmen des organisatorischen Gestaltungsprozesses auch die Manaegmentfunktion einer Veränderung unterzogen wird. Diese Veränderung bezieht sich auf die Führungskomponente (=> optimale Förderung der Mitarbeiter, offener und konstruktiver Führungsstil) und auf den Leitungsaspekt (Nutzung der Leistungspotentiale der Mitarbeiter). Der Manager nimmt damit vorrangig die Funktion eines Coaches wahr, dessen Autorität auf fachlicher und sozialer Kompetenz beruht und nicht hierarchisch begründet ist. Diese Veränderrung der Managementfunktionen ist aber nicht isoliert zu sehen, sondern unabdingbar mit den übrigen Gestaltungshinweisen verknüpft. So ist z.B. ein autoritärer Führungsstil mit einer auf dezentralen Entscheidungen basierenden Leitungsstruktur nicht vereinbar.

Abschließend ist im Hinblick auf die dargelegten Grundlagen anzumerken, daß sie das Ergebnis eines Entwicklungsprozesses darstellen.

5.3.2 Formen

Im Hinblick auf die Übertragung der Leanaspekte auf die Gestaltung der Organisationsstruktur wird zwischen den beiden Formen Lean Organization und Lean Structure unterschieden. In den folgenden Ausführungen ist es erforderlich,

---

[68] Siehe u.a. Pfeiffer, W./ Weiß, E., Lean Management. Grundlagen der Führung und Organisation industrieller Unternehmen, Berlin 1992, S. 165

[69] Vgl. Picot, A./ Neuburger, R./ Niggl, J.: Electronic Data Interchange (EDI) und Lean Management, in: ZfO, 1/1993, S. 21

die Frage zu beantworten, ob und wenn ja welche Unterschiede zwischen diesen beiden Formen bestehen.

5.3.2.1 Lean Organization

Lean Organization wird als eine Rationalisierung auf hohem Niveau verstanden.[70] Diese Charakterisierung betont das Ziel der Gestaltung und die inside Orientierung. Die inside Orientierung besteht insbesondere in der Eleminierung der den traditionellen Organisationsstrukturen angelasteten organisatorischen Defiziten. Dies soll dadurch erreicht werden, daß die Bestimmungsfaktoren der Organisationsstruktur eine andere Gewichtung erfahren. Die klassischen Bestimmungsfaktoren wie Hierarchie, Zentralisation, Arbeitsteilung und funktionale Spezialisierung werden ersetzt durch Vernetzung, Delegation und Individualisierung. Es findet somit ein Substitutionsprozeß dergestalt statt, daß der Bestimmungsfaktor Hierarchie durch Vernetzung, Wettbewerb im Unternehmen durch Koordination, Zentralisation durch Verteilung, Standardisierung durch Individualisierung, Kosten durch Qualitätsaspekte ersetzt werden. Der Substitutionsgrad ist dabei situativ zu bestimmen.

Die organisatorische Ausrichtung der Lean Organization kann mithin wie folgt charakterisiert werden:

- inside Orientierung
- Gestaltung vorrangig auf die Gebildestruktur bezogen
- rationalisierungsorientiert.

Diese Orientierung soll sich in allen Bereichen des soziotechnischen Systems Unternehmung in Form der folgenden Sachverhalte auswirken:

- bereichsübergreifendes Denken (ganzheitliches Denken)
- geringere Komplexität
- abnehmende Administration
- reduzierte Bürokratie
- abnehmende Regulierung (Verringerung vorgegebener Verfahrensanweisungen)
- Selbstoptimierung der Aktionseinheiten
- zunehmende Innovationsfähigkeit der Mitarbeiter
- erhöhte Flexibilität des Systems
- erhöhte Selbstkoordination der Mitarbeiter

[70] Zu den folgenden Ausführungen siehe Bullinger, H.-J., Lean Office, in: Office Management, 9/1993, S. 16 ff.

- Teambildung
- Business Improvement Teams.

Diese Sachverhalte ergänzen und überlappen sich z.T.. Die Strukturdimensionen der Gebilde- und Prozeßstruktur müssen eine entsprechende Ausprägung erfahren, um die Voraussetzungen für ihre Realisierbarkeit zu schaffen. Die Organisationsstruktur weist daher die folgenden grundlegenden Aspekte auf:

- Teambildung (Teams als kleinste organisatorische Einheiten)
- Abnahme der funktionalen Arbeitsteilung und Spezialisierung
- abnehmende Anzahl der Leitungs- und Führungsaufgaben wahrnehmenden Mitarbeiter (Manager) und damit der Instanzen, dadurch
- geringe Anzahl der Hierarchieebenen (flache Organisation)
- hohe Leitungsspannen
- geringe Anzahl von Unterstützungseinheiten (u .a .Stäbe)
- steigende Anzahl teilautonomer Aktionseinheiten im Unternehmen (z.B. Profit Center, Vertriebsinseln)
- Abnahme der Anzahl von Aktionseinheiten mit Koordinationsaufgaben.

Gebildestruktur

Die Auswirkungen auf die Gebildestruktur bestehen in einer Veränderung der Strukturdimensionen der Gebildestruktur, formale Spezialisierung und Koordination, sowie in einer Modifizierung der Konfiguration. Im Hinblick auf die sachliche Spezialisierung wird insofern eine Veränderung verlangt, daß die Aufgabenkomplexe als Basis der Aktionseinheiten eine geringere funktionale Spezialisierung aufweisen. Es wird keine objektorientierte Aufgabenbildung in Form von Geschäftsprozessen erforderlich, aber durchaus als sinnvoll erachtet. Die Strukturdimensionen der Gebildestruktur weisen nunmehr folgende Ausprägungen auf :

sachliche Spezialisierung :	funktions- oder objektorientiert ($S_{f/o}$)
formale Spezialisierung :	Entscheidungsdelegation über alle Hierarchieebenen bis hin zum einzelnen Mitarbeiter (E_d)
Koordination :	hoher Grad der Selbstkoordination (K_S)
Konfiguration :	Einliniensystem mit hohen Leitungsspannen (flache Struktur) (L_e)

Diesen Ausprägungen entspricht die folgende Strukturformel für die Gebildestruktur der Lean-Organization (G_l):

$$G_l = \{ S_{f/o}, E_d, K_s, L_e \}$$ [71]

Diese Strukturformel zeigt, daß eine inside- out Orientierung im Vordergrund steht. Diese kann aber durch die Bildung marktorientiertern Aktionseinheiten wie Projekteams, Vertriebsinseln, usw. ergänzt werden.

Prozeßstruktur

Da die Strukturdimensionen der Gebilde- und Prozeßstruktur interdependent sind, sich wechselseitig beeinflussen, ergeben sich für die Prozeßstruktur die folgenden Ausprägungen ihrer Strukturdimensionen. Dabei kommt der Gebildestruktur das Primat zu.

arbeitstechnische Spezialisierung	:	ganzheitliche Aufgabenerfüllung (A_g) und damit Aufgabe der weitgehenden Arbeitsteilung und funktionalen Spezialisieruung als Folge der abnehmenden funktionalen Spezialisierung der Aufgabenkomplexe, auf denen die Aktionseinheiten basieren.
Ort und Gestaltung des Arbeitsplatzes	:	multifunktionale Arbeitsplätze (R_m) bedingt durch die ganzheitliche Aufgabenerfüllung, dv- gestützte Arbeitsunterlagen
Zeit (Art der zeitlichen Regelung der Arbeitsleistungen)	:	zeitliche Integration der Verrichtungen (geringe Liege- und Transportzeiten) (Z_i) als Folge ganzheitlicher Aufgabenerfüllung

Aufgrund dieser Ausprägungen weist die Prozeßstruktur der Lean Organization (P_l) folgende Strukturformel auf:

$$P_l = \{A_g, R_m, Z_i \}$$ [72]

[71] Diese Strukturformel stellt die Makrostruktur der Aufbauorganisation dar. Sie beinhaltet die grundlegenden Aspekte der Gestaltung der gesamten Gebildestruktur. Die Mikrostrukturen der einzelnen Abteilungen können durchaus Modifizierungen dieser Strukturformel aufweisen. Entsprechendes gilt auch für die Strukturformeln der weiteren modernen Organisationskonzeptionen.

[72] Prozeßstruktur im Sinne einer Makrostruktur, d.h., es wird in dieser Formel das Grundmuster der formalen Prozeßstruktur dargelegt.

Damit entspricht die Organisationsstruktur der Lean Organization dem Typ 6 der Abbildung 11, Typen der Organisationsstruktur.

Die zunächst primäre inside Orientierung (Rationalisierung) der Lean Organization wurde im Laufe ihrer Weiterentwicklung durch die Berücksichtigung der Außenbeziehungen zu den Kunden und Lieferanten ergänzt. Die sich dadurch ergebenden organisatorischen Auswirkungen sind in den folgenden Fakten zu sehen:

- erhöhte zwischenbetriebliche Kommunikation
- Einrichtung von Kooperationsverbänden
- Unternehmenssegmentierung (z.B. Strategische Geschäftseinheiten (SGE))
- Outsourcing
- Total Quality Management (ISO 9000)
- Vertriebsinseln
- Projektgruppen.

Resumee

Wie aus den vorstehenden Darlegungen zu der Konzeption "Lean-Organization" erkennbar wird, werden die Gebilde- und im zunehmenden Maße die Prozeßstruktur in den Veränderungsprozeß einbezogen. Bisherige aufbauorganisatorische Regelungen werden hinterfragt und prozeßorientierte Gestaltungsaspekte treten zunehmend in den Vordergrund. Dies ist eine Folge der steigenden wettbewerblichen Herausforderungen an die Unternehmen. Damit tritt bei der organisatorischen Gestaltung eine Veränderung der Blickrichtung ein, nämlich die Sichtweise von innen nach außen (Unternehmen → Markt) wird ersetzt durch die Sicht von außen nach innen (Kunden-/Lieferanten → Unternehmen).[73]

Weiterhin ist die Konzeption der Lean-Organization stark personenorientiert (humane Zentrierung) im Hinblick auf eine möglichst optimale Nutzung der human Ressourcen (Ansatzpunkte: Entscheidungsdezentralisation, erhöhte Selbstkoordination, Teambildung). Es findet damit ein Substitutionsprozeß dergestalt statt, daß die Sachorientierung (Organisation ad rem) teilweise durch eine Personenorientierung (Organisation ad personam) ersetzt wird. Das "human capital" erhält einen erhöhten Stellenwert im Rahmen des organisatorischen Gestaltungsprozesses.[74]

[73] Vgl. Bullinger, H.-J./ Wasserlos, G.: Innovative Unternehmensstrukturen, Paradigmen des schlanken Unternehmens, in: Office Management: 1-2/1992, S. 12

[74] Vgl. Pfeiffer, W./Weiß, E.: Lean Management, Grundlagen der Führung und Organisation industrieller Unternehmen, Berlin 1992, S. 165

5.3.2.2 Lean Structure

Die Veröffentlichungen zum Thema Lean Structure beinhalten die dieselben Grundgedanken wie die zum Thema Lean Organization. Der einzige Unterschied kann darin gesehen werden, daß weniger der organisatorische Gestaltungsprozeß im Vordergrund der Betrachtung steht, sondern vielmehr dessen Ergebnis im Hinblick auf die Gebilde- und Prozeßstruktur. Die die Organisationsstruktur kennzeichnenden Sachverhalte stimmen daher mit denen überein, die in Bezug auf die Lean Organization dargelegt wurden. [75] Es ergeben sich daher für die Strukturformeln der Gebilde- und Prozeßstruktur keine Veränderungen.

5.3.3 Abschließende Betrachtung

Das Lean Konzept in den Formen Lean-Management[76], Lean Organization, Lean Structure strebt die Realisierung schlanker Gebilde- und Prozeßstrukturen an. Diese sind gekennzeichnet durch eine flache Organisationsstruktur (wenige Hierarchiestufen, hohe Leitungsspannen), teamorientierte Aktionseinheiten (Fertigungsinseln, Vertriebsinseln, Qualitätszirkel, Projektteams), ganzheitliche Aufgabenerfüllung (Aufgabe der Strategie der weitgehenden Arbeitsteilung und funktionalen Spezialisierung) an (Typ 6 in der Abb. 11).

Ein weiterer Aspekt des Lean-Konzeptes besteht darin, die Voraussetzungen eines leistungsfähigen System nicht durch ein immer komplexer werdendes zu verwirklichen, sondern durch die Reduzierung der Komplexität auf ein erforderliches Mindestmaß. Das Unternehmen soll von allen überflüssigen Elementen, die die Komplexität erhöhen und nicht zum Kernbereich des Unternehmens zählen, bereinigt werden. Dieses wirkt sich dergestalt auf die Organisationsstruktur aus, daß sich die Zahl der Organisationseinheiten verringert. Bisher in der Unternehmung erbrachte Leistungen wie Fort- und Weiterbildung, Bearbeitung von Rechts- und Patentfragen, Werbung und Öffentlichkeitsarbeit werden auf dritte Unternehmen verlagert (Outsourcing). Das Unternehmen konzentriert sich auf seine Kernbereiche.

Anhand der Kriterien der Lean Organization lassen sich Checklisten erstellen, mit deren Hilfe jedes Unternehmen seine Organisationsstruktur überprüfen kann. Dies wird beispielhaft an der folgenden Checkliste veranschaulicht.

---

[75] Vgl. u.a. die vorstehend aufgeführte Literatur sowie Wildemann, H. (Hrsg).: Lean Mangement, Strategien zur Erreichung wettbewerbsfähiger Unternehmen, Frankfurt 1993

[76] Das Lean Management wird z.T. in den Darlegungen als übergeordneter Begriff verstanden, als eine Unternehmensphilosophie. vgl. Fleter, R.: Generaloffensive in der gesamten Wertschöpfungskette, in: Beschaffung aktuell, 9/93, S. 20

Abb. 17: Checkliste Lean Organization

Merkmale	Ausprägungen	
	Lean	Nicht Lean
Gebildestruktur		
- Orientierung	Kooperation	Hierarchie
- Anzahl Hierarchieebenen	wenige	viele
- Bereichsentscheidungen	dezentralisiert	zentralisiert
- Koordination	Selbstkoordination	Anweisungen/strukturell
- Verantwortung	dezentralisiert	zentralisiert
- Akktionseinheiten	Teams (funktionsübergreif.)	funktionale Einheiten
- Anzahl Stäbe	keine/wenige	viele
- Umfang Verwaltung	gering	hoch
- Standardisierung (Vorschriften)	gering (wenige)	hoch (viele)
- Leitbild desVorgesetzten	Coach	Führer
Prozeßstruktur		
- Arbeitsteilung	gering	hoch
- funktionale Spezialisierung	gering	hoch
- Durchlaufzeiten	kurze	lange
- Arbeitsmittel/Arbeitsunterlagen	moderne I- und K- Techniken	konventionelle

Anmerkung: Die Merkmale sind situativ zu gewichten. Die Ausprägungen stellen nur die Endpunkte eines Kontinuums dar. Checklisten zu einzelnen Unternehmensbereichen wie Produktion, Vertrieb, Beschaffung im Hinblick auf relevante Lean-Aspekte siehe: Bösenberg, D., Metzen, H., Lean Management, 5. Aufl., Landsberg/Lech 1995, S. 259 ff.

Die Verschlankung der Gebilde- und Prozeßstruktur aber findet ihre Begrenzung in der Forderung nach dem Vorhandensein eines erforderlichen Organizational Slack. Unter diesem ist die Differenz zwischen den einer Unternehmung in einer Leistungsperiode verfügbaren und den zur Zielerreichung erforderlichen Ressourcen zu verstehen. Flexibilität, Innovationsfähigkeit, Verbesserung innerbetrieblicher Abläufe, Qualitätsverbesserungen verlangen aber das Vorliegen eines Mindestumfanges an Organizational Slack. Die Lean Konzeptionen erlauben daher nur einen Abbau des Slack insoweit, als dieser situativ nicht benötigt wird.[77]

Es muß festgestellt werden, daß in den Veröffentlichungen "große Unternehmen" das Bezugsobjekt sind, nicht aber die kleinen und mittelständischen Unternehmen,

[77] vgl. Fallgatter, M., Grenzen der Schlankheit: Lean Management braucht Organizational Slack, in: zfo 4/1995, S. 215 ff.

die ca. 99% aller Wirtschaftsunternehmen in der BRD ausmachen und ca. 60% aller Erwerbstätigen beschäftigen. [78]

Die konkrete Umsetzung des Leankonzeptes befindet sich erst im Anfangsstadium. Diese Feststellung kann aufgrund des Ergebnisses einer empirischen Untersuchung getroffen werden. Die Befragung von 600 Unternehmen des verarbeitenden Gewerbes, von denen 200 mit über 50 Beschäftigten den Fragebogen zurücksandten, ergab:

"Der Umfrage zufolge wendet etwa ein Drittel der Betriebe Maßnahmen an, die durch das Lean Management-Konzept propagiert werden und die zur Erhöhung von Produktivität, Flexibilität, Qualitätstandards und Innovationsfähigkeit beitragen sollen. 52 Prozent der Unternehmen gaben an, sie hätten Hierarchieebenen agbebaut, um möglichst flexible Entscheidungen zuzulassen. Jeweils etwa ein Viertel der Befragten hat bereits die Fertigungstiefe reduziert und die Kooperation mit Zulieferern forciert. Eine verbesserte Mitarbeiterinformation genießt ebenfalls einen hohen Stellenwert in der mittelfränkischen Industrie: 42 Prozent haben ihre interne Kommunikation schon verbessert. Die größeren Betriebe realisieren den Autoren zufolge typischerweise mehr Maßnahmen der "schlanken Produktion". Gleichwohl sei es nicht richtig, die kleineren Betriebe als typische Nachzügler bzw. die größeren Unternehmen generell als Innovatoren zu bezeichnen."[79]

Weiterhin ist festzustellen, daß die Lean-Konzeption als eine Zusammenfassung der folgend dargelegten Organisationskonzeptionen gesehen werden kann. D.h., die in den anderen modernen Organisationskonzeptionen in den Vordergrund gestellten Einzelaspekte im Hinblick auf den Abbau organisatorischer Defizite werden hier zu einem umfassenden Organisationskonzept zusammengefaßt. Im Vordergrund des Lean Konzeptes steht zwar die Rationalisierung (Kostensenkung), diese ist aber nur erreichbar durch die Realisierung der in den anderen Organisationskonzeptionen im Vordergrund stehenden Einzelaspekte wie u.a. ganzheitliche Aufgabenerfüllung, Prozeßorientierung, Teambildung.

[78] Zu der Bedeutung der Lean Konzeptionen für die Organisationsgestaltung mittelständischer Unternehmen siehe Wittlage, H., Lean Organization - Eine Konzeption für mittelständische Unternehmen ?, in: Internationales Gewerbearchiv 3/1994, S. 145 ff.

[79] IHK Nürnberg, MW 2/96, Berichte/Analysen

5.4 Kundenorientierte Organisation

5.4.1 Partielle Berücksichtigung der Kundenorientierung in der Organisationsstruktur

Eine partielle Berücksichtigung der Kundenorientierung liegt dann vor, wenn sie als ergänzender Bestimmungsfaktor der Organisationsstruktur, nicht aber als einer der gewichtigsten berücksichtigt wird.

Ein solcher Ansatz ist in der divisionalen Organisation zu sehen, bei der auf der zweiten hierarchischen Ebene die Aufgabenbereiche objektorientiert gebildet werden. Handelt es sich bei den Objekten um Produkte/Produktgruppen, unterschiedliche Märkte oder Kundengruppen, so wird unter Beibehaltung der funktionalen Organisationsstruktur in den Divisionen die inside-out Orientierung durch eine outside-in Orientierung ergänzt. Diese outside-in Orientierung kann durchaus als eine Kundenorientierung angesehen werden.[80]

Ein weiterer Ansatz ist in der Matrixproduktorganisation zu sehen, in der die funktionale Grundstruktur durch eine objektorientierte Struktur überlagert wird. Über den Einsatz von Produktmanagern und den ihnen übertragenen Aufgaben und Entscheidungsbefugnissen sollen die Märkte der entsprechenden Produkte und damit die Kunden in den Aktivitäten des Unternehmens verstärkt Berücksichtigung finden.[81]

Auch das Key-Account Management ist diesen Ansätzen zuzuordnen. Das Key-Account Management beinhaltet eine organisatorische, durch spezifische Aktionseinheiten zu bewältigende kundenorientierte Spezialisierung und Koordination der Marketingaktivitäten zur Verbesserung der strategischen Marktposition im latenten und offenen Konfliktfeld zwischen Industrie und Handel.[82] Welche Form des Key-Account Management auch immer auch immer gewählt wird, die organisatorische Gestaltung betrifft immer nur den Marketingbereich.[83]

Der Bildung strategischer Geschäftseinheiten (Geschäftsfelder) liegt u.a. auch die Kundenorientierung zugrunde. Sie ist gekennzeichnet durch eine eigenständige Marktaufgabe, eindeutig zurechenbare Wettbewerber und einer geringen Anzahl von Kombinbationen aus Kundengruppen, Kundenfunktionen und Technologien.

---

[80] Zur divisionalen Organisation siehe die Ausführungen zum Kapitel 4.4.

[81] Zur Matrixorganisation siehe die Ausführungen zum Kapitel 4.3.2.

[82] vgl. Diller, H., Kusterer, M., Key Account Management in der Kosumgüterindustrie, in: DBW-Depot, Stuttgart 1985, S. 8

[83] Zu den unterschiedlichen Formen siehe: Sidow, H., D., Key-Account Management, Wettbewerbsvorteile durch handelsbezogene Verkaufsstrategien, Landsberg/ Lech 1991, S. 52 ff.

Die strategischen Geschäftseinheiten stellen eine Ergänzung der funktionalen bzw. divisionalen Organisationsstruktur im Hinblick auf die Kundenorientierung dar. Die bestehende Organisationsstruktur erfährt nur insofern eine Modifizierung, als Instanzenträgern (Leitern von Unternehmensbereichen, von sekundären Abteilungen) zusätzlich strategische Aufgaben im Hinblick auf die marktlichen Aktivitäten übertragen werden.

Diese vorstehenden Ansätze sind mithin dadurch charakterisiert, daß die Kundenorientierung sich im wesentlichen in der zusätzlichen Bildung entsprechender Aktionseinheiten (Produktmanager, Key-Account Manager, Leiter strategischer Geschäftseinheiten) erschöpft, die funktionale Organisationsstruktur in ihren Grundzügen erhalten bleibt. Damit findet kein Abbau der folgenden organisatorischen Defizite statt: hierarchisches Denken, tiefe hierarchische Struktur, Entscheidungszentralisation usw.

Die Prozeßstruktur bleibt ebenfalls weitgehend unbeeinflußt. Dies bedingt, daß die vorstehend dargelegten organisatorischen Gestaltungsalternativen der dynamischen Entwicklung der Märkte nicht genügen. Diese können wie folgt charakterisiert werden: [84]

- Wechsel vom Verkäufer- zum Käufermarkt
- abnehmende Differenzierungsmöglichkeiten für Produkte infolge sich immer ähnlich werdender Produkte, vergleichbarer Preise und ausgereifter Produkttechnologien
- Internationalisierung der Märkte durch Liberalisierung und Deregulierung (europäischer Binnenmarkt, Gattabkommen)
- Verdrängungswettbewerb.

Kundenseitig gehen damit, wobei zwischen Endverbrauchern und Weiterverarbeitern unterschieden werden muß, einher:

Endverbraucher

- In die Entscheidung des Kunden im Hinblick auf den Kauf eines Produktes/einer Dienstleistung gehen zunehmend Aspekte wie psychologischer und emotionaler Zusatznutzen, Design, Verpackung, Prestige, Service wie auch

---

[84] vgl. Davenport, Th., H., New Industrial Engineering, Informationtechnology and Business Process Redesign, in: Sloan Management Review, Nr. Summer 1990, S. 12; von Eiff, W., Geschäftsprozeßmanagement. Integration von Lean Management - Kultur und Business Process Reengineering, in: ZfO 6/1994, S. 365; Talwar, R., Business Reengineering - A Strategy - driven Approach, in: Long Range Planning, 26, Nr. 6, 1993, S. 27

das Image des ein Produkt/eine Dienstleistung anbietenden Unternehmens ein.
- Wahrnehmug der Individualität durch eine Differenzierung des gekauften Produktes/der in Anspruch genommenen Dienstleistung von alternativen Produkten/Dienstleistungen

Weiterverarbeiter

- Termintreue
- hohe Qualitätsanforderung an das Produkt/die Dienstleistung
- Problemlösungsunterstützung
- Preis entsprechend dem eigenen Nutzen

Als die die Kaufentscheidung beeinflussenden Faktoren sind zu sehen:

- hoher Informationsgrad über Produkte und Dienstleistungen
- generelle bindungskritische Verhaltensweise
- z. T. Unberechenbarkeit und Sprunghaftigkeit des Verhaltens
- Sensibilität.

Diese Fakten sind seitens des Unternehmens zu reflektieren , damit der Kunde

- in seiner Kaufentscheidung bestätigt
- für sein Vertrauen belohnt
- in seiner Souveränität bestätigt wird.

Die vorstehenden Orientierungspunkte muß das Unternehmen in der Gestaltung der Organisatinsstruktur als einen wichtigen Wettbewerbsfaktor berücksichtigen.

Eine entsprechende organisatorische Gestaltungsmöglichkeit wird in einer effizienten Kundenauftragsbearbeitung gesehen.[85] Beispielhaft wird hier das Konzept der Bildung von Vertriebsinseln dargelegt.[86] In diesem werden die Grundgedanken

---

[85] vgl. Eversheim, W., u.a., Prozeßorientierte Reorganisation der Auftragsabwicklung , in: VDI - Z, NR. 135 11/12 1993, S. 119 ff., ders., Reengineering einer prozeßorientierten Auftragsleitstelle, in: VDI-Z, 136 Nr. 1/2 1994, S. 66 ff.., Fuhrberg-Baumann, J., Müller, R., Neugestaltung der Auftragsabwicklung, in: VDZ - I. Nr. 7 1991 S. 52 ff., Köhler, A., Reengineering der Auftragsabwicklung bei der deutschen Aerospace AG, in: Controlling , Nr. 5 1995, S. 298 ff., Thienel, A., Richter, K., Zimmermann, H., P., Einfacher, schneller und zufriedener: Bessere Anfragen- und Auftragsabwicklung durch technisch - organisatorische Innovation, in: Office Management 3/1990, S. 62 ff.

[86] Zu den folgenden Ausführungen siehe: Bullinger, H. - J., Fuhrberg - Baumann, J., Müller, R., Neue Wege der Kundenauftragsabwicklung , in: ZfO 5/1991, S. 306 ff.,

der Matrixorganisation mit denen der objektorientierten Organisationsstruktur kombiniert. Die Aufgabe der Vertriebsinseln - eigenständige Aktionseinheiten - besteht in der eigenverantwortlichen Bearbeitung des Kundenauftrages bis zur Auslieferung der Produkte. Die auftragsbezogenen Funktionen - Auftragsannahme, Auftragsabklärung, Einkauf der erforderlichen Materialien (Bauteile), auftragsbezogene Konstruktion, Arbeitsplanung - werden aus den Fachabteilungen herausgelöst und in dem Aufgabenkomplex der Vertriebinsel zusammengefaßt. Damit werden bisherige Defizite im Bezug auf die Auftragsabwicklung wie Schnittstellen zwischen den unterschiedlichen, bisher an der Abwicklung beteilgten Fachabteilungen, Doppelarbeiten, Informations- und Kommunikationsdefizite, hohe Durchlaufzeiten (Liegezeiten) abgebaut. Der Vertriebsinsel wird eine eindeutige Verantwortung zugeordnet. Nach dem Objektprinzip können in einem Unternehmen mehrere Vertriebsinseln eingerichtet werden. Mittel- und langfristige Aufgaben sowie auftragsneutrale Funktionen wie Buchhaltung, Kostenrechnung, Forschung und Entwicklung, Normung verbleiben in den weiterhin existierenden Fachbereichen.

Die Vertiebsinseln werden in Form von Teams (drei bis zehn Mitarbeieter) gebildet, um die Motivation der Mitarbeiter zu erhöhen und gruppendynamische Effekte nutzen zu können. Um Auslastungsschwankungen zu begegnen, können beim Vorhandensein meherer Vertriebsinseln deren Auftragszuständigkeiten entsprechernd variabel gestaltet werden. Zudem weisen die Ressourcen der Vertriebsinseln einen organisatorischen Slack auf.

Die Kundenorientierung findet in diesem Konzept in der Einrichtung spezieller Aktionseinheiten, den Vetriebsinseln, unter Beibehaltung der funktionalen Grundstruktur Berücksichtigung. Grundlage für deren Bildung ist die Reorganisation des Geschäftsprozesses Kundenauftragsbearbeitung. Im Gegensatz zu den anderen Ansätzen wird hier die Prozeßstruktur verändert. Diese Veränderung betrifft aber nur einen Geschäftsprozeß, wenn auch einen wichtigen Kernprozeß. Die Organisationsstruktur erfährt mithin auch hier nur eine partielle Kundenorientierung.

5.4.2 Totale Berücksichtigung der Kundenorientierung in der Organisationsstruktur

Eine totale Berücksichtigung der Kundenorientierung muß die gesamte Organisationsstruktur umfassen. Kundenkontakte dürfen daher nicht nur spezialisierten Aktionseinheiten - Werbung, Marketing, Vertrieb, Außendienst - zugewiesen werden. Die Kundenorientierung muß Bestandteil der Unternehmenskultur werden. Unter der Unternehmenskultur ist dabei die Summe von Wertvorstellungen, Verhaltensnormen sowie Denkweisen zu verstehen, welche das Handeln und Verhalten aller Mitarbeitern und damit das Erscheinungsbild der Unternehmung sowohl nach innen als auch nach außen prägt. Die kundenorientierte Organisationsstruktur muß daher folgenden Anforderungen genügen:

Nach außen gerichtete Anforderungen

Markt- und Wettbewerbsorientierung:	Ausrichtung auf den Markt und Wettbewerb, Nähe zum Kunden, einschließlich der ggf. notwendigen Internationalisierung bis hin zur Globalisierung (Think global, act local).
Anpassungsfähigkeit und Flexibität:	Sicherstellung der Aktionsfähigkeit durch Erhöhung der Anpassungsfähigkeit und Flexibilität
Innovationsfähigkeit :	Entwicklung und Durchsetzung neuartiger Produkte/ Dienste, Verfahren, Strukturen

Nach innen gerichtete Anforderungen

Führungsprozeßeffizienz:	kostengünstige und gut fundierte Planung, Steuerung, Kontrolle und Koordination
Human-Ressourcen-Orienierung:	Nutzung und Verbesserung der Qualifikation und Motivation des Managements und der Mitarbeiter, insbesondere Förderung deren selbständigen unternehmerischen Handelns
Finanz- und Sachressourcen-Effizienz:	Effiziente Nutzung der finanziellen, der materiellen Ressourcen und Kapazitäten (Rohstoffe, Maschinen, Technologien)
Geschäftsprozeß-Effizienz:	Effiziente Aufgabenerfüllung in allen Unternehmensbereichen (Operative und Unterstützungsprozesse)

Diese Anforderungen konkretisieren sich in folgenden Merkmalen der Organisationsstruktur:

- externe Netzwerkstrukturen zum Zwecke strategischer Allianzen sowie zur Durchführung und Unterstützung von Geschäftsprozessen

- flache Hierarchien (Verkürzung der Linien, Reduzierung der Anzahl der Ebenen ⇒ höhere Leitungsspannen)
- Abbau bzw. Umbau von Zentraleinheiten
- Schaffung kleiner, beweglicher Aktionseinheiten mit eigenverantwortlich zu erfüllenden Aufgaben (verbunden mit der Dezentralisation von Entscheidungen)
- Partizipation der Mitarbeiter an Führungsaufgaben
- Schaffung einer erweiterten Selbständigkeit und Ergebnisverantwortung der Mitarbeiter
- Deregulierung und Entbürokratisierung
  Ergänzung der dauerhaften Basisstruktur um temporäre Einheiten (Projekteams, task forces)
- Ergänzung der vertikalen Linien durch Prozeßstrukturen
- Berücksichtigung von Persönlichkeitsmerkmalen (Einstellungen, Motivation, Qualifikation) der Mitarbeiter bei der Strukturierung (Organisation ad personam)
- stärkere Beachtung weicher Faktoren (Unternehmensphilosophie, Unternehmenskultur) neben den harten Faktoren (Strukturen, Systeme).

Voraussetzung für diese Organisationsgestaltung sind Mitarbeiter, die kreativ, kommunikativ und kompetent ihre Aufgaben erfüllen. Dies bedingt Mitarbeiter mit fachlicher und sozialer Kompetenz. Sie werden damit zum Humanvermögen der Unternehmung.

Die vorstehend aufgeführten Merkmale der kundenorientierten Organisationsstruktur finden ihren Niederschlag einerseits in den Lean Konzeptionen und andererseits in den anschließend behandelten Konzeptionen der Geschäftsprozeßorganisation und der fraktalen Organisation.

Die Umsetzung der Kunden- und Wettbewerbsorientierung in eine entsprechend veränderte Organisationsstruktur kann unter Umständen sehr langwierig sein. Die bestehenden Unternehmensstrukturen haben sich in Jahrzehnten aufgebaut und gefestigt. Die verkrusteten Strukturen hinsichtlich des Hierarchieaufbaus, der Führungsstile und der Denkschablonen der Mitarbeiter müssen in langwierigen Prozessen aufgebrochen werden. Man darf sich nicht der Illusion hingeben, die Einführung der Strategie der Kunden- und Wettbewerbsorientierung wäre ein leichtes Unterfangen. Die entscheidende Komponente ist der Geist, d. h., das Umdenken aller am Prozeß beteiligten Mitarbeiter. Es bedarf u.a. einer Änderung der traditionellen Entlohnungssysteme, um den Wegfall von Führungspositionen und Symbolen der Macht (Statussymbole) zu kompensieren. Es müssen neue Leistungsanreize geschaffen werden.

5.5 Fraktale Organisation

Eine weitere moderne Organisationskonzeption ist die fraktale Organisation.[87] Es stellt sich die Frage, worin bei ihr die grundlegenden Bestimmungsfaktoren der Organisationsstruktur zu sehen sind. Die Beantwortung dieser Fragestellung zeigt zugleich den Zusammenhang mit den übrigen modernen Organisationskonzeptionen auf.

5.5.1 Strukturelement Fraktal

Der Begriff Fraktal ist aus der Mathematik entnommen. Er findet Verwendung in der mathematisch-geometrischen Beschreibung selbstorganisierender Systeme der Natur. Es werden komplexe Strukturen detailliert dargestellt (verfeinerte Auflösung), wobei deren Aufbau weitgehend unverändert bleibt. "Das bedeutet, jedes Teil enthält im wesentlichen alle Elemente des Ganzen."[88] Die Fraktale sind weitgehend selbständig agierende Einheiten, die selbstorganisierende Eigenschaften besitzen.

"Fraktale sind ein gutes Modell für die Selbstähnlichkeit von Strukturen und die Selbstorganisation von Systemen und deren Subsysteme und damit letztlich auch für die ... neue Organisationsform von Unternehmen."[89]

5.5.2 Strukturelle Auswirkungen

Zwei Bestimmungsfaktoren prägen die Organisatinsstruktur, die Fraktale und die Mitarbeiter. Fraktale Organisation bedeutet daher Gliederung des Unternehmens in Fraktale, d.h., in selbständig agierende Organisationseinheiten.[90] Die Gebildestruktur besteht daher in der Verknüpfung von Fraktalen. Sie sind durch folgende Eigenschaften charakterisiert:[91]

---

[87] siehe Warneke, H.-J., Revolution der Unternehmenskultur, Berlin 1993

[88] Dobrek, R., Abele, U., Bacher, S., Motivation in der Fraktalen Fabrik, in: Office Mangement, Heft 7/8, 1994, S. 8

[89] Rossa, G., Soll, R., Dissiativ - Controlling in Versicherungsunternehmen, in : Versicherungswirtschaft, Heft 3/1994, S. 170

[90] vgl. Warneke, H.-J., Revolution der Unternehmenskultur, Berlin, 1993

[91] vgl. Drobek, R., Abele, U., Bacher, S., a.a.O., S. 8

- Unternehmensziele sind Maßstab ihres Handelns.
  Selbstorganisation und -optimierung, d.h. Struktur und Prozesse werden unter Berücksichtigung der Außenbeziehungen der Aktionseinheiten stetig verbessert.
- Dynamik und Anpassungsfähigkeit; situative Entwicklungen führen zu anforderungsgerechten Anpassungen.
- Selbstbestimmter Zugriff nach Art und Umfang auf Informationen im Rahmen des vernetzten Informations- und Kommunikationssystems aller Organisationseinheiten .

Das Zusammenwirken der weitgehend selbständig agierenden Fraktale erfolgt über das vernetzte Informations- und Kommunikationssystem. Die Ausrichtung ihrer Aktivitäten auf die Zielsetzung des Unternehmens erfolgt über die Formulierung strategischer Erfolgsfaktoren, die aus der Unternehmenszielsetzung für jede Aktionseinheit in einem dynamischen Zielbildungsprozeß abgeleitet werden. Dieser Prozeß führt zu von den einzelnen Fraktalen akzeptierten strategischen Erfogsfaktoren, die ihr Handeln bestimmen. In Bezug auf Bestimmung dieser strategischen Erfolgsfaktoren ist zu berücksichtigen:

"1. Die Zielwerte sind mit den Mitarbeitern gemeinsam zu erarbeiten. Sie müssen ein reales Erfolgspotential widerspiegeln.
2. Um eine Unterbewertung zu vermeiden, sind deshalb bestimmte Normwerte als Ausgangspunkt zu nutzen. Insbesondere ist so festzulegen, daß eine Unterschreitung eine deutliche, meßbare Fehlleistung dargestellt.
3. Die Zielwerte sind keine starren unveränderlichen Normen. Sie sollen situationsbedingt und personenbezogen veränderbar sein.
4. Die Zielwerte umfassen den Normalwert-Korridor. Ein Bereich, der die normalen Schwankungen des strategischen Erfolgsfaktors umfaßt und keine externe Nachricht bewirkt."[92]

Dies bedingt eine eindeutige Quantifizierung der strategischen Erfolgsfaktoren.

Der zweite entscheidende Bestimmungsfaktor der Organisationstruktur sind die Mitarbeiter.

---

[92] Rossa, G., Soll, R., a.a.O., S. 173

"Ausgangspunkt aller Überlegungen des *Fraktalen Unternehmens* sind die *Mitarbeiter.* Sie sind Hoffnungsträger und Potentiale des Unternehmens. Bedeutende Leistungsfaktoren sind die Qualifikation und die Motivation der Mitarbeiter. Ausgehend vom Menschen als Mittelpunkt des Unternehmens müssen neue Werte und Leitbilder geschaffen werden, die diese Betrachtungsweise unterstützen."[93]

Durch die Bildung von Fraktalen werden die Voraussetzungen geschaffen, die Potentiale der Mitarbeiter - fachliche Qualifikation, selbstverantwortliches Handeln, Kreativität, unternehmerisches Denken - durch eine erhöhte Motivation zu aktivieren. Der Erfolg ist abhängig von fachlichen und sozialen Qualifikationen der Mitarbeiter, die aber grundsätzlich als gegeben angenommen werden können.

Die vorstehenden Ausführungen lassen erkennen, daß eine fraktale Organisation die charakteristischen Merkmale der Lean Organization beinhaltet. Über die Aufgabenkomplexe der Fraktale, ob diese funktions- oder objektorientiert gebildet werden, wird keine Aussage getroffen. Die fraktale Organisation betont die Bildung von selbständig agierenden Organisationseinheiten innerhalb eines Unternehmens und deren Verknüpfung über ein System konsistenter strategischer Erfolgsfaktoren. Das damit verfolgte Ziel ist vorrangig darin zu sehen, die in vielen Unternehmen zur Ineffizienz führende vorhandene Regeldichte und den vorhandenen Formalismus zu beseitigen und die Human-Ressourcen insbesondere durch eine erhöhte Motivation der Mitarbeiter im vollen Umfange zu aktivieren.

5.6 Geschäftsprozeßorganisation

5.6.1 Grundlagen

In der Organisationstheorie wird häufig davon ausgegangen, daß die Organisationsstruktur durch die Unternehmensstrategie bestimmt wird (z. B. Diversifikation führt zur divisionalen Organisation; Structure follows Strategy, Chandler). Die Unternehmensstrategie soll durch eine entsprechend gestaltete Organisationsstruktur ergänzt werden. Im Rahmen der Geschäftsprozeßorganisation wird die Organisationsstruktur dagegen selbst als ein wesentlicher Wettbewerbsfaktor angesehen. Strategie und Organisationsstruktur werden als gleichgewichtig beurteilt. Die Struktur ist damit mitbestimmend bei der Formulierung der Strategien, die aus den Kernprozessen des Unternehmens abgeleitet werden. Sie beeinflussen sich wechselseitig. Die Zielsetzung in der Einführung der Geschäftsprozeßorganisation ist in der Erlangung eines Wettbewerbsvorteils zu

[93] Betzl, K., Entwicklungsansätze in der Arbeitsorganisation und aktuelle Unternehmenskonzepte - Visionen und Leitbilder, in: Bullinger, H.-J., Warnecke, H.-J., (Hrsg.), Neue Organisationsformen im Unternehmen, Ein Handbuch für das moderne Management, Berlin - Heidelberg 1996, S. 49

sehen. Dies bedeutet, daß in Produkte und Prozesse einschließlich der administrativen Prozesse gleichmäßig investiert wird.[94] Dadurch sollen die Faktoren Kosten, Qualität, Ser-vice und Zeit positiv beeinflußt werden.

Durch die vorrangige Bedeutung der Geschäftsprozesse findet gleichfalls eine Umgewichtung der organisatorischen Gestaltungsziele statt. Im Vordergrund stehen in horizontaler Hinsicht (nahezu) ausschließlich die Prozeßeffizienz und in vertikaler Hinsicht die Delegationseffizienz (Nutzung der Problemnähe und das Detailwissen untergeordneter Aktionseinheiten). Die übrigen Organisationsziele bleiben dabei nicht unberücksichtigt, sondern nehmen den Rang von Nebenbedingungen ein.[95]

Der Geschäftsprozeß als der vorrangige Bestimmungsfaktor der Organisationsgestaltung erhielt seine heutige Bedeutung insbesondere durch die Veröffentlichungen amerikanischer Beratungsunternehmen.[96] Die jeweiligen Konzepte sind unter den Begriffen Business Reengineering (Hammer, Champy), Core Process Design (Kaplan, Murdock) und Process Innovation (Davenport) dargelegt worden. Die weitgehende Beachtung dieser Konzepte ist in der überzeugenden Darstellungsform - eingängige, z.T. einfache Beispiele - und den erzielbaren Erfolgen begründet. Die Darlegungen sind mehr als allgemeine Erfolgsrezepte denn als wissenschaftlich begründete Gestaltungskonzepte zu betrachten[97], vergleichbar mit den Management-Techniken der siebziger Jahre. Die Bedeutung der Prozeßstruktur (Geschäftsprozesse) wurde von den amerikanischen Organisationsberatern nicht als erste erkannt[98], aber ihr im Rahmen des organisatorischen Gestaltungsprozesses ein vorrangiges Gewicht beigemessen. Dies wurde durch den möglichen Einsatz der z. Zt. verfügbaren modernen I- und K-Techniken im Aufgabenerfüllungsprozeß begünstigt.

Die drei grundlegenden Kerngedanken des Reengineering können in den folgenden Fakten

- Die Geschäftsprozesse sind die wesentlichen Bestimmungsfaktoren der Organisationsstruktur (Prozeß-Idee)
- Unterscheidung der Geschäftsprozesse im Hinblick auf ihr Anforderungsprofil und Gruppenbildung in Bezug auf eine effiziente Bearbeitung (Triage-Idee)
- Informationelle Vernetzung innerhalb des Unternehmens und mit der Außenwelt (Kunden, Lieferanten)

---

94 vgl. Davenport, Th., H., Process Innovation, a.a.O., S. 6

95 Vgl. die Ausführungen zu den Zielen der Organisationsgestaltung im Punkte 22.

96 vgl. Nippa, M., Picot, A.,(Hrsg.), Prozeßmanagement und Reengineering. Die Praxis im deutschsprachigen Raum, Frankfurt a. M., 1996, S. 68

97 vgl. Nippa, M., Reengineering - Top oder Flop, in: ZfO, 3/1995, S. 153

98 siehe dazu die Ausführungen der S. 22 f.

gesehen werden sowie in der Betrachtung des Unternehmens als die Gesamtheit von Kernprozessen, die eine kundenorientierte Rundumbearbeitung ermöglichen.[99] Dabei werden die in den Lean-Kozeptionen entwickelten organisatorischen Gestaltungsinstrumente in die Betrachtungen einbezogen.

5.6.2 Begriffe Geschäftsprozeß und Geschäftsprozeßorganisation

Für die Geschäftsprozeßorganisastion ist die Definition des Geschäftsprozesses von grundlegender Bedeutung. In der Literatur sind eine Vielzahl unterschiedlicher Begriffsbestimmungen auszumachen. Aufgrund einer Analyse ausgewählter Definitionen soll in den folgenden Ausführungen eine allgemein gültige inhaltliche Bestimmung des Geschäftsprozesses vorgenommen werden.

Hammer definiert den Geschäftsprozeß als ein "Bündel von Aktivitäten, für das ein oder mehrere unterschiedliche Inputs benötigt werden, und das für den Kunden ein Ergebnis von Wert erzeugt." [100]

Davenport / Short:"We define business process as a set of logically related tasks performed to achieve a defined business outcome." [101] Betont wird in dieser Definition die logische Verknüpfung der Aktivitäten im Hinblick auf das definierte Ergebnis.

Bea / Schnaitmann weisen insbesondere auf folgende vier Aspekte hin:

1. Transaktionsaspekt: Ein Prozeß ist eine Tätigkeit zur Umwandlung von Einsatzgütern in Ausbringungsgüter.
2. Verkettungsaspekt: Der Prozeß läßt sich in mehrere miteinander verbundene Aktivitäten zerlegen.
3. Zielaspekt: Zweck des Prozesses ist die Verwirklichung von sachlichen, formalen sozialen und ökologischen Zielen.
4. Organisationsaspekt: Prozesse werden von Personen durchgeführt, kontrolliert und veranwortet. Ihr Verhalten läßt sich über die Organisationsstruktur beeinflussen.[102]

---

[99] vgl. Osterloh, M., Frost, J., Prozeßmanagement als Kernkompetenz. Wie Sie Business Reengineering strategisch nutzen können. Wiesbaden 1996, S. 153

[100] Hammer, M., Champy, J., Business Reengineering. Die Radikalkur für Untertnehmen, Frankfurt a.M. 1964, S. 52

[101] Davenport, Th., H., Short, J., E., The New Industrial Engineering, Information Technology and Business Process Redesign, in: Sloan Management Review, Nr. Summer 1990, S. 11

[102] vgl. Bea, X., Schnaitmann, H., Begriff und Struktur betriebswirtschaftlicher Prozesse, in: Das Wirtschaftswissenschaftliche Studium, 6/1995, S. 280

Hinterhuber hebt in seiner Definition den Nutzen für interne und externe Kunden, die Wertschöpfung sowie die Wiederholung des Prozesses hervor und berücksichtigt die am Prozeß Beteiligten:

"Ein Geschäftsprozeß ist eine Gesamtheit von integrierten Tätigkeiten, mit denen ein Produkt hervorgebracht oder eine Dienstleistung bereitgestellt wird, die

- die Zufriedenheit und die Wettbewerbsfähigkeit der externen Kunden erhöhen,
- die Arbeit der externen Kunden erleichtern und in ihrer Effizienz steigern,
- einen meßbaren Input und Output haben,
- Wert hinzufügen,
- wiederholbar sind, und
- in den Verantwortungsbereich einer Führungskraft fallen, die ein interdisziplinäres und mit Entscheidungsbefugnissen ausgestattetes Team koordiniert und führt."[103]

Striening subsumiert unter einem Geschäftsprozeß die Tätigkeiten/Verrichtungen zur Erstellung von Produkten/Dienstleistungen, "die in einem direkten Zusammenhang miteinander stehen und in ihrer Summe den betriebswirtschaftlichen, produktionstechnischen, verwaltungstechnischen und finanziellen Erfolg des Unternehmens bestimmen"[104].

Aufgrund der vorstehenden Definitionen kann zusammenfassend ein Geschäftsprozeß wie folgt definiert werden:

Ein Geschäftsprozeß ist eine Folge von logisch miteinander verknüpften, wertschöpfenden Tätigkeiten/Verrichtungen, die Inputs zu anforderungsgerechten Outputs für interne und externe Kunden transformieren.

Aufgrund dieser Begriffsbestimmung können Geschäftsprozesse nach Inhalt und Umfang unterschiedlich gebildet werden. Sie lassen sich sich in Prozeßabschnitte unterteilen, da sie die externen Kunden, die internen Kunden sowie die Lieferanten-Beziehungen umfassen. Der Output eines Prozeßabschnittes wird dabei zu einem Input des nachfolgenden. Die Effizienz des Gesamtprozesses ist gleich der Summe der Effizienzen der Prozeßabschnitte.

Unter der Geschäftsprozeßorganisation ist folglich das Ergebnis der organisatorischen Gestaltung der Geschäftsprozesse zu verstehen, d.h., eine Organi-

[103] Hinterhuber, H., H., Paradigmawechsel: Vom Denken in Funktionen zum Denken in Prozessen, in: Journal für Betriebswirtschaft, 2/1994, S. 61
[104] Striening, H.-D., Prozess-Management, Frankfurt a.M., 1988, S. 57

sationsgestaltung, "in der die Stellen- und Abteilungsbildung unter Berücksichtigung spezifischer Erfordernisse des Ablaufs betrieblicher Prozesse im Rahmen der Leistungserstellung und -verwertung konzipiert werden."[105] Dies bedeutet eine integrative Sicht von Gebilde- und Prozeßstruktur. Dem Geschäftsprozeß wird im Hinblick auf die Gestaltung der Organisationsstruktur das Primat zugewiesen (Paradigmawechsel). Dies führt zu den Aussagen: "Alles ist Prozeß"[106], bzw. " The structure follows process "

5.6.3 Prozeßarten

Die Geschäftsprozesse können nach unterschiedlichen Gesichtspunkten untergliedert werden.

Davenport/Short schlagen eine Unterscheidung nach Beteiligten, Objekten und Tätigkeitsart vor:[107]

- Interorganisationale (zwischen Unternehmen), interfunktionale (zwichen den Funktionsbereichen) und interpersonale (zwischen den einzelnen Mitarbeitern) Geschäftsprozesse.
- Reale (greifbare Gegenstände) und Informationsprozesse
- Ausführungs- und Entscheidungsprozesse.

Earl wählt eine Unterscheidung nach den vom Unternehmen zu erfüllenden Aufgaben:

- Kernprozesse: Prozesse, die sich direkt auf den externen Kunden beziehen.
- Unterstützungsprozesse: Prozesse zwischen internen Kunden, die die Kernprozesse unterstützen.
- Überbetriebliche Prozesse: Prozesse, die in den Bereich der Lieferanten, Kunden und Partner hineinreichen.
- Managementprozesse: Prozesse, mit denen das Unternehmen den Einsatz der Ressourcen plant, organisiert und kontrolliert.[108]

Die Kernprozesse bestimmen insbesondere die Wettbewerbsfähigkeit des Unternehmens.[109] Sie können durch folgende Kriterien gekennzeichnet werden:

---

[105] Bürgel, H. D., Gentner, A., Phasenübergreifende Integration zur Steuerung der Entwicklungs- und Anlaufphasen bei Serienprodukten - Prozeßmanagement und Überleitungsphasen, in: Hansen, R.A., Kern, W., Integrationsmanagement für neue Produkte, ZfbF Sonderheft 30, 1992, S. 71

[106] Kläger, W., Hoffmann, J., Lean Production - Fat Office, in: Office Management, 3/1993, S. 37

[107] Davenport, Th., H., Short, J., E., a.a.O., S. 12, 18 ff.

[108] vgl. Earl, M., J., The new and the old of business redesign, in: Journal of Strategic Information systems, 3(1) 1994, S. 7 f.

[109] vgl. Kaplan, R., B., Mordack, L.,. Core process redesign, in: The Mc Kinsey Quaterly, Summer 1991, S. 28

"Wahrnehmung des Kundennutzens: Die Prozesse müssen den Kunden einen Nutzen stiften, für den sie zu zahlen bereit sind.

Unternehmensspezifität: Die Prozesse müssen durch eine spezifische Nutzung von Ressourcen einmalig sein.

Nicht-Imitierbarkeit: Die Eigenheiten des Prozesses dürfen nicht leicht zu imitieren sein.

Nicht-Substituierbarkeit: Die Prozesse dürfen nicht durch andere Problemlösungen ersetzbar sein."[110]

Diese Kernprozesse sind für das Unternehmen von strategischer Bedeutung. Sie umfassen die Beziehungen vom Lieferanten bis zum Kunden. Alle anderen Prozesse können als Supportprozesse zusammengefaßt werden, da sie die Kernprozesse unterstützen, selbst aber keine strategische Bedeutung besitzen. Sie werden deshalb aus den Kernprozessen ausgegliedert.[111] Auf die Gestaltung der Kernprozesse richtet sich das Hauptaugenmerk der Geschäftsprozeßorganisation. In diesem Zusammenhang ist aber darauf hinzuweisen, daß die Anzahl der Kernprozesse eines Unternehmens nicht festgelegt werden kann. So wird diese in der Literatur in einer Bandbreite von drei im Minimum und bis mehr als zehn im Maximum angegeben.

5.6.4 Design Strategien

Um die Zielsetzung der Geschäftsprozeßorganisastion zu erreichen, werden u.a. folgende Gestaltungshinweise empfohlen, die sowohl die Gebilde- als auch die Prozeßstruktur erfassen:

Prozeßstruktur

- Prozeßorientierung
- Prozesse am Kundennutzen (internen/externen) ausrichten
- Eleminierung aller nicht wertschöpfenden Tätigkeiten/Verrichtungen
- Effiziente Gestaltung der Prozesse
- Beseitigung von Medienbrüchen

Gebildestruktur

- flache Hierarchie (wenige Hierarchiestufen)
- Entscheidungsdezentralisation

[110] Osterloh, M., Frost, J., a.a.O., S. 34
[111] vgl. ebenda S. 35

- Hohe Selbstkoordination
- Verringerung der Schnittstellen
- Teambildung (Teams kleinste organisatorische Einheiten)

Diese Gestaltungshinweise konkretisieren sich in den folgenden organisatorischen Design Strategien:

1. Im Bereich der Management-, Büro- und Verwaltungstätigkeiten, die durch hohe Fixkosten gekennzeichnet sind, ist durch den Einsatz moderner Informations- und Kommunikationstechniken die Produktivität zu erhöhen, ergänzt durch einen Wechsel von der funktional zu einer objektorientierten Bildung der Aktionseinheiten. Das Objekt ist hierbei der Geschäftsprozeß.

2. Effiziente Gestaltung der Geschäftsprozesse durch die Verwirklichung folgender Zielsetzungen:
"- Die Anzahl der an der Prozeßdurchführung beteiligten Personen bzw. Funktionsbereiche soll minimiert werden. [integrierte prozeßorientierte Vorgangsbearbeitung, der Verf.].
 - Schnittstellen zwischen den einzelnen Funktionsbereichen sind zu beseitigen oder zumindest zu verbessern.
 - Innerhalb der Geschäftsprozesse sind einheitliche Ziel- und Erfolgskriterien zu etablieren.
 - Für jeden Prozeß ist eine eindeutige Verantwortlichkeit vorzusehen.
 - Die Basis für die eindeutige Zurechenbarkeit der Kosten zu den Geschäftdprozessen ist klarzustellen (Prozeßkostenrechnung).
 - Kontrollen sind im geringst möglichen Ausmaß vorzusehen."[112]

3. Entwicklung eines Workflow- und Dokumenten-Managements auf der Basis der Bürokommunikationssoftware wie Textverarbeitung, Electronic Mail, Tabellenkalkulation, Terminkoordination, Dokumentenablage, usw.. Die sich ergebenden Vorgangssteuerungssysteme erfordern mit modener I- und K-Technik ausgestattete Arbeitsplätze.

Die wesentlichen Elemente der Design Strategien sind:

- horizontale Prozeßorientierung
- vertikale und horizontale Autonomie
- Segmentierung
- Einsatz moderner I- und K- Techniken.

---

[112] Krickl, O., Business Design, Prozeßorientierte Organisationsgestaltung und Informationstechnologie, in: Krickl, O., Geschäftsprozeßmanagement, Heidelberg 1994, S. 28 ff

Horizontale Prozeßorientierung

In den traditionellen Organisationskonzeptionen - funktionale und divisionale Organisationsstruktur - wurden die Aktionseinheiten funktional gebildet und hierarisch gegliedert. Dies führte zu einer vertikalen Organisationsansicht.

Abb. 18: Vertikale Organisationsansicht

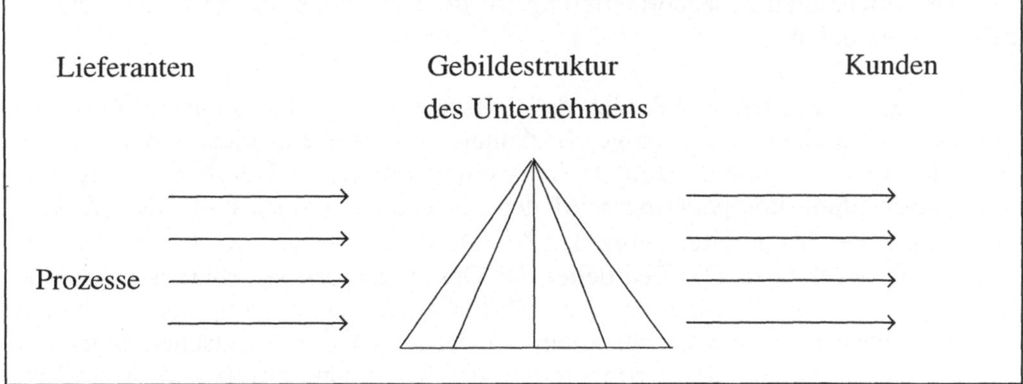

in Anlehnung an Osterloh/Frost, a.a.O., S. 30

Die horizontale Prozeßansicht orientiert sich an den horizontal durch das Unternehmen laufenden Prozessen. Die Organisationsstruktur erfährt eine Drehung um 90^0, sie wird auf die Seite gelegt.

Abbb. 19: Horizontale Organisationsansicht

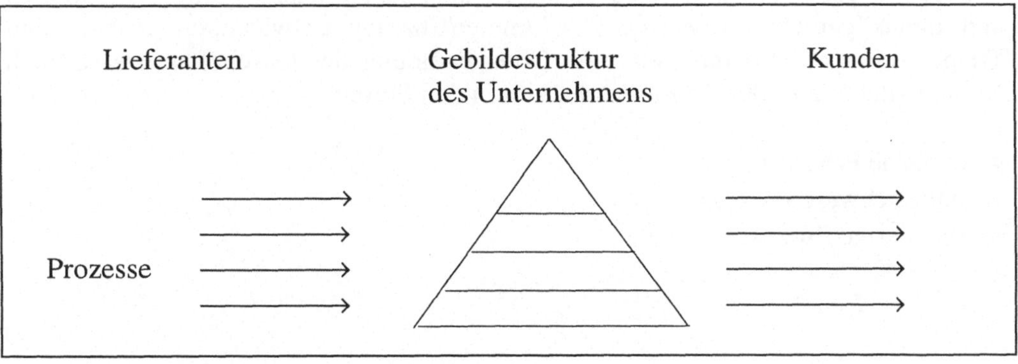

in Anlehnung an Osterloh/Frost, a.a.O., S. 30

Diese horizontale Organisationsansicht führt aber nicht zu einer hierachiefreien Organisationsstruktur
Die Gestaltung der Geschäftsprozesse überschreitet dabei die Unternehmensgrenzen und bezieht die Lieferanten und die Kunden in die Betrachtung mit ein (interorganizational process).

Vertikale und horizontale Autonomie

Mit der horizontalen Prozeßorientierung ist die horizontale und vertikale Autonomie eng verbunden.

"Die Aufgaben werden so gebildet. daß zwischen den Organisationseinheiten auf gleicher Hierarchieebene wenige Beziehungen entstehen, diese abgegrenzten Einheiten also über eine horizontale Autonomie verfügen......Durch die Delegation von Entscheidungskompetenzen wird der Entscheidungsspielraum, die vertikale Autonomie, der Mitarbeiter vergrößert."[113] Dieser Tatbestand wird auch als Empowerment bezeichnet. Die Bearbeiter der Geschäftsprozesse erhalten somit eine höhere Entscheidungskompetenz. Dies führt zu einer Verringerung der Anzahl der Hierarchieebenen, da nicht mehr allein auf der Instanzebene Entscheidungen getroffen werden. Gleichfalls verringert sich der Koordinationsaufwand, wenn Entscheidung und Realisation von derselben Aktionseinheit vorgenommen werden.

Segmentierung

Die Auflösung der Unternehmensaufgabe in Geschäftsprozesse bedeutet, daß diese komplex und unübersichlich werden können. Deshalb ist es erforderlich, die Geschäftsprozesse zu segmentieren, um innerhalb dieser eine erforderliche Arbeitsteilung durchführen zu können. Es müssen daher Varianten eines Prozesses unterschieden werden, um den Anforderungen unterschiedlicher Märkte, Situationen und Inputs gerecht zu werden.[114] Hammer/Champy entwickelten deshalb den Triage-Ansatz. Der beinhaltet eine Unterscheidung der Geschäftsprozesse nach Komplexität und / oder Routinisierbarkeit in den Stufen:

- einfache Prozesse
- mittelschwere Prozesse
- schwierige Prozesse

113 Theuvsen, L., Business Reengineering - Möglichkeiten und Grenzen einer prozeßorientierten Organisationsgestaltung, in: ZfbF 1/1996, S. 68

114 vgl. Hammer, M., Champy, J., Business Reengineering, a.a.O., S. 72 f.

Jede Gruppe umfaßt nur noch Fälle gleicher Komplexität, so daß die Vorteile einer Spezialisierung voll genutzt werden können.[115] Diese Einteilung setzt voraus, daß vor Bearbeitungsbeginn die Komplexität des jeweiligen Geschäftsprozesses bestimmbar ist. Die Routinisierbarkeit der Prozesse ist damit eine Voraussetzung für diesen Segmentierungsansatz.

Eine Segmentierung nach Funktionen erfüllt nicht die Anforderungen der Geschäftsprozeßorganisation, denn die funktionale Arbeitsteilung innerhalb eines Prozesses führt zu einer Vielzahl von Schnittstellen.

Die weitere Möglichkeit der Segmentierung nach Kundengruppen weist ebenfalls erhebliche Nachteile auf. Die Mitarbeiter des Teams müssen Prozesse unterschiedlicher Komplexität bearbeiten; Ausnahmen und Sonderfälle mit entsprechenden Regelungen sind die Folge. Gleiche Prozesse verschiedener Kunden werden parallel aber nicht identisch mit der Folge verschiedener Lösungen für gleiche Probleme bearbeitet.

Einsatz moderner I- und K-Techniken

"Informationstechnologie ist die Gesamtheit verfügbarer Verfahren und Werkzeuge zur Bereitstellung und Verarbeitung von Informationen."[116] Sie wird als "enabler" bezeichnet, da sie die Voraussetzungen für die Geschäftsprozeßorganisation schafft.

Die technischen Möglichkeiten eröffnen neue Formen der Zusammenarbeit, des Informationsflusses und der Kommunikation. Die Vorteile der Zentralisation und der Dezentralisation können gleichzeitig genutzt werden. [117] Datenbankensysteme machen Informationen verfügbar, ohne daß eine räumliche Trennung der Nutzer oder Unternehmensgrenzen ein Hindernis darstellen. Der Aspekt Raum verliert an Bedeutung. Dezentraler Datenzugriff macht Informationen für alle Berechtigten zugängig. Wichtig ist in diesem Zusammenhang, daß Flexibilität und Reaktions-fähigkeit dezentraler Organisationseinheiten gesichert sind, obwohl die Informa-tionen zentral verwaltet werden. Zudem wird damit eine Voraussetzung für eine Entscheidungsdelegation geschaffen. Der Mitarbeiter verfügt so über Informa-tionen, die früher nur seinem Vorgesetzten offenstanden, die er aber für die Entscheidungsfindung benötigt.

---

[115] ebenda S. 78

[116] Happen, D., Organisation und Informationstechnologie - Grundlagen für ein Konzept zur Organisationsgestaltung, Hamburg 1992, S. 13

[117] Zu den folgenden Ausführungen siehe Hammer, M., Champy, J., Business Reengineering, a.a.O., S. 122 ff.

Weiterhin entfallen durch die papierlose und simultane Informationsverarbeitung Transportzeiten und die Koordination der miteiander verbundenden Verrichtungen /Tätigkeiten kann durch die Technik übernommen werden (Work-Flow-Management). Zeitliche Restriktionen entfallen, da ein Zugriff auf die benötigten Informationen jederzeit möglich ist. Ehemals sequentielle Verrichtungen können z. T. parallel durchgeführt werden.

Vorteilhaft ist weiterhin, daß Mitarbeiter über den gleichen Wissenstand verfügen. Bearbeiten Mitarbeiter verschiedener Aktionseinheiten des Unternehmens unterschiedliche Aufgaben desselben Kunden, so greifen sie auf einen einzigen Kundendatensatz zu, in dem alle Aktivitäten der verschiedenen Unternehmenssegmente dokumentiert sind. Durch diese einheitliche Informationsquelle entfallen zeitaufwendige Rückfragen, Doppel- und Nacharbeiten, die aufgrund widersprüchlicher Informationen entstehen.

Neben dem Einsatz von Datenbankensystemen ist die Nutzung von Expertensystemen ein wesentliches Element der Geschäftsprozeßorganisation. Dadurch werden für den normalen Geschäftsprozeß Spezialisten nicht mehr benötigt. Jedem Mitarbeiter wird das benötigte Wissen zur Verfügung gestellt. Früher wurde dafür ein Spezialist benötigt, für den in seinem Fachgebiet die meisten Aufgaben Standardfälle waren. Selten wurde sein Wissen darüber hinaus erforderlich. Diese speziellen Standardfälle können nun aufgrund des Expertensystems von einem Generalisten bearbeitet werden. Nur noch in Sonder- und Ausnahmefällen wird der Spezialist erforderlich, der aber nun seinen Fähigkeiten entsprechend eingesetzt werden kann.

5.6.5 Prozeßstruktur

Mit dem Einsatz der modernen I- und K-Techniken stellt sich erneut die Frage nach ihrer normierenden Wirkung. Diesbezüglich sind widersprüchliche Aussagen festzustellen, wie die folgenden Zitate belegen:

"Reengineering beinhaltet auch ein neues Verständnis der Informationstechnologie ......IT ist nicht als Mittel zur Automatisierung zu verstehen. Auch die Analyse bestehender Organisationsprobleme und eine darauf aufbauende Suche nach technischen Lösungen entspricht nicht dem Verständnis von IT im Rahmen von Reengineering Projekten. Die Rolle der IT ist die eines “Enabling Factors”, der Reengineerring erst ermöglicht."[118] " Dies kommt einer Ablösung des Organisationsparadigmas, Organisation vor Technik, gleich."[119]

[118] Krickl, O., Ch., Business Design, a.a.O., S. 28; vgl. auch Bühner, R., Betriebswirtschaftliche Organisationslehre, 5. Aufl., München 1991, S. 316

[119] Kraus, H., Historische Entwicklung von Organisationsstrukturen - Ursachen für die Notwendigkeit neuer Organisationskonzepte, in: Krickl, O., Ch., a.a.O., S. 12

Es ist wird aber auch die Meinung vertreten : "Die Technik verliert in der Tendenz ihre normierende Wirkung für organisatorische Lösungen und wird wieder zu dem, was sie eigentlich sein sollte: ein Organisationsmittel."[120]

Die Gestaltungshinweise und die darauf basierenden Design Strategien führen im Hinblick auf die Prozeßstruktur zu folgenden Ergebnissen: [121]

- Die weitgehende verrichtungsorientierte Spezialisierung der Mitarbeiter und der hohe Grad der Arbeitsteilung werden durch eine ganzheitliche Aufgabenerfüllung (Aufgabenerfüllung aus einer Hand) ersetzt. Dies beinhaltet u.a. den Tatbestand des Job-Enrichement.
- Fremdkontrolle der Tätigkeiten der Mitarbeiter wird durch eine weitgehende Selbstkontrolle ersezt.
- Verkürzung der Durchlaufzeiten durch die Eliminierung von der Komponenten Liege- und Transportzeiten.
- Integration der Tätigkeiten/Verrichtungen innerhalb eines Aufgabenerfüllungsprozesses (Geschäftsprozesses).
- Ausstattung der Arbeitsplätze mit multifunktionalen Arbeitsmitteln und dv-gestützten Arbeitsunterlagen.
- Kundenorientierte Aufgabenerfüllung.
- Schaffung eines Prozeßsteuerungsstandes im administrativen Bereich, vergleichbar mit einem Fertigungssteuerungsstand (administrativer Bereich gleich Summe aller informationsbe- und -verarbeitender Tätigkeiten).

Die entsprechenden Ausprägungen der Strukturdimensionen der Prozeßstruktur führen zu der folgende Strukturformel:

$$P_g = \{A_g, R_m, Z_i\}$$

P_g	=	Prozeßstruktur der Geschäftsprozeßorganisation
A_g	=	ganzheitliche Aufgabenerfüllung (Aufgabe der weitgehenden Arbeitsteilung und funktionalen Spezialiserung)
R_m	=	multifunktionale Arbeitsmittel, dv-gestützte Arbeitsunterlagen
Z_i	=	zeitliche Integration der Verrichtungen/ Tätigkeiten (geringe Liege- und Transportzeiten)

[120] Erdl, G., Schönecker, G., Vorgangssteuerungssysteme im Überblick, in: Office Mangement, 3/1993, S. 14; siehe auch Kraus, H., a.a.O., S. 12

[121] vgl. Metken, M., Prozeßorientierte Organisationsoptimierung, in: Office Management, 3/1993, S. 6ff.

5.6.6 Gebildestruktur

5.6.6.1 Spezifische Aktionseinheiten

Da die Stellen- und Abteilungsbildung unter den spezifischen Erfordernissen der Geschäftsprozesse gebildet werden müssen (Primat der Prozeßstruktur), sind entsprechend gestaltete Aktionseinheiten erforderlich. Als solche werden unterschieden: Prozeßteam, Case Team, virtuelles Team, Case Manager, Prozeßverantwortlicher.

Prozeßteam

Das Prozeßteam umfaßt eine Gruppe von Mitarbeitern, die gemeinsam einen Geschäftsprozeß oder Prozeßvarianten bearbeiten. Folgende Formen können unterschieden werden:[122]

- Case Worker
- Case Team
- Virtuelles Team

Case Worker

Der Case Worker ist ein Generalist. Er ist für einen ganzen Prozeß mit seinen verschiedenen Aufgaben zuständig und verantwortlich. Der Case Worker kann nur eingesetzt werden, wenn der zeitliche Prozeßumfang dies im Hinblick auf seine Kapazität zuläßt und es zweckmäßig ist, ihn für alle Prozeßschritte zu qualifizieren. Sind diese Voraussetzungen nicht gegeben, so muß ein Case Team eingesetzt werden. Gleiches gilt für Prozesse, deren Verrichtungen/Tätigkeiten an verschiedenen Orten durchgeführt werden müssen.

Case Team

In einem Case Team werden Mitarbeiter für die Bearbeitung unterschiedlicher Aufgaben zusammengefaßt. Früher arbeiteten sie räumlich getrennt in verschiedenen Abteilungen. Jetzt bilden sie, räumlich zusammengefaßt bzw. über die modernen I- und K- Techniken vernetzt, ein dauerhaftes Team, welches durch die Summe der Fähigkeiten aller Mitarbeiter routinisierte Prozesse vollständig bearbeitet. In welcher Weise das Case Team die Arbeit intern aufteilt, bestimmt es

---

[122] Zu den folgenden Ausführungen siehe Hammer, M., Champy, J., Business Reengineering, a.a.O., S.87, 124 f.

selbst. Es kann durchaus eine verrichtungsorientierte Arbeitsteilung vornehmen.[123] Es ist jedoch nicht sinnvoll, die Grenzen zwischen den Zuständigkeiten starr abzugrenzen. Sie werden sich zwangsläufig durch die Gesamtbearbeitung der Prozesse, in die jedes Teammitglied eingebunden ist, sowie durch die Gesamtverantwortung für die Prozessbearbeitung verwischen.

Virtuelles Team

In einem virtuellen Team werden Spezialisten für bestimmte einmalige Projeke zusammengefaßt. Seine Existenz ist damit zeitlich begrenzt. Die Mitglieder arbeiten nur solange zusammen, wie es die Aufgabe erfordert. Ist das Projekt beendet, wird das virtuelle Team wieder aufgelöst (→ reine Projektorganisation, pure project management).

Prozeßteams, in welcher Form sie auch gebildet werden, tragen für den ihnen übertragenen Prozeß die Verantwortung. Sie treffen die Entscheidungen innerhalb des festgelegten Rahmens selbst. An den Folgen dieser Entscheidungen werden sie gemessen, denn das Prozeßergebnis ist der Maßstab für die Leistung des Teams.

Der Einsatz von Prozeßteams erfordert die Bildung weiterer Aktionseinheiten:

- Case Manager
- Prozeßverantwortlicher

Case Manager

Ist der Geschäftsprozeß so komplex, daß er in mehreren Prozeßteams bearbeitet werden muß, wird ein Case Manager erforderlich. Er ist als Verbindungsglied zwischen Prozeß und Kunden tätig. Nach außen tritt er dem Kunden als Ansprechpartner für den gesamten Prozeß gegenüber, obwohl er intern nicht für den Prozeß verantwortlich ist. Damit wird die Forderung realisert " One face to the customer ". (Kundenorientierung). Dem Case Manager müssen alle Informationen, die den Gesamtprozeß betreffen, zur Verfügung stehen. Dies wird mit Hilfe der modernen I- und K-Technik ermöglicht. Zudem muß er für seine Aufgabenerfüllung die erforderliche Unterstützung der Mitarbeiter aller am Prozeß beteiligten Teams finden.[124]

Prozeßverantwortlicher

---

[123] vgl. Theuvsen, L., a.a.O., S. 68
[124] vgl. Hammer, M., Champy, J., Business Reengineering, a.a.O., S. 86 f.

Ein Prozeßverantwortlicher, auch als Process Owner bezeichnet, ist für einen Gesamtprozeß oder eine Prozeßvariante und somit für die Arbeit des Prozeßteams verantwortlich. Im Organisationsgefüge hat der Process Owner eine Linienverantwortung. Er vertritt das Team gegenüber vorgesetzten Instanzen. [125] Für das Team ist er nicht ein Vorgesetzter im traditionellen Sinne, denn dieses braucht keinen "Chef", der anweist, überwacht und überprüft. Auch die interne Koordinationsaufgabe entfällt, denn die den Prozeßablauf vormals erschwerenden Schnittstellen existieren nicht mehr und das Team koordiniert sich selbst. Der Prozeßverantwortliche soll innerhalb des Teams als Coach bzw. Moderator agieren und die Teammitglieder in ihrer Arbeit unterstützen. Zudem beinhaltet seine Aufgabenstellung das Fördern der Mitarbeiter sowie die Schaffung eines anforderungsgerechten Arbeitsumfeldes für das Tätigwerden des Prozeßteams.[126]

Vor- und Nachteile einer Teambildung

Schnittstellen zwischen den Mitarbeitern verschiedener Unternehmensbereichen entfallen und damit Fehler, Mißverständnisse und Rückfragen, die durch diese entstehen. Weiterhin ist zwar eine Abstimmung zwischen den Teammitgliedern erforderlich, diese ist jedoch innerhalb des Teams wesentlich einfacher als über Bereichsgrenzen hinweg. Jedes Teammitglied kennt den Gesamtprozeß und weiß, wofür es zuständig und verantwortlich ist. Erforderliche Absprachen können sofort erfolgen, sofern das Team räumlich zusammenarbeitet (face to face communication).

Die Mitglieder kommunizieren untereinander je nach Bedarf. Die Gebildestruktur bestimmt nicht mehr wie früher den Weg der Kommunikation. Bei einem Prozeß, der innerhalb eines Teams vollständig bearbeitet wird, ist dies auch nicht mehr erforderlich. Die Mitarbeiter koordinieren sich selbst. Ein Case Worker tut dies ohnehin. Hier wird deutlich, was durch die Überwindung der Bereichsgrenzen ermöglicht wird: Unproduktive Arbeiten wie Kontroll-, Abstimmungs- und Doppelarbeiten sowie Warte- und Transportzeiten entfallen.

Die Überwachung der Leistung wird für alle am Prozeß Beteiligten einfacher. Ein definierter Prozeßoutput ist zugleich der Leistungsmaßstab für den bzw. die beteiligten Mitarbeiter. Sie tragen die Verantwortung für die Erfüllung des Prozeßergebnisses. Damit wird für den Vorgesetzten die Zuordnung der Leistung auf die Beteiligten und deren Beurteilung erleichtert.

Die Mitarbeiter übernehmen innerhalb des Teams unterschiedliche Aufgaben. Sie beherrschen mehrere oder sogar alle Schritte des Prozesses. Sie teilen sich die Verantwortung mit den anderen Teammitgliedern. Durch die horizontale und

[125] vgl. Osterloh, M., Frost, J., Prozeßmanagement als Kernkompetenz, a.a.O., S. 135
[126] vgl. Hammer, M., Champy, J., Business Reengineering, a.a.O., S. 105

vertikale Integration von Aufgaben und Entscheidung enstehen multidimensionale Berufsbilder. Damit erhält die Qualifikation der Mitarbeiter ein hohes Gewicht. Mitarbeiter stehen neuen Anforderungen gegenüber. Sie müssen wissen, wie man lernt, denn lebenslanges Lernen wird der Normalfall werden. Zudem müssen sie erkennen, daß sie für den Kunden arbeiten und nicht für den Vorgesetzten. Damit muß von der Unternehmensseite eine Entlohnung nach dem Prozeßergebnis und ein Aufstieg nach Fähigkeiten einhergehen. [127] Mit der Realisierung der Geschäftsprozeßorganisation ist also ein radikaler Kultur- und Wertewandel im Unternehmen verbunden.

Mögliche Nachteile der Teambildung können u.a. in folgenden Fakten bestehen: interne Normen der Teams weichen von den Unternehmensnormen ab, die Gesamtverantwortung des Teams für den Prozeß mindert das Verantwortungsbewußtsein des einzelnen, die im Team zu treffenden Entscheidungen sind zeitaufwendig und stellen Kompromisse dar, interpersonale Konflikte schwächen die Leistungsfähigkeit des Teams.

Zusammenfassend wird aber allgemein von der Annahme ausgegangen, daß die Vorteile der Teambildung die möglichen Nachteile übersteigen.

5.6.6.2 Alternative Formen der Gebildestruktur (Aufbauorganisation)

Die der Prozeßstruktur entsprechenden Ausprägungen der Strukturdimensionen der Gebildestruktur (Aufbauorganisation) werden in der folgenden Abbildung aufgelistet.

---

[127] vgl. Hammer, M., Champy, J., Business Reengineering, a.a.O., S. 99 ff.

Abb. 20: Ausprägungen der Strukturdimensionen der Gebildestruktur bei Realisierung der Geschäftsprozeßorganisation[128]

Strukturdimension	*Ausprägungen*
sachliche Spezialisierung:	• objektorientiert (Geschäftsprozeß)
formale Spezialisierung:	• Entscheidungsdelegation, • hoher Partizipationsgrad
Koordination:	• wenige persönliche Anweisungen • hoher Selbstkoordinationsgrad • niedrige strukturelle Koordination • mittel bis hohe technokratische Koordination, Programmierung, Regelkreis
Konfiguration:	• hohe Leitungsspannen • geringe Anzahl von Hierarchieebenen (flache Organisation) • geringe Anzahl von Unterstützungseinheiten (u.a.Stäbe)

Die vorstehenden Ausprägungen der Strukturdimensionen der Gebildestruktur ergeben folgende Strukturformel:

$$G_g = \{ S_o, S_d, K_{s/p}, K_{e/f} \}$$

G_g = Gebildestruktur der Geschäftsprozeßorganisation
S_o = sachliche Spezialisierung objektorientiert (Geschäftsprozeß)
S_d = Entscheidungsdelegation, Partizipation
$K_{s/p}$ = Selbstkoordination, Programmierung, Regelkreise
$K_{e/f}$ = Einliniensystem, flache Hierarchie (wenige Hierachiestufen)

Dieses Profil der Gebildestruktur entspricht weitgehend dem der Konzeptionen Lean Structure und Lean Organization.

[128] vgl. Metken, M., a.a.O., S. 6 ff; Krickl, O., Ch., a.a.O., S. 33; Scheff, J., Business Redesign, in: Krickl, O., Ch.,Geschäftsprozeßmanagement, a.a.O., S. 55 ff

Übereinstimmend wird die Forderung aufgestellt, daß für jeden Geschäftsprozeß einer Person die Verantwortung zuzuordnen ist und dessen hierarchische Einordnung in die Gebildestruktur auf einer hohen hierarchischen Ebene erfolgen muß.[129] Diese Forderung, die Ausprägungen der Strukturdimensionen sowie die unterschiedliche Berücksichtigung der speziellen Aktionseinheiten führen zu alternativen Formen der Gebildestruktur.

Bei den alternativen Formen der Gebildestruktur der Geschäftsprozeßorganisation können ein- und mehrdimensionalen Strukturen unterschieden werden.

Abb. 21: Alternative Gebildestrukturformen der Geschäftsprozeßorganisation

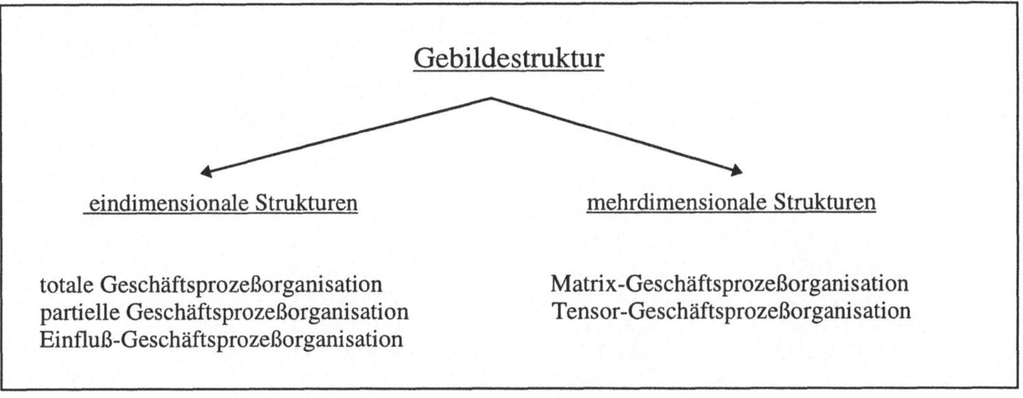

5.6.6.2.1 Eindimensionale Gebildestrukturen

Eindimensionale Organisationstrukturen liegen dann vor, wenn auf einer Hierarchieebene Aktionseinheiten gebildet werden, deren Aufgabenkomplexe auf der Basis eines einheitlichen Merkmals (Verrichtung oder Objekt) beruhen. Da die Geschäftsprozeßorganisation eine Objektorientierung (Geschäftsprozeß) verlangt, entsteht die Frage, ob , in welcher Form und in welchem Umfange noch funktional gebildete Aktionseinheiten Berücksichtigung finden können.

Totale Geschäftsprozeßorganisation

Diese Strukturform setzt voraus, daß die Gesamtaufgabe des Unternehmens in Geschäftsprozesse und gegebenenfalls in deren Subprozesse zerlegt wird. Alleinige

129 vgl. Carr, D., Daugherty, K., Johansson, H., King, R., Moran, D., Break Point Business Process Redesign, Arlington 1992, S. 182 ff.; Hammer, M., Champy, J., Reegineering the Corporation - A Manifesto for Business Revolution, New York 1992, S. 102 ff.

Basis der gebildeten Aktionseinheiten (Prozeßteams) sind Geschäftsprozesse bzw. deren Subprozesse. Dies gilt auch für die Bereiche Personal, Rechnungswesen, Verwaltung, usw..

Abb. 22: Organigramm der totalen Geschäftsprozeßorganisation

U L

PV GPA	PV GPB	PV GPC	PV GPD
T GPA1	T GPB1	T GPC1	T GPD1
T GPA2	T GPB2	T GPC2	T GPD2
T GPA3	T GPB3	T GPC3	T GPD3

Legende:		
	UL	= Unternehmensleitung
	PV	= Prozeßverantwortlicher
	GPA ...GPD	= Geschäftsprozeß A....D
	GPA1...GPA3	= Subprozesse des Geschäftsprozesses A
	GPB1...GPB3	= Subprozesse des Geschäftsprozesses B
	GPC1...GPC3	= Subprozesse des Geschäftsprozesses C
	GPD1...GPD3	= Subprozesse des Geschäftsprozesses D
	T	= Prozeßteam

In dieser Struktur übernimmt der Prozeßverantwortliche, auch als process owner bezeichnet, die disziplinarische und leistungsbezogene Führungsaufgabe, die fachliche Leitungsaufgabe (fachliche Rahmengebung) sowie die intraprozessuale Koordinationsfunktion der Subprozesse eines Geschäftsprozesses. Die interprozessuale Koordination zwischen den unterschiedlichen Geschäftsprozessen wird, sofern erforderlich, von der Unternehmensleitung bzw. im Wege der Selbstkoordination von den Prozeßverantwortlichen wahrgenommen. Für die intraprozessuale Koordination der einzelnen Subprozesse ist das jeweilige Prozeßteam zuständig, das für die vollständige Erledigug des Subprozesses die Verantworung trägt. Die Teams können als homogene Prozeßgruppen (case worker) konzipiert werden, wenn zwischen den Sachbearbeitern nur eine Mengenteilung erfolgt. Voraussetzung hierfür ist, daß die Fach- und Sachkenntnisse eines Sachbearbeiters für die Erledigung des ganzen Subprozesses ausreichend sind. Ist dies nicht gegeben, so ist eine heterogene Prozeßgruppe (case team) aus Sachbearbeitern mit differenzierten Fach- und Sachkenntnissen zu bilden, bzw. eine funktionale Arbeitsteilung zwischen den Teammitgliedern vorzunehmen.

Die Bildung homogener bzw. heterogener Prozeßgruppen ist weitgehend von der Bildung der Geschäftsprozesse abhängig, da diese mehr oder weniger umfassend definiert werden können. Z.B. können die Kundenanfrage- und -auftragsbearbeitung in einem Geschäftsprozeß zusammengefaßt oder als zwei Geschäftsprozesse angesehen werden (vgl. die Ausführungen zum Geschäftsprozeßbegriff, Kapitel 5.6.2).

Diese Organisationsstruktur erfüllt die Ausprägungen der Strukturdimensionen der Geschäftsprozeßorganisation:

- Basis der Aktionseinheiten sind Geschäftsprozesse
- Flache Konfiguration, d.h., wenige hierarchische Ebenen: (im vorstehenden Organigramm drei Ebenen)
- Hohe Leitungsspanne: bei 10 bis 20 Kerngeschäftsprozessen ergibt sich eine ebenso große Zahl von Prozeßverantwortlichen. Die sich ergebende Leitungsspanne der Unternehmensleitung wird aber dann allgemein als zu hoch angesehen. Besteht die Unternehmensleitung aus mehreren Personen, so kann durch eine direkte Zuordnung von Prozeßverantwortlichen zu einzelnen Mitgliedern der Unternehmensleitung die Leitungsspanne auf eine akzeptable Größe gesenkt werden. Eine zusätzliche hierarchische Ebene tritt nur dann auf, wenn die Unternehnemsleitung nicht als Kollegialinstanz gestaltet wird.
- Keine Unterstützungseinheiten: in der totalen Geschäftsprozeßorganisation sind keine Unterstützungseinheiten (Stäbe) vorhanden. Die entsprechenden Aufgaben werden von den Prozeßgruppen wahrgenommen, z. B. Informationssammlung und -auswertung.
- Entscheidungsdelegation: Entscheidungen, insbesondere operative, werden von den Prozeßgruppen bzw. von den Prozeßverantwortlichen wahrgenommen.
- Hoher Grad der Selbstkoordination : Sie ist in der Wahrnehmung der intraprozessualen Koordination durch die Mitarbeiter der Prozeßteams gegeben.

Die vorstehenden Feststellungen zeigen, daß die von der Geschäftsprozeßorganisation angestrebten Ausprägungen aller Strukturdimensionen der Gebildestruktur als erfüllt angesehen werden können. Die Gebildestruktur kann durch die im Punkte 5662 dargelegte Stukturformel der Gebildestruktur charakterisiert werden.

Die totale Geschäftsprozeßorganisation wird in der Literatur z.T. als nicht realisierbar angesehen, da sie keine ausreichenden Mechanismen zur Interprozeßkoordination aufweist.[130] Dieser Beurteilung soll hier nicht gefolgt werden, da einerseits die Unternehmensleitung diese Funktion übernimmt. Andererseits kann eine erfolgreiche Selbstkoordination der Prozeßverantwortlichen unterstellt wer-

---

130 vgl. Krickl, O., Ch., Business Redesign, a.a.O., S. 280; Scholz, C., Matrixorganisation, in: HWO, Hrsg. Frese, E., 3. Aufl., Stuttgart 1992, Sp. 1302

den, wenn eine erfolgreiche Intraprozeßkoordination durch die Mitarbeiter der Prozeßgruppen als realistisch angenommen wird.

Als weitere Einwände gegen die Realisierung der totalen Geschäftsprozeßorganisation können gesehen werden:

- Eine vollständige Auflösung der Unternehmensaufgabe in Geschäftsprozesse ist nicht gewollt, da man Zentralbereiche wie Personal, Rechnungswesen, Verwaltung, Marketing etc. erhalten zu müssen glaubt. Der Grund kann in einem tradierten Ressortdenken sowie im erforderlichen Vorhandensein fachspezifischen (gebündeltes wichtiges Spezialwissen) Know-hows gesehen werden.

- Die totale Geschäftsprozeßorganisation stellt eine fundamentale und radikale Veränderung der Gebildestruktur dar. Diese kann oftmals den Mitarbeitern, insbesondere dem Middle-Management, nicht als eine überlebensnotwendige Reorganisation des Unternehmens vermittelt werden. Denn eine Vielzahl der im Middle-Management tätigen Mitarbeiter verlieren ihre bisherige hierarchisch begründete Autorität, die sie, so glauben sie, bei einer veränderten Aufgabenstellung nicht durch eine entsprechende fachliche und personelle ersetzen können. Hinzu kommt die Angst vor Einkommens-, Statusverlusten usw.. Diesen Fakten kann aber durch die Entwicklung neuer Anreiz- und Entlohnungssysteme begegnet werden.

Partielle Geschäftsprozeßorganisation

Eine partielle Geschäftsprozeßorganisation liegt dann vor, wenn die Grundstruktur der Gebildestruktur - die zweite hierarchische Ebene - funktional strukturiert wird, auf den nachfolgenden Ebenen der Funktionsbereiche einzelene Aktionseinheiten auf der Basis von Geschäftsprozessen gebildet werden. Das bedeutet, daß Tätigkeiten/ Verrichtungen eines Prozesses (Kernprozesses) aus dem Aufgabenbereichen funktionaler Stellen herausgelöst und zu einem Aufgabenkomplex zusammengefaßt werden. Verbleibende Schnittstellen zu den weiterhin bestehenden funktionalen Aktionseinheiten müssen dabei möglichst in der Anzahl gering und einfach handhabbar sein.

Abb. 23: Organigramm der partiellen Geschäftsprozeßorganisation

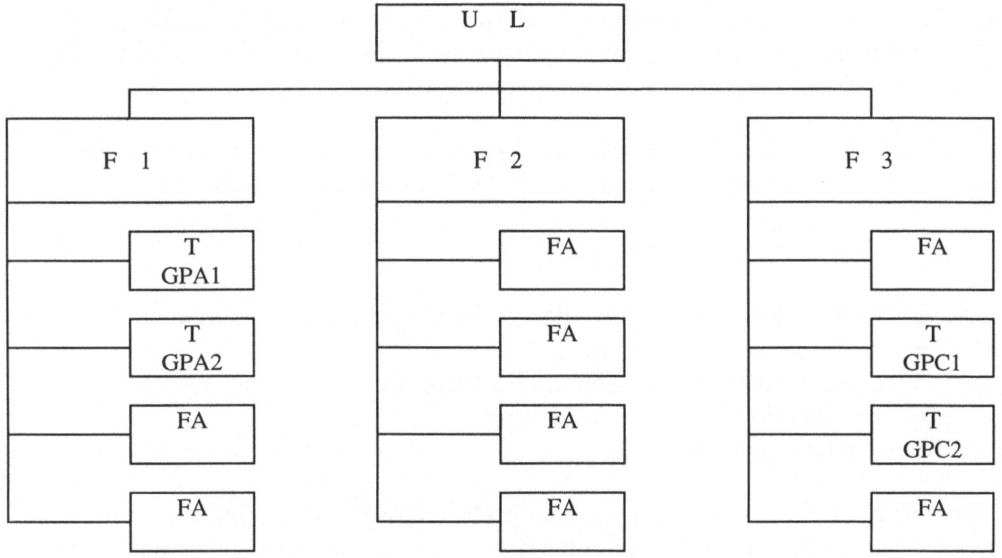

Legende: UL = Unternehmensleitung
F1....F3 = Manager der Funktionsbereiche 1..3
T = Prozeßteam
GPA1....GPC2 = Geschäftsprozesse 1,2 der Funktionsbereiche A, C
F A = Funktionsabteilung

Beispiel: In der Marketingabteilung werden Prozeßteams (Aktionseinheiten) für die Geschäftsprozesse Kundenakquisition und Auftragsbearbeitung (Vertiebsinseln) gebildet; neben diesen existieren funktionale Aktionseinheiten wie Marketing, Werbung usw..

Die für die Geschäftsprozesse zuständigen Aktionseinheiten können wie bei der totalen Geschäftsprozeßorganisation gebildet werden (homogene und heterogene Prozeßgruppen). Die Prozeßgruppen übernehmen die vollständige Bearbeitung der jeweiligen Geschäftsprozesse sowie die intraprozessuale Koordination. Der Geschäftsprozeßverantwortliche wird dem Leiter des jeweiligen Funktionsbereiches unterstellt. Die interprozessuale Koordination sowie die Koordination mit den funktionalen Aktionseinheiten wird vom Leiter des Funktionsbereiches wahrgenommen. Den Geschäftsprozessen wird somit keine Priorität gegenüber den anderen funktionalen Aufgabenkomplexen zugemessen.

Im Hinblick auf die durch die Geschäftsprozeßorientierung angestrebten Ausprägungen der Strukturdimensionen der Gebildestruktur ist festzustellen, daß diese partiell für die sachliche Spezialisierung und für die formale Spezialisierung und Koordination nur insoweit erreicht werden, wie diese bereits in der funktionalen Organisationsstruktur eine entsprechende Berücksichtigung gefunden haben (job-enlargement, job-enrichement, teilautonome Gruppen, Entscheidungsdelegation, usw.). Eine Verschlankung der Hierarchie findet hingegen nicht statt.

Die Strukturformel der Gebildestruktur (Makrostruktur) der partiellen Geschäftsprozeßorganisation entspricht der der funktionalen Organisationsstruktur:

$$G = \{ S_f, E_z, K_p, L_e \}$$

G = Gebildestruktur der partiellen Geschäftsprozeßorganisation
S_f = funktionale Spezialisierung
E_z = Entscheidungszentralisation (Tendenz zur)
K_p = personelle Koordination (vorzugsweise)
L_e = Einliniensystem

In der Praxis ist diese Form der partiellen Geschäftsprozeßorganisation durchaus realisiert. Viele Unternehmen haben bereits in geringerem oder größerem Umfang folgende Aktionseinheiten gebildet: Auftragsbearbeitung, Reklamationsbearbeitung, Anfragebearbeitung, Produktentwicklung, Kundenakquisition, etc.. Die partielle Geschäftsprozeßorganisation kann daher als eine Entwicklungsstufe zur totalen Geschäftsprozeßorganisation angesehen werden.

Die partielle Geschäftsprozeßorganisation kann auch in divisionalen Strukturen Anwendung finden. Die funktional strukturierten Divisionen weisen dann auf der Basis von Geschäftsprozessen gebildete Aktionseinheiten auf.

Einfluß-Geschäftsprozeßmanagement

Die funktionsorientierte Grundstruktur wird durch den Geschäftsprozeßaspekt (Objekt) ergänzt. Es können zwei Formen unetrschieden werden. Bei der ressortungebundenen Form wird/werden der Unternehmensleitung ein/mehrere Geschäftsprozeßmanager zugeordnet. In der ressortgebundenen Form wird/werden dieser bzw. diese den jeweiligen Funktionsmanagern unterstellt.[131]

[131] Zum Einflußprozeßmangement siehe: Striening, H., D., Prozeßmanagement, Frankfurt 1988, S. 164 ff.

Abb. 24: Organigramm der ressortungebundenen Einfluß-Geschäftsprozeßorganisation

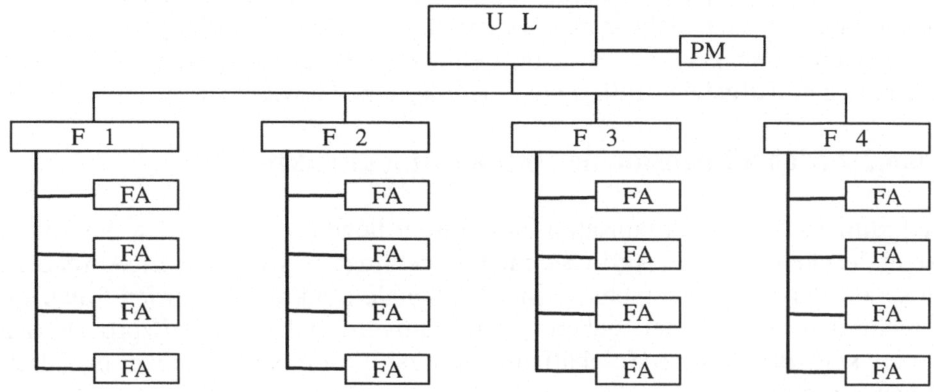

Legende: UL = Unternehmensleitung
F1..F4 = Manager der Funktionsbereiche 1..4
PM = Geschäftsprozeßmanager
FA = Funktionsabteilungen

Wie der Produktmanager in der Stabsproduktorganisation (vgl. die Ausführungen zum Punkt 431) erhält der Geschäftsprozeßmanager keine Anweisungsbefugnisse gegenüber den Funktionsmanagern oder den Mitarbeitern der Funktionsabteilungen. Er übernimmt die Aufgaben eines spezialisierten Stabes in Bezug auf wichtige Geschäftsprozesse (Kernprozesse). Diese beinhalten die einer Entscheidung vor- oder nachgelagerten Aufgaben, d.h., er nimmt eine abgeleitete Leitungsaufgabe wahr. Diese kann folgenden Inhalts sein: Ausarbeitung von Vorschlägen für die Verbesserung der Prozeßabläufe und von Verfahrensanweisungen, Koordination der an dem Geschäftsprozeß beteiligten Funktionsabteilungen, Kontrolle der Geschäftsabläufe, insbesondere im Hinblick auf die Durchlaufzeiten.

Die Strukturformel der Gebildestruktur entspricht die der Stablinienorganisation:

$$G = \{ S_f, E_d, K_{p,st}, L_{st} \}$$

G = Gebildestruktur der Einfluß-Geschäftsprozeßorganisation
S_f = funktionale Spezialisierung
E_d = Entscheidungszentralisation (Tendenz zur)
$K_{p,st}$ = personelle, strukturelle Koordination der Geschäftsprozesse
L_{st} = Einliniensystem mit Stab

Diese Form der eindimensionalen Geschäftsprozeßorganisation weist die geringste Berücksichtigung des Geschäftsprozeßaspektes auf. Eine Strukrurierung im Sinne der Geschäftsprozeßorganisation, Geschäftsprozesse bestimmen die Stellen-/Abteilungsbildung, findet nicht statt. Die Einfluß-Geschäftsprozeßorganisation scheint daher auch kaum geeignet zu sein, dem Geschäftsprozeßaspekt im Rahmen der betrieblichen Aufgabenerfüllung das erforderliche Gewicht zu verleihen.

5.6.6.2.2 Mehrdimensionale Organisationsstrukturen

Mehrdimensioanale Organisationsstrukturen liegen dann vor, wenn auf einer hierarchischen Ebene Aktionseinheiten gebildet werden, deren Aufgabenkomplexe auf der Basis unterschiedlicher Merkmale strukturiert werden, aber gleichberechtigt nebeneinander stehen.[132] Mehrdimensionale Geschäftsprozeßorganisationen sind die Matrix-Geschäftsprozeßorganisation und die Tensor-Geschäftsprozeßorganisation.

Matrix-Geschäftsprozeßorganisation

Auf der zweiten hierarchischen Ebene werden auf der Basis der Merkmale Verrichtung und Geschäftsprozeß Aktionseinheiten gebildet. Hierbei können zwei Gestaltungsformen unterschieden werden, erstens die Einsetzung von Funktions- und Prozeßverantwortlichen mit Weisungsbefugnissen gegenüber den Mitgliedern der Prozeßgruppen (Mehrfachunterstellung der Mitglieder der Prozeßgruppe) [133] und zweitens einer Mehrfachunterstellung der Prozeßverantwortlichen. Die Bildung der Prozeßteams wird dadurch nicht beeinflußt. Sie wird weiterhin bestimmt durch den Inhalt und den Umfang der jeweiligen Geschäftsprozesse.

[132] vgl. Schneider, S., Konflikte in einer Matrixorganisation, in: ZfO, 44. Jfg. 1975, S. 321
[133] vgl. Engelmann, Th., Business Process Reengineering, Wiesbaden 1995, S. 96 ff.

Mehrfachunterstellung der Mitglieder der Prozeßgruppen

Abb. 25: Matrix-Geschäftsprozeßorganisation mit Mehrfachunterstellung der Prozeßgruppenmitglieder

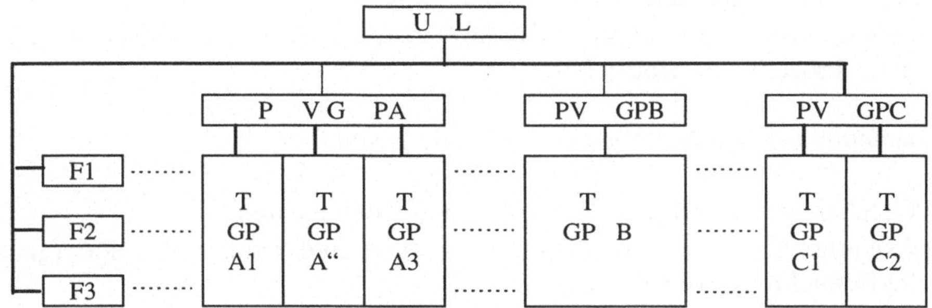

Legende:
UL	= Unternehmensleitung
PV	= Prozeßverantwortlicher
F1.....F3	= Funktionsverantwortliche 1..3
T	= Prozeßteam
GPA..GPC	= Geschäftsprozesse A..C
GPA1. GPA3	= Subprozesse 1..3 des Geschäftsprozesses A
GPC1..GPC2	= Subprozesse 1..2 des Geschäftsprozesses C

Prozeßverantwortliche (PV) und Funktionsverantwortliche (F) sind direkt der Unternehmensleitung unterstellt und auf derselben Hierarchieebene angeordnet. Alle Mitglieder homogener Prozeßgruppen (T) erhalten fachliche Anweisungen von den Funktionsverantworlichen der unterschiedlichen Fachgebiete, die heterogener Prozeßgruppen nur jeweils von einem (fachliche Rahmengebung und Festsetzung der Standards). Der Prozeßverantwortliche nimmt die disziplinarische und leistungsbezogene Führungsaufgabe sowie die intraprozessuale Koordination beim Vorliegen von Subprozessen eines Geschäftsprozesses wahr. Der Funktionsverantwortliche übernimmt die interprozessuale Koordination zwischen den unterschiedlichen Geschäftsprozessen.

Diese vorstehende Konzeption weist alle Schwachstellen auf, die auch die Matrix-Produktorganisation kennzeichnen: [134]

- Die Mehrfachunterstellung der Teammitglieder verkompliziert die Abläufe mit den Folgen Konfusion und Verlust des Verantwortungsgefühls.

[134] vgl. Schreyögg, G., Organisation, a.a.O., S. 184

- Zeitaufwendige Entscheidungsfindung infolge des Zwanges zum Konsens zwischen den Funktions- und Prozeßverantwortlichen
- Steigender Koordinationsaufwand zwischen Funktions- und Prozeßverantwortlichen
- Erhöhte persönliche Belastung durch Konfliktpotentiale zwischen Funktions- und Prozeßverantwortlichen
- Erhöhte Bürokratisierung durch viele Abstimmungsaktivitäten zwischen Funktions- und Prozeßverantwortlichen.

Diesen Nachteilen stehen die folgenden Vorteile gegenüber:[135]

- Dem Geschäftsprozeß wird ein hohes Gewicht beigemessen.
- Berücksichtigung sowohl prozessualer als auch funktionaler Aspekte (ganzheitiche Betrachtungsweise)
- Effizienzsteigerung durch den Zwang zur Ausdiskussion von Problemlösungen (Nutzung des Innovationspotentials).

Mehrfachunterstellung der Prozeßverantwortlichen

Um die sich aus der Mehrfachunterstellung der Prozeßgruppenmitglieder ergebenen Nachteile zu vermeiden, wird die Mehrfachunterstellung der Gruppenmitglieder durch eine Mehrfachunterstellung der Prozeßverantwortlichen substituiert.[136]

---

[135] ebenda S. 183

[136] vgl. Krickl, O., Ch., Business Redesign, a.a.O., S. 280 ff.

Abb. 26: Matrix-Geschäftsprozeßorganisation mit Mehrfachunterstellung der Prozeßverantwortlichen

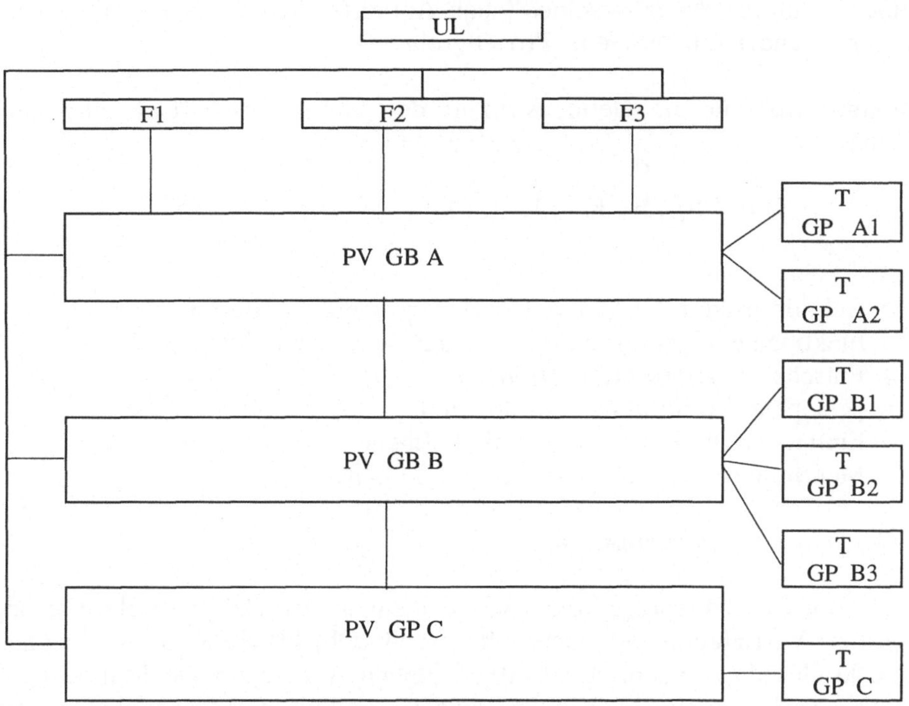

Legende:

UL	=	Unternehmensleitunmg
F1....F3	=	Manager der Funktionsbereiche 1...3
PV	=	Prozeßverantwortlicher
GPA....GPC	=	Geschäftprozesse A..C
T	=	Prozeßgruppe
GPA1..GPB3	=	Subprozesse der Geschäftsprozesse A, B

Die Zuständigkeiten der Prozeßverantwortlichen (process owner) werden gegenüber der ersten Form nicht verändert. Die Funktionsverantwortlichen erhalten dagegen fachbezogene Anweisungsbefugnisse gegenüber den Prozeßverantwortlichen.

Die Matrix-Geschäftsprozeßorganisation mit einer Mehrfachunterstellung der Prozeßgruppenmitglieder wie auch der Prozeßverantwortlichen (process owner) weist die angestrebten Ausprägungen der Strukturdimensionen auf, nämlich

- flache Hierarchie
- hohe Leitungsspannen

- keine Leitungshilfsstellen (Aufgabe von den case ownern wahrgenommen)
- hoher Grad der Selbstkoordination
- Entscheidungsdelegation
- flexible Gestaltung der unterschiedlichen Aktionseinheiten (case worker, case team, homogene und heterogene Prozeßgruppen).

Die Strukturformel für die Gebildestruktur der Matrix-Geschäftsprozeßorganisation lautet:

$$G = \{ S_{f/o}, E_d, K_{p/st}, L_e, L_m \}$$

G = Gebildestruktur der Matrix-Geschäftsprozeßorganisation
$S_{f/o}$ = funktionale /objektorientierte Spezialisierung auf einer Ebene
E_d = Entscheidungsdezentralisation
$K_{p/st}$ = personelle /strukturelle Koordination
L_e = Einliniensystem zwischen 1. und 2. Ebene
L_m = Mehrliniensystem zwischen 2. und 3. Ebene

Tensor-Geschäftsprozeßorganisation

Bei der Tensor-Geschäftsprozeßorganisation kann in der Gebildestruktur neben den Aspekten Verrichtung und Geschäftsprozeß (Objekt) ein weiterer Objektaspekt Berücksichtigung finden. Als weitere Objekte sind regionale Märkte (z.B. EG, Osteuropa, Übersee usw.), Kundengruppen, Produktgruppen denkbar, sofern diese von grundsätzlicher Bedeutung für die Durchführung der Geschäftsprozesse sind.

Abb. 27: Tensor-Geschäftsprozeßorganisation

U L
PV GPA
PV GPB
PV GPC
F1
F2
F3
T GPA
T GP B1
T GP B2
T GP C1
T GP C2
T GP C3
R1
R2
R3

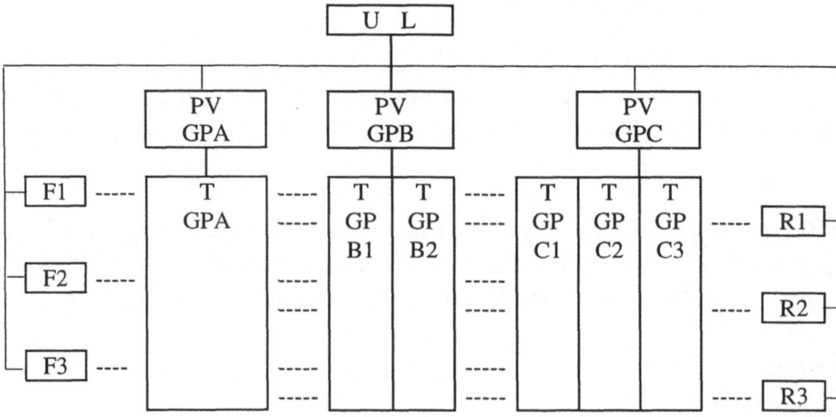

Legende: UL = Unternehmensleitung
PV = Prozeßverantwortlicher
GPA...GPC = Geschäftsprozesse A.....C
T = Prozeßgruppe
GPB1...GPC3 = Subprozesse der Geschäftsprozesse B, C
R1..R3 = Regionalverantwortliche 1..3
F1..F3 = Funktionsverantwortliche 1..3

Die Mehrfachunterstellung der Mitglieder der Prozeßgruppen bzw. der Prozeßverantwortlichen - beide Formen sind wie in der Matrix-Geschäfts-prozeßorganisation möglich - erhöht sich gegenüber der Matrix - Geschäftsprozeßorganisation. Die Anzahl der Hierarchieebenen vergrößert sich nicht, wohl aber die Leitungsspanne der Unternehmensleitung um die Anzahl der zusätzlichen Objektverantwortlichen (z.B. Regionalveranwortliche). Diese Erhöhung kann gegebenenfalls zu einer nicht vertretbaren Leitungsspannengröße führen. Dies zwingt dann dazu, einzelnen Mitgliedern der Unternehmensleitung jeweils Objekt-, Prozeß- und Funktionsverantwortliche bis zu einer akzeptaben Leitungsspannengröße zuzuordnen.[137]

Das sich aus der Mehrfachunterstellung ergebende Konfliktpotential kann sich verschärfen. Die Objektverantwortlichen sind aber in ihren Anweisungsbefugnissen auf die aus ihrem Fachgebiet in den Geschäftsprozessen zu berücksichtigenden Aspekte beschränkt.

Die Strukturformel für die Gebildestruktur weist nun folgende Form auf:

$$G = \{ S_{f/o}, E_d, K_{p/st}, L_e, L_m \}$$

G = Gebildestruktur der Tensor-Geschäftsprozeßorganisation
$S_{f/o}$ = funktionale/objektorientierte (zwei oder mehr Objekte) Spezialisierung auf einer Ebene
E_d = Entscheidungsdezentralisation
$K_{p/st}$ = personelle/strukturelle Koordination
L_e = Einliniensystem zwischen 1. und 2. Ebene
L_m = Mehrliniensystem zwischen 2. und 3. Ebene

Die weiteren Objektaspekte, die in der Tensor-Geschäftsprozeßorganisation durch die Installation entsprechend Verantwortlicher berücksichtigt werden, können auch in einer Differenzierung der Geschäftsprozesse ihren Niederschlag finden. Das führt zu einer Spezialisierung der Prozeßverantwortlichen und der Pro-

---

[137] Zur Größe der Leitungsspanne siehe: Wittlage, H.,Unternehmensorganisation, 5. Aufl., Herne - Berlin 1993, S. 108 ff.

zeßgruppen. In einer konkreten Situation müssen diese Gestaltungsalternativen miteinander im Hinblick auf die bestmögliche Berücksichtigung der Objektaspekte verglichen werden. Die Gestaltungsalternative, die die höchste Effektivität aufweist, ist zu realisieren.

5.6.6.2.3 Schlußbemerkung

Die alternativen Gebildestrukturen sind im Hinblick auf ihre Realisierbarkeit unterschiedlich zu beurteilen. Dies ist darin zu sehen, daß sie einen unterschiedlichen Grad der Umstrukturierung der jeweils bestehenden Gebildestruktur verlangen. Eine radikale und grundsätzliche Umstrukturierung ist in der totalen Geschäftsprozeßorganisation zu sehen, da hier das bisherige in dem Unternehmen vorherrschende Ressortdenken (funktionale Bereiche) aufgegeben werden muß. Die geringste Umstrukturierung liegt bei der Einfluß-Geschäftsprozeßorganisation vor, da die bestehende funktionale Gebildestruktur nur durch Prozeßverantwortliche ohne Weisungsbefugnissen ergänzt wird. In der partiellen Geschäftsprozeßorganisation werden zusätzliche Aktionseinheiten auf der Basis von Aufgabenkomplexen gebildet, die aus der Kombination von Objekt und Verrichtung bestehen, z.B. Anfrage-, Auftrags-, Rekamationsbearbeitung, Produktentwicklung, Kundenbetreuung. Es findet damit unter Beibehaltung der funktionalen Aktionseinheiten nur eine Herauslösung und Zusammenfassung der Verrichtungen/Tätigkeiten aus diesen statt, die die ausgewählten Geschäftsprozesse betreffen. Die Realisierbarkeit ist weiterhin insbesondere von dem Ver-halten der betroffenen Mitarbeiter abhängig, muß doch die Reorganisation von diesen getragen werden (Betroffene müssen zu Beteiligten werden).

Die Realisierung des Geschäftsprozeßaspektes in der Gebildestruktur wird zudem weitgehend davon abhängig sein, inwieweit ein Unternehmen durch die Ineffizienz der bestehenden bzw. tradierten Struktur gezwungen sein wird, Veränderungen vorzunehmen. Zum anderen ist aber auch darauf hinzuweisen, daß es eine für alle Unternehmen optimale, den Geschäftsprozeß berücksichtigende Gebildestruktur nicht gibt. So zeigt die Realität, daß vergleichbare Unternehmen - vergleichbar im Hinblick auf Unternehmensgröße, Rechtsform, Produkt-/Dienstleistungsprogramm, Wettbewerb, usw. - bei einer unterschiedlichen Gestaltung der Gebildestruktur durchaus im gleichen Umfang erfolgreich sein können.[138]

[138] vgl. Galbraith, D., R., Nathanson, D., A., Strategy Implemantation, The Role of Structure and Process, West Publishing Company 1978, S. 117 ff.

5.6.7 Bewertung der Geschäftsprozeßorganiosation

Die Geschäftsprozeßorganisation (Business Reengineering) soll in den folgenden Ausführungen im Hinblick auf ihre praktische Relevanz als auch aus organisationstheoretischer Sicht einer kritischen Analyse unterzogen werden.

Aufgrund empirischer Untersuchungen[139] ergeben sich in Bezug auf die Praxisrelevanz folgenden Aussagen:

1. Zwischen der Entwicklung der Geschäftsprozeßorganisation deren praktischer Umsetzung ist aber eine erhebliche Diskrepanz festzustellen. Dies bestätigt eine Befragung von 800 europäischen Unternehmen, von denen 74 Prozent für flexible, teamorientierte Strukturen votieren, aber nur 4 Prozent diese eingeführt haben. 76 Prozent erkennen die Vorteile durchgängiger Geschäftsprozesse an, aber nur 4 Prozent wollen weg vom Ressortdenken und für 46 Prozent ist Kundennähe kein zentrales Organisationsziel[140] In deutschen Unternehmen wird z.Zt. noch vorrangig die Frage diskutiert, ob Reengineering ein eeigneter Ansatz ist, um die anstehenden Probleme und Herausforderungen zu lösen [141].
   Trotz dieser negativen Ergebnisse ist mit einer zunehmende Realisierung zu rechnen. Diese Feststellung beruht auf der weltweiten Umsatzentwicklung für Beratungsleistungen bezüglich der Restrukturierung von Unternehmen auf der Basis der Geschäftsprozeßorganisation. Im Jahre 1993 betrug der weltweite Umsatz 1,3 Mrd.$. Für das Jahr 1998 wird ein Umsatzvolumen von 3,4 Mrd. $ erwartet. Dies entspricht einem jährlichen durchschnittlichen Wachstum von 21 %. [142] .

2. Eine weitere wesentliche Komponente der Praxisrelevanz ist in den Erfolgen bisher durchgeführter Restrukturierungen zu sehen. In Bezug hierauf kann aufgrund empirischer Untersuchungen festgestellt werden, daß die durch Restrukturierungen erzielten Erfolge von den in den Veröffentlichungen propagierten z.T. erheblich abweichen. So sind durchschnittliche Gesamtkostensenkungen in der Größenordnung von 7,5 % erzielt worden, während sich die durchschnittlischnittliche Prozeßkostensenkung auf 25,8 % belief. [143]

---

139 vgl. Wittlage, H., Organisationsgestaltung, a.a.O., S. 50 ff., Bullinger, H.-J., Roos, A., Wiedemann, G., Amerikanisches Business Reengineering oder japanisches Lean Management, in: Office Management, 7/8 1994, S. 14 ff.

140 Bullinger, H. - J., Roos, A., Wiedemann, G., Amerikanisches Business Reengineering oder japanisches Lean Management, in: Office-Management, 7/8 1994, S. 14

141 Bullinger, H.-J., Roos, A., Wiedemann, G., a.a.O., S. 14

142 siehe Wirtz, B.,W., Business Process Reengineering - Erfolgsdeterminanten, Probleme und Auswirkungen eines neuen Reorganisationsansatzes, in: ZfbF 11/1996, S. 1026

143 Zu diesen und den weiteren Ausführungen ebenda S. 1027 ff.

Auch die Verkürzung der Durchlaufzeiten in Höhe von propagierten 70 % wurden nicht erreicht. In den USA betrug die durchschnitliche Verringerung 36,9 %, in Europa lag sie mit 24,1 % noch erheblich unter diesem Wert. Entsprechende Ergebnisse sind auch im Hinblick auf die durch die Einführung der Geschäftsprozeßorganisation angestrebten Aspekte wie Erhöhung der Kunden zufriedenheit, Umsatzsteigerung, Qualitätsverbesserung, Marktanteilsausweitung und Produktivitätssteigerung zu konstatieren.

Die Ursachen der vorstehenden Befunde können in den folgenden Problemfeldern bei der Realisierung der Geschäftsprozeßorganisation gesehen werden:

- Fehlende uneingeschränkte Unterstützung durch das Topmanagement
- Fehlende bzw. nicht ausreichende Visions- und Strategiefestlegung
- Punktuelle Berücksichtigung der Aspekte der Geschäftsprozeßorganisation bei der strukturellen Gestaltung (fehlende ganzheitliche Sichtweise)
- Fehlende Konzentration auf die wichtigsten Kernprozesse des Unternehmens
- Unzureichender Einsatz von dv-gestützten Tools der Organisationsgestaltung
- Unzureichende Einbeziehung der Mitarbeiter in die Restrukturierung (Informations- und Kommunikationsdefizite, fehlende Vertrauensbildung, Betroffene werden dadurch nicht zu Beteiligten)
- Ungenügende Einbindung der Kunden und Lieferanten

Eine Beseitigung der erkannten Problemfelder im organisatorischen Gestaltungsprozeß wird zukünftig den Erfolg der Restrukturierung verbessern. Hiervon bleibt aber die folgende mehr theoretisch orientierte Kritik unberührt. Bei dieser kann zwischen einer Prämissen- und einer immanenten Kritik unterschieden werden. Die immanente Kritik stellt auf die dem Konstrukt innewohnenden Fehler ab, die Prämissenkritik hinterfragt die Zulässigkeit der unterstellten Annahmen.

Prämissenkritik

1. Die Frage, ab welcher Unternehmensgröße die Designinstrumente der Geschäftsprozeßorganisation zu einer Effizienzerhöhung führen, bleibt unbeantwortet. Es wird stillschweigend bei den Darlegungen davon ausgegangen, daß eine ausreichende Unternehmensgröße vorliegt, die aber undefiniert bleibt.

2. Weiterhin wird von Mitarbeitern ausgegangen, die über die erfoderlichen fachlichen und personellen Qualifikationen hinsichtlich der Prozeßteambildung verfügen. Die Frage, ob diese Prämisse in der Realität in vollem Umfange, nur teilweise oder vereinzelt erfüllt werden kann, bleibt unbeantwortet. Zu beachten gilt, daß im Unternehmen immer Mitarbeiter unterschiedlicher Fähigkeiten tätig sein werden.

3. Mit dieser vorstehender Prämisse ist die Annahme eng verbunden, daß die Prozeßorientierung eine Erhöhung der Motivation der Mitarbeiter bewirkt. Dieser Zusammenhang kann aber nicht als allgemein gegeben unterstellt werden (vgl. die Produktivitätssteigerungen in den realiserten Projekten).

4. Die Veränderungen der exogenen und endogenen Faktoren (situative Bedingungen) führen zwangsläufig zu einer Reorganisation der Organisationsstruktur, um die Existenz des Unternehmens zu sichern. Eine Modifizierung der traditionellen Organisationsstruktur entsprechend diesen Veränderungen wird wird als nicht ausreichend betrachtet (Forderung radikaler Veränderungen, Ablehnung inkrementeller Veränderungen).

5. Die gesamte Aufgabenerfüllung im Unternehmen läßt sich in eine begrenzte Anzahl von Geschäftsprozessen zerlegen, wobei die Kernprozesse eindeutig festgestellt werden können. Zudem ist eine Unterscheidung dieser in solche von einfacher, mittlerer und hoher Komplexität (Triage-Ansatz von Hammer/ Champy) möglich. Die Angaben in Bezug auf die Anzahl der Kernprozesse eines Unternehmens weisen eine große Bandbreite (4-10 und mehr Kernprozesse) auf, so daß auch diese Prämisse noch einer weitergehenden Präzisierung bedarf.

Die vorstehenden Prämissen sind in vielen Situationen nicht gegeben und somit können die Designinstrumente der Geschäftsprozeßorganiosastion nur teilweise Anwendung finden.

Immanente Kritik

1. Die Geschäftsprozesse werden nur nach ihrem Schwierigkeitsgrad unterschieden, nicht aber nach ihrem jeweiligen Art. So stellt sich die Frage, ob neben dem Schwierigkeitsgrad nicht auch die Art der Aufgabe - Führungs-, Fach-, Sach- und Unterstützungsaufgabe - in die Betrachtung einbezogen werden muß. Diese Feststellung wird dadurch gestützt, daß es sich bei den in der Literatur dargelegten Praxisfällen um einfache Sachbearbeitungsaufgaben handelt, die einer Reorganisation entsprechend der Geschäftsprozeßorganisation unterworfen wurden[144].

2. Das Ergebnis der Gestaltung der Organisationsstruktur wird nicht mehr als ein Kompromiß zwischen den unterschiedlichen organisatorischen Zielsetzungen gesehen, sondern die Zielsetzungen Prozeßeffizienz und Delegationseffizienz bestimmen vorrangig die Gebilde- und die Prozeßstruktur[145].

---

[144] vgl. Theuvsen, L., Busines Reenginiering, a.a.O., S. 79

[145] vgl. ebenda S. 80

3. Die Frage bleibt ungelöst, ob neben einer Spezialisierung nach Prozessen auch eine eine Spezialisierung nach Funktionen (Erhalt des fachlichen Know hows) möglich und sinnvoll ist.[146] Es besteht nämlich die Gefahr, daß durch die Konzentration auf einzelne Geschäftsprozesse der Gesamtzusammenhang aller Prozesse verloren gehen kann.[147]

Trotz dieser Kritik ist der Beitrag der Konzeption der Geschäftsprozeßorganisation sowohl für die Organisationstheorie als auch für die Organisationspraxis darin zu sehen, daß den Geschäftsprozessen und den Schnittstellen zwischen hierarchisch gleichrangigen und über- und untergeordneten Aktionseinheiten im Rahmen der Gestaltung der Organisationsstruktur ein erhöhtes Gewicht beigemessen wird.[148] Weiterhin ist der Hinweis bedeutsam, daß im Rahmen der Organisationsgestaltung ineffiziente und verkrustete Elemente der Organisationsstruktur einer kritischen Überprüfung unterzogen werden müssen.

Exkurs: Geschäftsprozeßorganisation in mittelständischen Unternehmen

Da in den Veröffentlichungen die mittelständischen Unternehmen keine besondere Berücksichtigung finden, ist es durchaus sinnvoll, die Frage zu stellen, welche Aspekte der Geschäftsprozeßorganisation für diese von Bedeutung sind. Aufgrund der Ergebnisse einer empirischen Untersuchung bezüglich der bestehenden Organisationsstrukturen mittelständischer Unternehmen[149] sind folgende Reorganisationsmaßnahmen in Betracht zu ziehen:

Entscheidungsdezentralisation / Entscheidungsdelegation

Delegation von Bereichsentscheidungen auf die Abteilungsleiter und Mitarbeiter, Grundsatzentscheidungen verbleiben bei der Unternehmensleitung. Abbau des hohen Anteils von Routineentscheidungen an der Gesamtheit der Entscheidungen der Unternehmensleitung. Damit diese Organisationsmaßnahme voll wirksam wird, sind die nun geltenden Regelungen in Form von Stellenbeschreibungen und Funktionsdigrammen zu dokumentieren. Wie die Ergebnisse der empirischen Untersuchungen zeigen, ist z. Zt. in den mittelständischen Unternehmen eine unzureichende Dokumentation der Aufgaben, Kompetenzen und Verantwortung der Mitarbeiter festzustellen.

---

[146] vgl. Picot, A., Franck, E., Prozeßorganisation. Eine Bewertung der neuen Ansätze aus Sicht der Organisationslehre, in: Nippa, M., Picot, A. (Hrsg.), Prozeßmanagement und Reengineering. Die Praxis im deutschsprachigen Raum. Frankfurt a. M. 1996, S. 26 ff.

[147] vgl. Chrobok, R., (Geschäfts-) Prozeßorganisation, in: zfo 3/1996, S. 191

[148] vgl. ebenda S. 81

[149] siehe Wittlage, H., Organisationsgestaltung mittelständischer Unternehmen, a.a.O., S. 87 ff.

Objektorientierte Abteilungsbildung

Die Bereichsbildung ist, sofern der Aufgabenumfang des mittelständischen Unternehmens ausreichend groß ist, objektorientiert zu gestalten, entweder nach Kunden/Produktgruppen und/oder Geschäftsprozessen. Damit wird zugleich eine erforderliche Marktorientierung erreicht. Dies beinhaltet eine Segmentierung des Unternehmens in eigenständig handelnde Aktionseinheiten. Eine erste Annäherung in dieser Hinsicht ist in der Bildung von Profit-Centern in mittelständischen Unternehmen zu sehen, die einen gesonderten Erfolgsausweis ermöglichen. Hierdurch können die Erfolgskomponenten (Kosten und Leistung) einzelner Bereiche erfaßt, mit anderen Unternehmen (Wettbewerbern) verglichen und gegebenenfalls eine Entscheidung bezüglich eines Outsourcing getroffen werden. Die Bildung von Profit-Centern setzt die Entscheidungsdelegation in einem ausreichenden Ausmaße voraus. Eine weitere Möglichkeit ist in einer Divisionalisierung zu sehen, die auch für mittelständische Unternehmen realistisch ist.[150]

Verstärkung der Selbstkoordination der Mitarbeiter

Der Grad der Selbstkoordination der Mitarbeiter ist in den mittelständischen Unternehmen zu erhöhen. Hiermit kann sowohl eine Entlastung des Managements als auch eine Verbesserung der Motivation der Mitarbeiter erreicht werden (verbesserte Nutzung der Human-Ressourcen).

Abflachung der Hierarchie

Zwar weisen die mittelständischen Unternehmen mit durchschnittlich drei Hierarchieebenen eine flache Hierarchie auf, aber aufgrund der Maßnahmen der Entscheidungsdezentralisation und der objektorientierten Bildung der Aktionseinheiten (z.B. Profit-Center) könnte diese noch weiter verflacht werden. Dies ist durchaus realistisch, wenn man die Hierarchieabflachung in großen Unternehmen auf drei bis fünf Ebenen im Rahmen der Realisierung der Lean-Konzeptionen berücksichtigt.

Abbau der weitgehenden Arbeitsteilung und funktionalen Spezialisierung

Die Prozeßstruktur der mittelständischen Unternehmen ist durch eine weitgehende Arbeitsteilung und funktionale Spezialisierung charakterisiert. Diese sollte zukünftig durch eine ganzheitliche Aufgabenerfüllung (Aufgabenerfüllung aus einer Hand) ersetzt werden. Dies führt zu einer Verkürzung der Durchlaufzeiten, beseitigt Mängel in der Ablauforganisation und baut die mangelnde Motivation der

---

[150] vgl. Blohm, H., Seppler, W., Neue Impulse durch Sparten- und Matrixorganisation auch für Klein- und Mittelständische Unternehmem, in: ZfO 2/1976, S. 124 ff., Diese Veröffentlichung beinhaltet einen Praxisfall.

Mitarbeiter ab. Diese Schwachstellen werden von den Unternehmen insbesondere im Hinblick auf die Prozeßstruktur genannt. Diese Organisationsmaßnahme setzt eine Entscheidungsdelegation voraus und steht in enger Beziehung zu der Objektorientierung der zu bildenden Aktionseinheiten (Kunden-, Produkt-, Geschäftsprozeßorientierung).

Einsatz moderner I-und K-Techniken

Die mittelständischen Unternehmen setzen noch weitgehend konventionelle Arbeitsunterlagen wie Karteien, Verzeichnisse, Belege, Akten und monofunktionale Arbeitsmittel ein. Die zeitintensiven papiergebundenen Transaktionen wie sortieren, ablegen, heraussuchen, weiterleiten sind durch dv-bearbeitungsfähige Informationsträger zu ersetzen. Dies bedingt den Einsatz moderner I- und K-Techniken (multifunktionale Arbeitsmittel). Diese Maßnahmen sind zu sehen im Hinblick auf die Beseitigung langer Durchlaufzeiten und Medienbrüche.

Zeitliche Integration der Verrichtungen/Tätigkeiten

Die in den mittelständischen Unternehmen vorrangig abfolgegebunden gestalteten Aufgabenerfüllungsprozesse sind zeitlich dergestalt zu integrieren, daß Liege- und Transportzeiten weitgehend vermieden bzw. reduziert werden. Dazu bedarf es der Einführung eines Work-Flow-Mangements. Diese Organisationsmaßnahme setzt den Einsatz moderner I- und K-Techniken voraus. Die Zielsetzung ist in der Verkürzung der Durchlaufzeiten sowie in der Beseitigung unzureichender Kommunikations- und Informationsbeziehungen der an der Aufgabenerfüllung beteiligten Mitarbeiter zu sehen. Aufgrund des relativ hohen Investitionsaufwandes wird diese Reorganistionsmaßnahme wohl nur in größeren mittelständischen Unternehmen zu realisieren sein.

Wie die vorstehend Darlegungen deutlich erkennen lassen, sind die aufgeführten Organisationsmaßnahmen nicht isoliert realisierbar sondern nur in ihrem Zusammenwirken. Dabei gilt es, die untereinander unterschiedlich engen Beziehungszusammenhänge zu berücksichtigen.

Damit wird sichtbar, daß die für die Geschäftsprozeßorganisastion bedeutsamen Gesichtspunkte auch in der Organisationsstruktur mittelständischer Unternehmen berücksichtigt werden sollten. Sie sind jedoch im Hinblick auf jeweiligen die situativen Gegebenheiten zu modifizieren.

5.7 T-Form Organization

"Erfolgreiche Unternehmen werden sich durch situatives, vorteilwahrendes und strategisches Handeln gegenüber ihren Mitbewerbern abgrenzen müssen. Nicht mehr die finanzielle Macht eines Betriebes wird den Markt beherrschen, sondern *zeitlich begrenzte Kooperations- oder Leistungsverbünde*, die in den schnellebigen Märkten ebenso schnell entstehen, wie sie auch wieder zerfallen können, ohne daß für einen einzelnen Wertschöpfungsprozeß langfristige Investitionen getätigt werden müssen. Diese Unternehmen sind nicht mehr materielle Einheiten, sondern virtuelle (logische, d. Verf.) Einheiten."[151] Die T-Form Organization weist die charakteristischen Kennzeichen einer virtuellen Organisation auf.

5.7.1 Charakterisierung der T-Form Organisation

"What are the characteristics of the T-Form, or technology-based, Organization? The manager who designs this new type of organization has a great deal of freedom in choosing its structure. IT organization design variables can be used in a number of different ways. But given the objective that most firms have today of being highly efficient and minimizing overhead, I suggest that most managers will employ technology to produce an organization with a relatively flat structure - that is, a structure that has a minimum number of layers of management."[152]

Die vorstehend dargelegten Grundzüge der T-Form Organization finden in den folgenden Strukturmerkmalen ihren Niederschlag :[153]

- Unternehmensumgreifende Substitution der Manager durch die moderne I- und K-Technik.
- Einsatz der I- und K- Technik anstelle von Unterstützungseinheiten im Rahmen der Wahrnehmung der Mangementaufgaben.
- Erhöhung der Flexibilität durch die Nutzung des Matrix Managements und dem Einsatz zeitweiliger Work Groups.
- Entscheidungsdezentralisation.
- Mitarbeiter besitzen eine hohe Vertrauensbasis
- Veränderung der Kultur und des Klimas der Organisation insbesondere aufgrund der Entscheidungsdezentralisation und der hohen Vertrauensbasis
- Vorrang der logischen Struktur des Unternehmens vor der körperlichen (physical)

---

[151] Betzl, K., a. a. O., S. 52 f.

[152] Lucas, Henry, C., Jr., The T - Form Organization, Using Technology to Design Organization for the 21st Century, San Francisco 1996, S. 5

[153] ebenda S. 5 ff.

- Aufbau eines interorganisationellen Systems (IOS), informationelle und kommunikative Verbindungen mit den Kunden und Lieferanten auf der Baisis moderner I- und K-Techniken (EDI)
- Einsatz von Prozeßverantwortlichen (process owner)
- Einsatz von virtuellen Komponenten (z.B. JIT)
- strategische Allianzen mit anderen Unternehmen, insbesondere mit Lieferanten und Kunden
- Konzentration des Unternehmens auf die Kernprozesse (Prozesse, die das Unternehmen am besten beherrscht, insbesondere im Rahmen strategischer Allianzen)
- technologische Infrastruktur, d.h. eine Technologie, die die Wahrnehmung der Vorteile neuer I- und K-Techniken erlaubt.

Diese Aufzählung enthält die Strukturmerkmale der Lean Organization sowie die der Geschäftsprozeßorganisation. Die nachfolgende Darstellung veranschaulicht sie in einer zusammenfassenden Form.

Abb. 28: T-Form Organization [154]

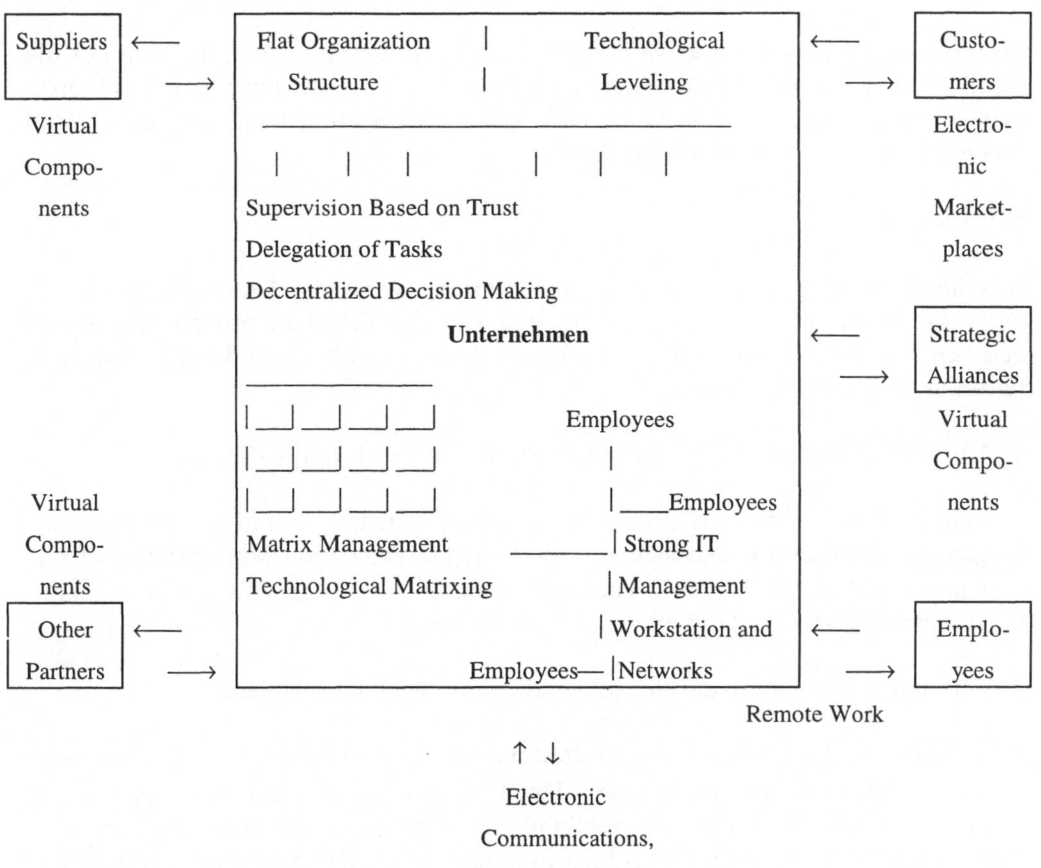

Die Organisationsstruktur der T-Form Organization läßt sich somit wie folgt definieren:

"The T-Form is a general organzation structure. Each T-Form will share such characteristics as a flattened hierarchy, the use of matrix management, technological support of managers, decentralized decision making and temporary task forces, and electronic links with customers and suppliers. However, each organization will also use IT design variables in ways that create a detailed structure that is unique to the firm. The shape of its structure will depend on the nature of the firm´s busines and the enviroment in which it operates."[155]

[154] ebenda S. 11

5.7.2 Gebilde- und Prozeßstruktur

Die vorstehend aufgeführten Merkmale der T-Form Organization, die sich auf die Gebilde- und Prozeßstruktur beziehen, führen zu Ausprägungen der Strukturdimensionen, die mit denen der Geschäftsprozeßorganisation identisch sind. Damit ergeben sich dieselben Strukturformeln.

5.7.3 Resümee

Abschließend gilt es die Frage zu beantworten, worin die Unterschiede der T-Form Organization zur Lean Organization und zur Geschäftsprozeßorganisation gesehen werden können. Im Hinblick auf diese Fragestellung können folgende Festellungen getroffen werden:

1. Vorrangige Bedeutung des Einsatzes der modernen I- und K-Technik

   Erst durch den Einsatz der modernen I- und K-Techniken sind die Ausprägungen der Strukturdimensionen der modernen Organisationskonzeptionen effizient erreichbar. Die I- und K-Technik ist damit der "Enable Factor", die aber unternehmensumgreifend eingesetzt werden muß.

2. Vorrangige Bedeutung der logischen Struktur des Unternehmens

   Im Vordergrund steht bei der Gestaltung die logische Struktur des Unternehmens und nicht die körperliche. "The T- Form organization may appear to be a traditionally structured firm while its actual physical structure relies on communications technology like electronic mail (e- mail), group-ware, and distributed offices, providing the firm with more flexibility than the traditional structure ever did. Reporting relationships can and will change as the T-Form firm faces new de mands." [156]

3. Strukturierung eines interorganisationellen Systems (ISO)

   Strukturgestaltung im Hinblick auf ein interorganisationelles System (IOS) auf Basis elektronischer Verbindungen mit Lieferanten und Kunden zum Zwecke strategischer Allianzen. Hiermit wird das Problemfeld der Geschäftsprozeßorganisation, ungenügende Einbindung der Kunden und Lieranten in die

---

[155] ebenda S. 27
[156] ebenda S. 7

Organisationsstruktur, eliminiert.

Zusammenfassend kann festgestellt werden, daß die T-Form Organization als eine Weiterentwicklung der Geschäftsprozeßorganisation angesehen werden kann. Diese besteht in der verstärkten Einbeziehung der Unternehmensumwelt in die Organisationsgestaltung in Form der Bildung eines interorganisationellen Systems sowie in der Berücksichtigung des virtuellen Aspektes (zeitlich begrenzte Kooperations- und Leistungsverbünde).

5.8 Vergleichende Gegenüberstellung der modernen Organisationskonzeptionen

Nach der Darstellung der unterschiedlichen Formen der modernen Organisationskonzeptionen gilt es nun, die folgenden Fragen zu beantworten:

1. Welche Unterschiede weisen die verschiedenen Formen der modernen Organisationskonzeptionen im Hinblick auf die Bestimmungsfaktoren der Organisationsstruktur auf und worin sind diese zu sehen ?

2. Wie wirken sich die feststellbaren Unterschiede in den Strukturdimensionen der Gebilde- und Prozeßstruktur aus ?

Basis der Beantwortung dieser Fragestellungen ist die nachfolgende vergleichende Gegenüberstellung der modernen Organisationskonzeptionen in Bezug auf die vorrangigen Bestimmungsfaktoren sowie die jeweiligen Ausprägungen der Stukturdimensionen der Gebilde- und Prozeßstruktur.

Abb. 29: Vergleichende Gegenüberstellung der modernen Organisationskonzeptionen

Konzeptionen → Vergleichs- ↓ kriterien	Lean-Konzeptionen (Lean Organization, Lean-Structure)	Kundenorientierte Organisation (Vertriebsinseln)	Geschäftsprozeßorganisa-tion	Fraktale Organisation	T-Form Organization
Vorangige Bestimmungsfaktoren der Organisationsstruktur	Verschlankung (Rationalisierung) der Gebildestruktur, Primat der Gebildestruktur ergänzt um outside-in Orientierung Ganzheitliche Sicht	partielle Berücksichtigung der Kundenorientierung (out-side-in-Orientierung), Primat der Gebildestruktur Prozeßorientierung in den Vertriebsinseln	Geschäftsprozeßorientierung (out-side-in Orientierung), Primat der Prozeßstruktur Verschlankung der Organisationsstruktur, ganzheitliche Sicht	eigenständige Aktionseinheiten (Fraktale) als wesentliches Element der Geschäftsprozeßorganisation	Virtuelles System Interorganistionelles System (IOS) inner- und außerbetriebliche Vernetzung (Kunden , Lieferanten), I- und K-Techniken

Ausprägung der Strukturdimensionen Gebildestruktur Spezialisierung		(bezogen auf die Vertriebsinseln)			
-formal	Entscheidungsdezentralisation	Entscheidungsdezentralisation	Entscheidungsdezentralisation	Merkmale	Entscheidungsdezentralisation
-sachlich	funktional-/ objektorientiert	objektorientiert (Kunden, /-gruppen,Auftragsbearbeitung)	objektorientiert (Geschäftsprozeß)	Der Geschäftsprozessorganisation mit besonderer Betonung des selbständigen	objektorientiert (Geschäftsprozeß), unternehmensübergreifend
Koordination	hoher Grad der Selbstkoordination	Selbstkoordination	Selbstkoordination, Case-Manager	Agierens der gebildeten Aktionseinheiten	Selbstkoordination
Konfiguration	Einliniensystem mit hohen Leitungsspannen	flache Hierachie (hohe Leitungsspannen)	flache Hierachie (hohe Leitungsspannen)	(Fraktale)	flache Hierachie (hohe Leitungsspannen)
Prozeßstruktur arbeitstechnische Spezialisierung	ganzheitliche Aufgabenerfüllung	ganzheitliche Aufgabenerfüllung	ganzheitliche Aufgabenerfüllung	Ausprägungen wie bei der Geschäftsprozessorganisation	ganzheitliche Aufgabenerfüllung
Ort	multifunktionale Arbeitsmittel	multifunktionale Arbeitsmittel	multifunktionale Arbeitsmittel		I- und K-Technik, inner- und außerbetriebliche Vernetzung
Zeit	zeitliche Integration der Verrichtungen	zeitliche Integration der Verrichtungen	zeitliche Integration der Verrichtungen		zeitliche Integration der Verrichtungen

Aufgrund der vergleichenden Gegenüberstellung können die folgenden Feststellungen getroffen werden:

Die unterschiedlichen Konzeptionen weisen in ihren Bestimmungsfaktoren einen gravierenden Unterschied auf und zwar im Hinblick auf das Primat der Gebilde- bzw. Prozeßstruktur. Lean- und kundenorientierte Organisation sind primär gebildestrukur-, die Geschäftsprozeßorganisation, die fraktale Organisation und die T-Form Organization primär prozeßstrukturorientiert. Da aber die Gebilde- und Prozeßstruktur zirkulare Interdependenzen aufweisen, d. h. , sich ihre Strukturparameter in ihren Ausprägungen gegenseitig beeinflussen bzw. bedingen, stimmen die in der vergleichenden Gegenüberstellung dargelegten Ausprägungen der Strukturdimensionen bis auf die sachliche Spezialisierung überein. Die Lean-Konzeptionen lassen eine funktionale oder eine objektorientierte Spezialisierung zu, während die kundenorientierte, die Geschäftsprozeßorganisation und die T-Form Organization eine objektorientierte Spezialisierung verlangen.

Die modernen Organisationskonzeptionen weisen mithin eine weitgehende Übereinstimmung auf. Der Unterschied ist darin zu sehen, daß jeweils andere Bestimmungsfaktoren der Organisationsstruktur in den Vordergrund der Gestaltung gestellt werden. Welchem dieser Bestimmungsfaktoren in konkreten Situationen besonderes Gewicht beigemessen werden muß, muß jedes Unternehmen situativ bestimmen.

Literatur

Al-Ani, A., Continuous Improvement als Ergänzung des Business Reengineering, in: ZfO 3/1996, S. 142 ff.

Bea, X., Schnaitmann, H., Begriff und Struktur betriebswirtschaftlicher Prozesse, in: Das wirtschaftswissenschaftliche Studium, 6/1995

Betzl, K., Entwicklungsansätze in der Arbeitsorganisation und aktuelle Unternehmenskonzepte - Visionen und Leitbilder, in: Bullinger, H-.J., Warnecke, H.-J., Neue Organisationsformen im Unternehmen, Ein Handbuch für das moderne Management, Berlin-Heidelberg 1996

Bleicher, K., Organisation: Strategie - Strukturen - Kulturen, 2. Aufl. Wiesbaden 1991

Blohm, A., Organisation, Information, Überwachumg, 3. Aufl., Wiesbaden 1976

Blohm, H., Seppler, W., Neue Impulse durch Sparten- und Matrixorganisation auch für Klein- und Mittelständische Unternehmen, in: ZfO 2/1976, S. 124

Bösenberg, D., Metzen, H., Lean-Management, Vorsprung durch schlanke Kon zepte, 5. Aufl., Landsberg am Lech 1995

Brecht, L., Hess, Th., Österle, H., Business Reengineering: Von einer Mode zur Methode, in: Havard Business Manager, 4/1995, S. 118f.

Bullinger, H.-J., Fuhrberg-Baumann, J., Müller, R., Neue Wege der Kundenauftragsabwicklung, in: zfo 5/1991, S. 306 ff.

Bullinger, H.-J., Roos, A., Wiedemann, G., Amerikanisches Business Reengeneering oder japanisches Lean Management, in: Office Management, 7/8 1994, S. 14

Bullinger, H.-J., Wasserlos, G., Innovative Unternehmensstrukturen, Paradigmen des schlanken Unternehmens, in: Office Management 1-2/1992

Carr, D., Daugherty, K., Johansson, H., King, R., Moran, D.: Break Point Business Process Redesign, Arlington, 1992

Chrobrol, R., (Geschäfts-) Prozeßorganisation, in: ZfO 3/1996

Davenport, T., H., Nohria, N., Der Geschäftsvorfall ganz in einer Hand - Case Management, in: Harvard Business Manager, 1/1995, S. 81 ff.

Davenport, T.,H., Process Innovation. Reengineering Work through Information Technology, Boston 1993

Davenport, T.,H., Short, J., E., The New Industrial Engineering: Information Technology and Business Process Redesign, in: Sloan Management Review 31/1990, S. 11 ff.

Diller, H., Kusterer, M., Key Account Management in der Konsumgüterindustrie, in: DBW Depot, Stuttgart 1985

Dobrek, R., Abele, U., Bacher, S., Motivation in der Fraktalen Fabrik, in: Office Management, Heft 7/8 1994

Droege u. Comp.: Herausforderung Organisation - Perspektiven, in: Zeiten des strategischen Umbruchs, Ergebnisse der Befragung von 800 europäischen Unternehmen, in: Wirtschaftswoche Nr. 51, 17.12.93

Earl, M., J., The New and the Old of Business Redesign, in: Journal of Strategic Information Systems, 3/1994, S. 5 ff.

Eiff von, W., Geschäftsprozessmanagement: Integration von Lean Management-Kultur und Business Process Reengineering, in: zfo, 6/1994, S. 364 ff.

Engelmann, Th., Business Process Reengeneering, Wiesbaden 1995

Erdl, G., Schönicker, G., Vorgangssteuerungsinstrumente im Überblick, in: Office Management, 3/1993

Fallgatter, M., Grenzen der Schlankheit, Lean Management brauch organizational slack, in: ZfO 4/1995

Fleter, R., Generaloffensive in der gesamten Wertschöpfungskette, in: Beschaffung aktuell, 9/93

Frese, E., Maly, W.; Sonderheft 3/94 ZfbF, Düsseldorf 1994

Gaitanides, M., Müffelmann, J., Die Prozeßorganisation ist der Kerngedanke, in: zfo, 3/ 19965, 186 ff.

Gaitanides, M., Prozeßorganisation, München 1983

Gaitanides, M., u.a., Prozeßmanagement. Konzepte, Umsetzungen und Erfahrungen des Reengineering, München 1994

Galbraith, D., Nathanson, D., A Strategy Implementation, The Role of Structure and Process, West Publishing Company 1978

Görgen, J., Prozeßmanagement (Teil 2) - Was Unternehmen heute tun sollten, in: Management & Computer, 2/1995, S. 133 ff.

Hammer, M., Champy, J., Business Reengineering. Die Radikalkur für das Unternehmen, 6. Aufl., Frankfurt/Main 1996

Hammer, M., Der Sprung in eine andere Dimension, in: Harvard Business Manager, 2/1995, S. 95 ff.

Happen, D., Organisation und Informationstechnologie - Grundlagen für ein Konzept zur Organisationsgestaltung, Hamburg 1992

Hinterhuber, H. H., Paradigmawechsel: Vom Denken in Funktionen zum Denken in Prozessen, in: Journal für Betriebswirtschaft 2/94

IHK Nürnberg, MW 2/96, Berichte und Analysen

Kaplan, R. B., Mordack, L., Core Process Redesign, in: The McKinsey Quarterly, Summer 1991

Kläger, W., Hoffmann, J., Lean Production - Fat Office, in: Office Management 3/1993

Kraus, H., Historische Entwicklung von Organisationsstrukturen, Ursachen für die Notwendigkeit neuer Organisationskonzepte?, in: Geschäftsprozeßmanagement, hrsg. von Krickl, O., Heidelberg 1994

Krickl, O., Ch., Business Redesign. Neugestaltung von Organisationsstrukturen unter besonderer Berücksichtiung der Gestaltungspotentiale von Workflowmanagementsystemen, Wiesbaden 1995

Kubicek, H., Arbeitspapier Nr. 13/76, Institut für Unternehmensführung im Fachbereich Wirtschaft der Freien Universität Berlin, Berlin 1976

Lucas, Henry, C. Jr., The T-Form Organization, Using Technology to Design Organization for the 21st Century, San Francisco 1996

Metken, M., Prozeßorientierte Organisationsoptimierung, in: Office Management 3/1993

Nippa, M., Picot, A., (Hrsg.), Prozeßmanagement und Reengineering. Die Praxis im deutschsprachigen Raum, Frankfurt/Main 1996

Nippa, M., Reengineering - Top oder Flop?, in: zfo, 3/1995, S. 153

Osterloh, M., Frost, J., Prozeßmanagement als Kernkompetenz. Wie Sie Reengineering strategisch nutzen können, Wiesbaden 1996

Osterloh, M., Frost, J., Business Reengineering: Modeerscheinung oder Business Revolution?, in: zfo, 6/1994, S. 356 ff.

Ostroff, F., Smith, D., The horizontal organization, in: McKinsey Quaterly 1/1992, S.148 ff.

Pfeiffer, W., Weiß, E.: Lean Management, Grundlagen der Führung und Organisation industrieller Unternehmen, Berlin 1992

Picot, A., Neuburger, R., Niggl, J.: EDI und Lean Management, in: ZfO 1/1993

Rossa, G., Soll, R., Dissiativ-Controlling in Versicherungsunternehmen, in: Versicherungswirtschaft, Heft 3/94

Schmidt., B, Lean Management, in: Offive Management 3/93

Schneider, S., Konflikte in einer Matrixorganisation, in: ZfO 1975, S. 321

Scholz, C., Matrixorganisation, in HWO, §. Auflage 1992

Stewart, Th., A., Reengineering, the hot new Managing Tool, in: Fortune, August 23 1993

Striening, H.-D., Prozess-Management, Frankfurt/M. 1988

Striening, H.-D., Qualität im indirekten Bereich durch Prozeßmanagement, in: Zink, Kl., (Hrsg.), Qualität als Managementaufgaben, Landsberg am Lech 1994, S. 153 ff.

Talwar, R., Business Reengeneering - A Strategy - driven Approach, in: Long Range Planning, 26 Nr. 6 1993

Theuvsen, L., Business Reengeneering, in: ZfBf 1/1996

Venkatraman, N., IT-Enabled Business Transformation: From Automative to Business Redefinition, in: Sloan Management Review, Winter 1994, S.73 ff.

Warneke, H.-J., Revolution der Unternehmenskultur, Berlin 1993

Welge, H., Jansen, A., Organisation, Kurseinheit 1, Ziele der organisatorischen Gestaltung, Fernuniversität Hagen 1983, S. 61/62

Wirtz, B., Business Process Reengeneering - Erfolgsdeterminanten, Probleme und Auswirkungen eines neuen Reorganisationsansatzes, in: ZfbF 11/1996

Wittlage, H., Lean Organization in: Internationales Gewerbearchiv 3/1994

Wittlage, H., Organisationsgestaltung unter dem Aspekt der Geschäftsprozeßorganisastion, in: zfo 4/1995, S. 210 ff.

6 Gestaltungsprozeß

6.1 Vorbemerkung

In den folgenden Ausführungen soll der Frage nachgegangen werden, ob die modernen Organisationskonzeptionen wie Lean Organization, Geschäftsprozeßorganisation, fraktale Organisation, T-Form Organization in Bezug auf den organisatorischen Gestaltungsprozeß ein verändertes methodisches Vorgehen sowie den Einsatz spezieller Organisationstechniken erfordern. Diese Frage stellt sich aufgrund der unterschiedlichen Vorgehensweisen, die im Rahmen des Reengineering entwickelt wurden.

Um diese vorstehende Fragestellung beantworten zu können, wird zunächst der traditionelle organisatorische Gestaltungsprozeß in seinen Grundzügen dargelegt. Diesem werden dann die im Rahmen des Business Reengineering entwickelten Vorgehensmodelle gegenübergestellt.

6.2 Traditionelles Vorgehen[157]

6.2.1 Grundlagen

Im Hinblick auf die organisatorische Tätigkeit ist zwischen der Methodik und der Organisationstechnik zu unterscheiden.

Methodik

Durch die Methodik wird die Art (Arbeitsweise) des organisatorischen Vorgehens festgelegt. Sie bestimmt den Inhalt und die Reihenfolge der einzelnen Arbeitsschritte des Gestaltungsprozesses. Damit bildet sie die Grundlage für die effiziente Nutzung des organisatorischen Fachwissens bei der Lösung anstehender Organisationsprobleme. Die in der Organisationspraxis eingesetzte Methodik kann als eine Verknüpfung aus dem Systemengineering, der istzustandsorientierten (empirischen, induktiven) und der sollzustandsorientierten (konzeptionellen, deduktiven) Methodik angesehen werden. Daraus ergeben sich die drei folgenden Grundzüge dieser Vorgehensweise:

1. Das Vorgehen ist charakterisiert durch den Grundsatz vom Groben (Gesamtbetrachtung) zum Detail (Einzelbetrachtung). Durch diese Vorgehensweise soll erreicht werden, daß bei Detaillösungen der Systemzusammenhang berücksichtigt wird, denn die Summe optimaler Teillösungen ergibt kein Gesamtoptimum.

[157] Zu den folgenden Ausführungen siehe Wittlage, H., Methoden und Techniken der praktischen Organisationsarbeit, 3. Aufl., Herne-Berlin 1993, S. 32 ff.

Dieser Aspekt findet seinen Niederschlag in den Stufen des Gestaltungsprozesses (schrittweise Einengung des Betrachtungsfeldes).

2. Der Gestaltungsprozeß muß logisch und zeitgerecht strukturiert werden. Dieser Grundgedanke findet seine Berücksichtigung in dem Phasenkonzept der Organisationsgestaltung.
3. In allen Stufen des organisatorischen Gestaltungsprozesses wiederholen sich die ersten drei Phasen des Kreislaufes der Organisation (Problemlösungsprozeß).

Abb. 30 Stufen und Phasen des organisatorischen Gestaltungsprozesses

Organisationstechnik

Unter der Organisationstechnik werden die Verfahren und Instrumente subsumiert, die in den einzelnen Phasen des Gestaltungsprozesses eingesetzt werden. Zu nennen sind die Techniken der Informationsgewinnung (Fragebogen, Interview, Selbstaufschreibung der Mitarbeiter, Dokumentenanalyse, Beobachtung, Messen, Zählen), der Kritik (Prüffragenkatalog, Schwachstellenkatalog, Prüfmatrix), der Entwicklung einer Sollkonzeption (Kreativitätstechniken, morphologische Methode, Simulation, Bewertungstechniken), der Realisation (Totaleinführung, Paralleleinführung, Pilotverfahren) und der Kontrolle (Ermittlung kritischer Daten, Abweichungsanalyse). [158] Sie stellen das Handwerkszeug des Organisators dar. Der Erfolg der praktischen Organisationsarbeit hängt damit entscheidend von dessen sachgerechten Einsatz ab, d. h., die orgaisatorische Problemstellung, der Untersuchungsumfang, die Untersuchungsbedingungen (zeitliche, sachliche, finanzielle) und die situativen Gegebenheiten des Untersuchungsbereiches verlangen einen

[158] Zu den Techniken der Organisationsarbeit siehe Wittlage, H., Methoden und Techniken der praktischen Organisationsarbeit, 3. Aufl., Herne-Berlin 1993, S. 47 ff.

entsprechend abgestimmten Technikeinsatz. Zunehmende Bedeutung gewinnen in diesem Zusammenhang DV-Tools.

Die Phasen des organisatorischen Gestaltungsprozesses bilden das Raster für die einzusetzenden Organisationstechniken.

6.2.2 Stufen des organisatorischen Gestaltungsprozesses (Makrostruktur)

Auf der Basis des Grundsatzes - vom Groben zum Detail - ergeben sich die folgenden Stufen:

- Voruntersuchung (Vorstudie)
- Hauptuntersuchung (Hauptstudie)
- Einzeluntersuchung (Teilstudien)

Der Zeitaufwand für die Durchführung der einzelnen Stufen weist eine steigende Tendenz auf, ein möglichst geringer Aufwand für die Voruntersuchung, ein hoher für die Einzeluntersuchungen.

6.2.2.1 Voruntersuchung (Vorstudie)

In der Voruntersuchung müssen die folgenden Fragenkomplexe bearbeitet werden:

- Klarstellung der Problemstellung

Die Erfahrungen der Organisationspraxis zeigen, daß oftmals zunächst eine Klarstellung der Problemstellung erforderlich wird. Diese beinhaltet eine aussagefähige Formulierung der anstehenden Problemstellung, denn häufig sind nur die Symptome eines Problems bekannt, während das Problem selbst und seine Ursachen nicht benannt werden können. Aufgrund dieser Klarstellung kann dann eine Entscheidung getroffen werden, ob ein organisatorisches Problem vorliegt und wenn ja, in welchem Bereich. Dabei ist es durchaus denkbar, daß das ursprünglich angenommene Problem eine Veränderung erfährt.

- Problemlösung (Groblösung)

Liegt ein zu lösendes Organisationsproblem vor, so sind zunächst die Anforderungen zu formulieren, die an die Problemlösung zu stellen sind. Aufgrund dieser ist zu überlegen, welche Lösungsalternativen in technischer, wirtschaftlicher und sozialer Hinsicht realisierbar sind. Dies beinhaltet auch eine Entscheidung darüber, ob eine Anpassung der bestehenden oder eine völlige Neugestaltung der Organisationsstruktur als erfolgsversprechender anzusehen ist.

- Festlegung des Aufgabenumfanges

Hierzu bedarf es einer groben Erfassung des Untersuchungsbereiches (Abteilungen, Stellen, Mengen-, Zeit- und Wertgerüst) sowie der Schnittstellen zu den angrenzenden nicht in die Untersuchung einzubeziehenden Unternehmensbereichen. Auf dieser Basis legt der Organisator die einzusetzenden Organisationsmethoden und -techniken, den Arbeitsumfang, den Zeitbedarf, den Terminplan und den Aufwand der Organisationsuntersuchung fest.

Die erforderlichen Informationen gewinnt der Organisator einerseits durch eine Betriebsbegehung (nur bei externen) und andererseits durch die Analyse vorhandener betrieblicher Unterlagen (Dokumentenanalyse) wie:

- Stellengliederungspläne (Organigramme)
- Funktionsdiagramme
- Stellenbesetzungspläne (Personalverzeichnis)
- Raumbelegungspläne
- Aufstellungen über die wichtigsten eingesetzten Arbeitsmittel (z.B. Konfiguration der installierten DVA) und Arbeitsunterlagen

- Erstellung eines Kurzberichtes

Den Abschluß der Voruntersuchung bildet die Erstellung eines Kurzberichtes (bei externen Beratern in Form eines Angebotes). Er beinhaltet die Darstellung der Ausgangsbasis der Organisationsuntersuchung (Organisatorische Problemstellung, grobe, umrißartige Dokumentation des Istzustandes), die einzusetzenden Organisationstechniken, einen Terminplan sowie die Kosten (Preis) der Organisationsuntersuchung. Das Kernstück der Voruntersuchung bildet eine Kosten-/Nutzenschätzung, eine Gegenüberstellung der Kosten der Reorganisation und des erzielbaren Erfolges (prognostizierte Kostenersparnis und/oder Ertragsverbesserung aufgrund der zu realisierenden Reorganisationsmaßnahmen). Aufgrund des Kurzberichtes ist es möglich, eine Entscheidung darüber zu treffen, ob die Reorganisation in ihrer ursprünglichen bzw. in modifizierter Form durchgeführt werden soll. Es ist aber durchaus denkbar, daß selbst bei einem den Nutzen übersteigenden Organisationaufwand aufgrund zwingender Notwendigkeiten , z. B. Verlust der Selbständigkeit, Verdrängung vom Markte, die Reorganisation durchgeführt werden muß. Dies kann in der Kosten-/Nutzenschätzung dadurch berücksichtigt werden, daß in sie auch solche Tatbestände in Form von durch die Reorganisation vermeidbaren Ertragseinbußen einbezogen werden.

Die Organisationsuntersuchung kann so aufgrund des Ergebnisses der Voruntersuchung abgebrochen und damit weiterer Untersuchungsaufwand vermieden werden.

6.2.2.2 Hauptuntersuchung (Hauptstudie)

Das Ziel der Hauptuntersuchung besteht in der Erarbeitung einer Gesamtkonzeption auf der Basis des in der Voruntersuchung entwickelten Rahmenkonzeptes. Dies beinhaltet:

- Bildung überschaubarer Teil- und Untersysteme

Es ist die Frage zu beantworten, welche Teil- und/oder Untersysteme sind im Hinblick auf die Problemstellung für den Untersuchungsbereich zu bilden (Teilsysteme: Informationssystem, Managementsystem, Personalsystem; Untersysteme: Material-, Fertigungs-, Vertriebs- und Verwaltungsbereich). Dabei sind die folgenden Aspekte zu beachten: Beschränkung auf eine oder wenige Teilaufgaben, Minimierung der Interdependenzen zu anderen Teil- und Untersystemen, Gestaltung kompatibler Teilkonzeption.

- Bestimmung der Schnittstellen zwischenden gebildeten Teil-/Untersystemen

Aufgrund der festgestellten Schnittstellen zwischen den gebildeten Teil- und Untersystemen ergibt sich eine sachlich bedingte Reihenfolge für ihre Bearbeitung. Kriterium für die Festlegung der Priorität der Bearbeitung ist der Einfluß der Gestaltung eines Teil- oder Untersystems auf die übrigen Teil- bzw. Untersysteme. Dabei ist es durchaus denkbar, daß eine simultane Bearbeitung aufgrund des Gewichts zirkularer Beziehungen erforderlich wird.

- Konkretisierung des Rahmenkonzeptes

Welches globale Lösungskonzept wird angestrebt (z.B. Bildung von Aktionseinheiten auf der Basis von Geschäftsprozessen, Implementierung eines dv-gestützten Informationssystems, Einsatz vernetzter PCs) und welche Bedingungen ergeben sich hieraus für die Teilkonzeptionen der einzelnen Teil- und Untersysteme (z.B. Einsatz bestimmter Arbeitsmittel- und Arbeitsunterlagen)? Das erarbeitete Rahmenkonzept muß die in der Voruntersuchung formulierten Anforderungen an die Problemlösung erfüllen.

Auf der Basis vorstehender Entscheidungen können kompatible Teilkonzeptionen entwickelt werden, die eine befriedigende Gesamtkonzeption ergeben. Weiterhin bedingt die Lösung komplexer Organisationsprobleme eine Vorgehensweise vorstehender Art, da der Organisator einerseits nicht in der Lage ist, simultan alle organisatorischen Beziehungszusammenhänge und Aspekte zu berücksichtigen, andererseits die arbeitsteilige Vorgehensweise eines Organisationsteams ermöglicht werden muß. Zudem wird so ein Zwang zu einer koordinierten Zusammenarbeit aller an der Untersuchung beteiligten Mitarbeiter ausgeübt und eine erhöhte Transparenz im Hinblick auf die Gesamtkonzeption erreicht. Die negativen Auswirkungen des sogenannten " Experteneffektes " können somit vermieden werden.

6.2.2.3 Einzeluntersuchung

In der Einzeluntersuchung wird das Betrachtungsfeld weiter eingeengt. Entsprechend der in der Hauptuntersuchung festgelegten Reihenfolge (Prioritäten) werden die gebildeten Teil- und Untersysteme einer detaillierten Bearbeitung unterworfen. Diese beinhaltet:

- Aufgabenanalyse/Aufgabengliederungsplan (Gebildestruktur)
- Arbeitsanalyse/Arbeitsablaufdarstellungen (Prozeßstruktur)
- Ermittlung des Mengen-, Zeit- und Wertgerüstes
- Schwachstellen- und Stärkenanalyse (Gebilde- und Prozeßstruktur)
- Aufgabensynthese/Arbeitssynthese (zu realisierende Problemlösung, Sollkonzeption der Gebilde- und Prozeßstruktur)

Ausgehend von den in der Hauptuntersuchung gewonnenen Erkenntnissen und gesetzten Restriktionen werden in der Einzeluntersuchung die spezifischen Sachverhalte der gebildeten Teil- bzw. Untersysteme einer eingehenden Analyse unterzogen. Unter Beachtung der erkannten Schwächen und Stärken sowie unter Berücksichtigung der veränderten organisatorischen Bedingungen und Zielsetzungen wird ein detailliertes Lösungskonzept entwickelt. Haupt- und Einzeluntersuchung unterscheiden sich einerseits durch den Bezugsbereich (Gesamt-, Teil-/ Untersystem) und andererseits durch den Detaillierungsgrad. Die sich dadurch ergebenden verbesserten Detailkenntnisse im Hinblick auf die Problemstellung und die Lösungsmöglichkeiten können durchaus eine Überarbeitung des Rahmenkonzeptes erfordern.

Abschließend muß angemerkt werden, daß Haupt- und Einzeluntersuchung in der praktischen Organisationsarbeit fließende Übergänge aufweisen. Entscheidend ist nur, daß die vorstehend beschriebenden Sachverhalte in der organisatorischen Vorgehensweise Berücksichtigung finden. Die rein formale Unterscheidung in Haupt- und Einzeluntersuchung ist dagegen nur von geringem Gewicht.

6.2.3 Phasen des organisatorischen Gestaltungsprozesses

6.2.3.1 Grundlagen

Im Hinblick auf die Phasenbildung im organisatorischen Gestaltungsprozeß können zwei unterschiedliche Methoden unterschieden werden, nämlich die empirische (induktive, istzustandsorientierte) Vorgehensweise, auch als klassische Organisationsmethodik bezeichnet, und die konzeptionelle (deduktive, sollzustandsorientierte).[159]

Bei der empirischen (induktiven) Vorgehensweise wird der vorhandene Istzustand zunächst auf seine Stärken und Schwächen (Mängel) hin untersucht. Aufgrund dieses Ansatzes kann von einer istzustandsorientierten Methodik gesprochen werden. Eine Analyse der festgestellten Stärken und Mängel/Schwächen und deren Ursachen bilden die Grundlage der zu entwickelnden Sollkonzeption (Problemlösung). Entprechend der Induktion wird aus der Kenntnis des Einzelfalles unter Verwendung des vorhandenen organisatorischen Erfahrungsstandes und organisationstheoretischen Wissens eine die Problemlösung erarbeitet. Dabei besteht die Gefahr, daß sich diese (Sollkonzeption) nur auf die Beseitigung der erkannten Mängel/Schwächen und deren Ursachen beschränkt (inkrementelle Verbesserung). Eine grundlegende Veränderung des vorgefundenen Istzustandes (Gebilde- und/oder Prozeßstruktur) wird nicht in die Überlegungen einbezogen oder deren Einführung als zu risikobehaftet angesehen wird.

Bei der konzeptionellen (deduktiven, sollzustandsorientierten Methodik) Methode bilden die Problemstellung und die daraus abgeleiteten Anforderungen an die Problemlösung die Basis, auf der ein Idealkonzept (Problemlösung) erarbeitet wird.

Dieses Idealkonzept kann entwickelt werden, wenn für das anstehende Problem entsprechende Lösungskonzepte erfolgreich in einer Vielzahl von Einzelfällen realisiert worden sind. Die Sollkonzeption (Problemlösung) wird also unbeeinflußt von den spezifisch vorliegenden situativen Gegebenheiten (Istzustand) konzipiert. Entsprechend der Deduktion wird ausgehend von allgemeinen organisatorischen Gesetzmäßigkeiten auf die Problemlösung für den Einzelfall geschlossen. Die so erarbeitete Sollkonzeption wird unter dem Aspekt der situativen Gegebenheiten auf ihre Realisierbarkeit hin überprüft. Die Bedingungen des Istzustandes kön-

---

[159] vgl. Schmidt, G., Methoden und Techniken der Organisation, 6. Aufl., Gießen 1986, S. 64; Müller- Pleuß, J.,H., Organisationsmethoden, 4. Aufl., Heidelberg 1974, S. 13 f.; Hill, W., Fehlbaum, R., Ulrich, O., sprechen in diesem Zusammenhang von generell - normativen Methodenkonzepten und situationsspezifischen Konzepten, vgl. Organisationslehre, Bd. 2, 4. Aufl., Bern 1992, S. 468

nen zu einer Modifizierung - damit ist eine Problemlösung gefunden - oder zu einer Verwerfung der Sollkonzeption führen.

Der Vorteil dieser Vorgehensweise kann darin gesehen werden, daß durch die anfängliche Loslösung vom Istzustand der Weg zu völlig neuen und eventuell besseren Lösungen gedanklich offen gehalten wird (radikale Verbesserungen). Der Nachteil besteht darin, daß eine Idealkonzeption entwickelt wird, deren Realitätsferne so groß sein kann, daß eine Modifizierung und Anpassung an die realen Bedingungen unmöglich ist bzw. zu keiner effizienten Lösung führt. Von grösserem Gewicht ist aber der Tatbestand, daß für organisatorische Problemstellungen allgemein gültige Problemlösungen aufgrund fehlender Gesetzmäßigkeiten fehlen. Der Grund ist darin zu sehen, daß in den verschiedenen Organisationseinheiten Anzahl und Gewicht der zu berücksichtigen situativen internen und externen Gestaltungsbedingungen zu unterschiedlich sind.

Die Organisationspraxis bedient sich einer Zwischenform, indem sie zunächst empirisch vorgeht und auf der Basis der so gewonnen Erkenntnisse ein Idealkonzept entwickelt, das sie sukzessive den situativen Gestaltungsbedingungen anpaßt. Durch diese Vorgehensweise finden inkrementelle und radikale Veränderungen der Organisationstruktur gleichermaßen Berücksichtigung.

6.2.3.2 Bestimmung der Organisationsaufgabe (Problembeschreibung)

Organisatorische Gestaltungsprozesse können durch Veränderungen der situativen Gegebenheiten des Unternehmens, z.B. Wettbewerb, Technologie, die zu veränderten und/oder erweiterten Aufgabenstellungen führen, sowie durch Schwachstellen der Gebilde- und Prozeßstruktur ausgelöst werden. Oftmals werden aber nur die Symptome und nicht die Ursachen der organisatorischen Mängel wahrgenommen. Dies findet in sehr ungenauen und allgemeinen Formulierungen seinen Niederschlag wie "Da ist etwas nicht in Ordnung" oder "In dem Unternehmensbereich sind Verbesserungen vorzunehmen" . Daher ist es erforderlich, daß zu Beginn der Organisationsarbeit der Organisationsauftrag konkretisiert werden muß. Diese Konkretisierung beinhaltet die folgenden Punkte:

- Problembeschreibung

Es sind die festgestellten Zielabweichungen und/oder die erkannten organisatorischen Schwachstellen darzulegen. Daraufhin ist die Frage zu beantworten, ob es sich bei den erkannten Mängeln um organisatorische Schwachstellen handelt bzw. die festgestellten Zielabweichungen durch organisatorische Maßnahmen beseititigt werden können.Weiterhin ist zu versuchen, die Ursachen bzw. Ursachenketten der Schwachstellen offenzulegen. Aufgrund des unzureichenden Informationsstandes wird es zu diesem Zeitpunkt oftmals nur möglich sein, vorstehende Fakten mehr oder weniger genau darzulegen. Daher bedarf es im Verlaufe des Organisationsgestaltungsprozesses einer dauernden Verfeinerung dieser Fakten.

- Eingrenzung des Untersuchungsbereiches

Das Unternehmen ist ein so komplexes soziotechnisches System, daß eine vollständige und umfassende Untersuchung aus Kosten- und Zeitgründen nicht möglich ist. Dies trifft auch für mittelständische Unternehmen zu. Der Gestaltungsprozeß muß sich auf den Unternehmensbereiche beschränken, die für die zu lösende Problemstellung von Bedeutung sind. Dies beinhaltet notwendigerweise die Berücksichtigung der Schnittstellen und Interdependenzen zu den nicht zu untersuchenden Unternehmensbereichen.

- Festlegung der Anforderungen an die Problemlösung

Diese Anforderungen charakterisieren die Organisationsstruktur, die aufgrund der Reorganisationsmaßnahmen erreicht werden soll. Sie sind in Kann- und Mußanforderungen zu unterteilen. Um nach abgeschlossener Reorganisation den Zielerreichungsgrad feststellen zu können, sind die Anforderungen zu quantifizieren, z. B. Bearbeitungszeiten, Durchlaufzeiten, Kostengrößen, Personalbestand, usw..

- Überprüfung eines vorgegebenen Lösungskonzeptes

Wenn im Organisationsauftrag bereits ein Lösungskonzept (global) vorgegeben wird, so ist dieses kritisch zu überprüfen. Ist dies nicht gegeben, so sind die Restriktionen zu benennen, die bei den zu erarbeitenden Reorganisationsmaßnahmen zu berücksichtigen sind. Sie können sachlicher, persönlicher und zeitlicher Natur sein. Bei den sachlichen Restriktionen überwiegen die finanziellen (z.B. Investitionsvolumen, Kosten), doch werden oftmals auch personelle Nebenbedingungen relevant (z.B. Verbleiben bestimmter Mitarbeiter auf ihren bisherigen Positionen, dies insbesondere bei mittelständischen Familienunternehmen).

Diese Restriktionen engen den Rahmen möglicher Lösungsalternativen ein. Darin kann einerseits von Vorteil gesehen werden, da sich der Gestaltungsprozeß auf die verbleibenden Lösungsalternativen konzentriert (Zeit- und Kostenersparnis, Erarbeitung nur realisierbarer Reorganisationsmaßnahmen). Andererseits sind diese Restriktionen einer kritischen Überprüfung zu unterwerfen und gegebenenfalls zu korrigieren, um effiziente Problemlösungen in den weiteren Überlegungen berücksichtigen zu können.

Je nach dem Umfang der vorstehend beschriebenden Tatbestände kann von einer offenen bzw. einer engen Auftragsformulierung gesprochen werden. Je enger diese formuliert wird, desto gezielter wird die Organisationsuntersuchung ansetzen können und desto höher wird der Zielerreichungsgrad sein. Unabhängig davon sollte die Auftragsformulierung immer in schriftlichert Form dokumentiert werden, um später Unstimmigkeiten über Ziel und Umfang der Reorganisationsuntersuchung auszuschließen. Zudem führt diese schriftliche Formulierung dazu, daß nur tatsächlich vorhandene Organisationsprobleme einer weiteren Bearbeitung unterzogen werden. Die Dokumentation ist sowohl für das Tätigwerden interner (unternehmenseigener) als auch externer (unternehmensfremder) Organisatoren erforderlich.

Weiterhin ist in dieser Phase die Frage zu klären, in welcher Form die Reorganisation durchgeführt werden soll. Zudem sind ein Terminplan und ein Budget zu erarbeiten. Bei der ersten Frage geht es um die Entscheidung über die Form der Projektorganisation. Als Alternativen kommen die Projektkoordination, die Matrix-Projektorganisation und die reine Projektorganisation in Betracht. Generell ist die Tendenz feststellbar, daß bei großen und für die Unternehmung bedeutenden Organisationsproblemen, diese führen zu grundlegenden Veränderungen der Gebilde- und Prozeßstruktur und betreffen damit das gesamte Unternehmen, die reine Projektorganisation gewählt wird. Bei kleinen und weniger bedeutsamen Projekten, die nur einen Unternehmensbereich betreffen, findet hingegen sowohl die Projektkoordination als auch die Matrixprojektorganisation Verwendung. Mit der Entscheidung über die Form der Durchführung der Reorganisation werden zugleich die Mitarbeiter (externe, interne, full-time, part-time Mitarbeiter) bestimmt sowie die Entscheidungs -, Beratungs - und Informationszuständigkeiten geregelt.

Im Terminplanung werden die Ablaufphasen aufgrund der Zeitvorgaben, die auf Schätzungen/ Erfahrungswerten beruhen, zeitlich terminiert. Bei der Terminplanung bedient man sich der unterschiedlichen Methoden der Netzplantechnik (Critical Path Method [CPM], Programm Evaluation and Review Technique [PERT], Metra Potential Methode [MPM]). Je nach der im Vordergrund stehenden Zielsetzung, Steuerung und/oder Kontrolle des Projektes, wird die einzusetzende Methode ausgewählt.

Die Phase der Bestimmung der Organisationsaufgabe wird abgeschlossen mit der Budgeterstellung. In ihr werden alle durch die Organisationsuntersuchung bedingten Aufwendungen (Personal- und Sachaufwendungen), nach Aufwandsarten differenziert, zusammengestellt. Bei dem Einsatz externer Berater ist ein wesentlicher Posten dieses Budgets der Preis, der mit dem externen Berater für dessen zur Verfügung zu stellenden Dienstleistungen ausgehandelt wird. Hierbei ist es üblich, die Phasen der Istaufnahme bis einschließlich der Erarbeitung einer Problemlösung mit einer Pauschale abzugelten. Die Basis bilden die aufzuwendenden Mann -

Tage. Die Einführung der Sollkonzeption wird dann nach den effektiv geleisteten Mann-Tagen abgerechnet.

6.2.3.3 Aufnahme des Istzustandes (Informationsgewinnungsphase)

Die Istaufnahme wird auch als Situationsanalyse bezeichnet. Sie umfaßt die Gewinnung aller erforderlichen Informationen über den Untersuchungsbereich (Mengen -, Zeit - und Wertgerüst) sowie die Überprüfung dieser auf ihre Vollständigkeit und sachliche Richtigkeit. Aufgrund der Bestimmung der Organisationsaufgabe ergibt sich, welche Informationen zu gewinnen sind. Dabei gilt es zu beachten, daß aus Zeit- und Kostengründen aus der Fülle der Informationen nur die zu ermitteln sind, die im Hinblick auf Problemstellung von unabdingbarer Notwendigkeit sind.

Diese Informationen umfassen:

- das bestehende Regelsystem in Bezug auf die Gebilde- und Prozeßstruktur und seine tatsächliche Handhabung
- die Bewertung des Regelsystems durch die Mitarbeiter
- die situativen Gegebenheiten (externe, interne)
- Entwicklungen der situativen Gegebenheiten
- die informalen Erscheinungen.

Die Informationsgewinnungstechniken lassen sich in objektive und nicht objektive unterscheiden. Objektive Informationsgewinnungstechniken sind dadurch charakterisiert, daß der Organisator die Informationen selbst gewinnt, während er sich beiden nicht objektiven der Unterstützung Dritter (Mitarbeiter des Untersuchungsbereiches) bebedient. Da nicht nur objektive Verfahren der Informationsgewinnung eingesetzt werden (Beobachtung, Messen, Zählen, Dokumentenanalyse), sondern auch die Aussagen der Mitarbeiter (Befragung in mündlicher und schriftlicher Form, Selbstaufschreibung) einen breiten Raum einnehmen, sind Verschleierung und Irreführung nicht auszuschließen. Letztere sind im großen Umfange durch die menschlichen Schwächen wie Eitelkeit, Prahlsucht, Schönfärberei, Angst vor Bestrafung, Verschweigen oder Vertuschen von Mißerfolgen, Furcht vor vor Neuerungen, mangelndes Erinnerungsvermögen bedingt. Weiterhin führt die Dynamik des soziotechnischen Systems Unternehmung dazu, daß sich bereits erfaßte Daten im Erhebungszeitraum ändern. Beiden Tatsachen muß dadurch Rechnung getragen werden, daß die Aussagen der Mitarbeiter überprüft werden (stichprobenartiger Einsatz objektiver Erhebungstechniken, Bildung eines Erhebungsmixes aus objektiven und nicht objektiven Informationsgewinnungstechniken) bzw. die sich im Erhebungszeitraum ergebenenden Datenveränderungen nachträglich berücksichtigt werden.

Trotz dieser Maßnahmen können die gewonnen Informationen aus folgenden Gründen unzureichend sein:

- Komplexität der Problemfeldes
- der Einsatz notwendiger Informationsgewinnungstechniken wird verhindert (Einspruch des Betriebsrates, der Personalvertretung, Weigerung der Mitarbeiter)
- die Informationen sind lückenhaft.

Die Auswirkungen dieser Einflußfaktoren müssen vom Organisator durch den gezielten Einsatz der Informationsgewinnungstechniken auf ein möglichst geringes Maß gesenkt werden.

Der Informationssammlung folgt die Überprüfung der Istaufnahme auf Vollständigkeit und Klarheit. Die Vollständigkeit bezieht sich auf die Erfüllung der Forderung, daß mit der Istaufnahme die Voraussetzungen für die Aufdeckung der Ursachen organisatorischer Mängel sowie für die Entwicklung von Problemlösungen erarbeitet worden sind.

Die Überprüfung auf Klarheit beinhaltet die Frage nach der Eindeutigkeit und Widerspruchsfreiheit der Einzelangaben. Hinzuweisen ist in diesem Zusammenhang auf die vorstehend beschriebenen Verschleierungen und Irreführungen. Unterlagen für die Überprüfungen sind, sofern im Unternehmen für den Untersuchungsbereich vorhanden: Lohn- und Gehaltslisten, interne Telefonverzeichnisse, Raumbelegungspläne, Abteilungs - und Stellenverzeichnisse, Vordruckverzeichnisse, Funktionsdiagramme, Organigramme, Stellenbeschreibungen, Arbeitsplatzbeschreibungen, Arbeitsanweisungen, Arbeitsablaufdarstellungen, BAB, usw. Bei der Verwendung dieser Dokumente ist darauf zu achten, daß sie upgedatet sind. Die Ergebnisse dieser Überprüfung können zu einer mehr oder minder umfangreichen Nacherhebung zwingen.

Die solchermaßen überprüften Informationen sind abschließend zu ordnen und zu dokumentieren. Dabei werden die verbalen, graphischen und tabellarischen Techniken der Dokumentation eingesetzt (Funktionsdiagramme, Kommunikationsdiagramme, Arbeitsablaufdarstelluingen, Organigramme, usw.).

6.2.3.4 Kritische Würdigung des Istzustandes

Die kritische Würdigung des Istzustandes (Istkritik) kann praktisch kaum von der Istaufnahmen getrennt werden. Durch sie sollen die Stärken und die organisatorischen Schwachstellen und damit die Ansatzpunkte für die Verbesserung der Gebilde - und Prozeßstruktur offengelegt werden. Die Aussagefähigkeit der Istaufnahme gewinnt damit ein hohes Gewicht.

Die Istkritik kann in die drei folgenden Schritte untergliedert werden:

1. Schritt: Grundsatzkritik

Zunächst ist die Frage nach dem Warum oder Wozu einer organisatorischen Regelung zu stellen (Grundsatzkritik). Die Frage (Wird das Notwendige getan ?) ist zu Beginn aller weiteren Überlegungen zu beantworten. In dem Untersuchungsbereich können durchaus Aufgaben/Verrichtungen erfüllt werden, die im Hinblick auf die übergeordneten Aufgaben nicht oder nicht mehr erforderlich sind. Damit können Verrichtungen/Tätigkeiten als auch Aktionseinheiten (Stellen) erkannt werden, die keiner Reorganisation unterworfen zu werden brauchen, sondern ersatzlos entfallen können. Zu nennen sind:

- Vorliegen vermeidbarer Doppel-/Mehrfacharbeiten (mehrfache gleichartige Prüfungen durch Mitarbeiter unterschiedlicher Aktionseinheiten, Datenbestände desselben Inhalts werden in mehreren Aktionseinheiten gepflegt)
- nicht mehr erforderliche Aufgabenerfüllungen aufgrund der Veränderungen gesetzlicher Vorschriften (z.B. im Aufbewahrungsbereich, Verkürzung der Aufbewahrungsfristen von Geschäftsunterlagen, Anerkennung der mikroverfilmten Unterlagen)
- Aufgabenerfüllungen sind aufgrund organisatorischer Änderungen nicht mehr erforderlich (z.B. das Abrechnungssystem wird dv-maschinell abgewickelt, so daß bisher benötigte Arbeitsunterlagen und Kontrollen entfallen können)
- bisher erfüllte Aufgaben sind bedeutungslos und unwirtschaftlich geworden (z.B. durch die Abschaffung eines unternehmenseigenen Fuhrparks die Reparaturwerkstatt; durch den Anschluß an das öffentliche Versorgungsnetz die Aufrechterhaltung der unternehmenseigenen Wasserversorgung)

Die Grundsatzkritik kann auch zu dem Ergebnis führen, daß notwendige Aufgaben im Untersuchungsbereich nicht erfüllt werden (z.B. im Finanzbereich das Fehlen eines Mahnsystems, im Materialbereich eine laufende Bestandsüberprüfung im Hinblick auf eine erforderliche Bevorratung).

2. Schritt: Schwachstellen-/Stärkenanalyse

Dieser Schritt beinhaltet die Überprüfung der organisatorischen Regelungen auf eine fehlerhafte und/oder unzweckmäßige Gestaltung (Fragestellung: Wird das Notwendige richtig getan?). Neben seinen praktischen Erfahrungen setzt der Organisator besondere Techniken ein, Schwachstellenkataloge, Prüffragenkataloge (Prüfliste) und Prüfmatrix.

Der Schwachstellenkatalog stellt eine Zusammenfassung realtypischer, komplexer Mängel der Organisationsstruktur dar, die im Rahmen der praktischen Organisationsarbeit erkannt wurden. Aufgrund der Beschreibungen dieser Schwachstellen läßt sich in einer konkreten Situation prüfen, ob entsprechende Schwachstellen vorliegen.

Der Prüffragenkatalog (Prüfliste) beinhaltet eine Zusammenstellung von Fragen, die sich einerseits aus den Zielen der Organisationsgestaltung (Grundsätze der Organisationsgestaltung) und andererseits sich aus den in der praktischen Organisationsarbeit erkannten häufigsten Schwachstellen der Gebilde- und Prozeßstruktur ableiten lassen.

Die Schwächen des Schwachstellen- und Prüffragenkataloges (als unsystematische Verfahren bezeichnet) sind darin zu sehen, daß aufgrund der beschränkten Anzahl der bekannten Schwachstellen und Fragestellungen nicht sichergestellt werden kann, daß alle Mängel des Istzustandes erkannt werden (Zufallswirkung). Die in der Literatur dargelegten Fragenkataloge sind zudem im Hinblick auf eine weitgehende Anwendbarkeit sehr allgemein formuliert, so daß eine Konkretisierung der Fragen in Bezug auf die vorliegende Untersuchungssituation mit erheblichen Problemen behaftet ist.

Die Prüfmatrix (systematisches Verfahren) ermöglicht eine gezielte Mängel - Ursachen - Analyse. Organisatorische Mängel (Spalten) und mögliche Ursachen (Zeilen) bilden eine Matrix. Aus den Schnittpunkten der Spalten und Zeilen ergeben sich die möglichen Ansatzpunkte für das Erkennen der Mängelursachen in der konkreten Situation.

Neben den Schwächen der vorliegenden organisatorischen Regelungen sind auch deren Stärken herauszuarbeiten. Diese sind nämlich bei der Neugestaltung des Regelsystems weiterhin zu erhalten.

Die vorstehend beschriebene Schwächen-/Stärkenanalyse ist die Voraussetzung für den dritten Schritt, die Verfahrenskritik.

3. Schritt: Verfahrenskritik

In diesem dritten Schritt werden Regelungen des Istzustandes mit alternativen Lösungsmöglichkeiten verglichen. Es ist aber nur sinnvoll, ein fehlerfreies Verfahren des Istzustandes mit einem alternativen Verfahren zu vergleichen, insbesondere dann, wenn letzteres nur in der Vorstellung des Organisators besteht (Idealkonzept) und frei von Organisationsmängeln ist. Diese alternativen Lösungsmöglichkeiten können gleichartige oder ähnliche Regelungen anderer Unternehmen in vergleichbaren Situationen beinhalten oder nur, wie bereits angemerkt, in einem Idealkonzept bestehen. Der Vergleich anhand von Kennzahlen wie Wirtschaftlichkeit, Rentabilität, Produktivität, Zeiten (Berarbeitungs - , Liege-

und Transportzeiten) läßt erkennen, ob die Sollkonzeption in einer Bereinigung des Istzustandes von fehlerhaften und unzweckmäßigen Regelungen bestehen kann (Umgestaltung) oder die Einführung eines völlig anders gestalteten Regelsystems (Neugestaltung) erfoderlich wird.

Grundsätzlich ist anzumerken, daß nur eine konstruktive Istkritik die Basis für eine Lösung des vorliegenden Organisationsproblems bilden kann. Eine destruktive Kritik, d.h. eine Kritik, die keine Ansatzpunkte für eine realisierbare Problemlösung anbietet, muß vermieden werden.

6.2.3.5 Erarbeitung der Sollkonzeption

Im ersten Schritt dieser Phase werden auf der Basis der Erkenntnisse der Istkritik unter Berücksichtigung der in der ersten Phasen festgelegten Anforderungen an die zu erarbeitende Problemlösung alternative Lösungsmöglichkeiten erarbeitet. Die Kreativität des Organisators, die in dieser Phase von besonderer Bedeutung ist, wird unterstützt durch den Einsatz sogenannter Kreativitätstechniken wie Brainstorming (Ideenkonferenz), Methode 635, CNB-Methode und morphologische Methode.[160] Die alternativen Lösungskonzepte sind auf ihre Funktionsfähigkeit hin zu überprüfen. Aspekte dieser Prüfung sind: Erfüllung der Kann- und Mußanforderungen, Berücksichtigung der zu beachtenden Bestimmungsfaktoren der Gebilde- und Prozeßstruktur, Integrationsfähigkeit der Regelungen in das Gesamtsystem, Sicherheit, Zuverlässigkeit.

Aus den funktionsfähigen alternativen Lösungsmöglichkeiten ist die ″ beste ″ auszuwählen (zweiter Schrittt). Als Bewertungsverfahren kommen der verbale Vergleich, die statischen und dynamischen Verfahren der Wirtschaftlichkeitsrechnung und das Punktwertverfahren in den Formen der Nutzwert-/Kostenwirksamkeitsanalyse in Frage. Die Punktwertverfahren sind insbesondere für solche Lösungen geeignet, bei denen nicht nur Kosten und Erträge berücksichtigt werden müssen, sondern auch qualitative Faktoren wie Akzeptanz der Lösung durch die Mitarbeiter, Flexibität im Hinblick auf zukünftigen Veränderungen, Sicherheit, Zuverlässigkeit, usw.. Die ausgewählte Lösungsalternative ist dem Auftraggeber zur Genehmigung vorzulegen (Präsentation der Sollkonzeption). Er entscheidet darüber, ob die vorgeschlagene Lösung realisiert werden soll. So werden Ziel- und Wertvorstellungen des Auftraggebers, die nicht formuliert worden sind, berücksichtigt. Oftmals müssen daher nach der Präsentation noch Änderungswünsche und Verbesserungsvorschläge in die vorgeschlagene Sollkonzeption eingearbeitet werden. Daher ist zu prüfen, ob unter Berücksichtigung der gewünschten Änderungen die vorgeschlagene Sollkonzeption noch die ″ beste ″

[160] siehe Wittlage, H., Methoden und Techniken der praktischen Organisationsarbeit, a.a.O., S. 218 ff.

Lösungsalternative darstellt oder ob nicht eine beim Auswahlverfahren verworfene Alternative zur Realisation vorzuschlagen ist.

Die vorstehend dargelegten Phasen des Gestaltungsprozesses, sie können zusammengefaßt als Problemlösungsprozeß bezeichnet werden, wiederholen sich in den Stufen Vor-, Haupt- und Einzeluntersuchung mit zeitlich steigendem Aufwand und erhöhtem Detaillisierungsgrad.

6.2.3.6 Einführung der Sollkonzeption

Bei der Einführung der mit dem Auftraggeber abgestimmten Sollkonzeption können zwei Schritte unterschieden werden, nämlich in die Einsatzvorbereitungs- und die Übernahmephase.

Die Einsatzvorbereitungsphase beinhaltet:

- Festlegung der Einführungsmethode
- Realisierungsplanung (Einsatz der Netzplantechnik)
- Bereitstellung der sachlichen und personellen Ressourcen
- Festlegung der erforderlichen Maßnahmen zur Sicherung der laufenden Aufgabenerfüllung

In der Übernahmephase wird die Sollkonzeption entsprechend der Realisierungsplanung eingeführt. Die in dieser Phase von den Mitarbeitern verlangten Änderungen sollten nur dann sofort realisiert werden, wenn durch deren Nichtbeachtung die Einführung der Sollkonzeption gefährdet wird. Alle übrigen Änderungsvorschläge sind nach Ablauf der Einführungsphase auf ihre Realisierungsnotwendigkeit zu überprüfen und dann gegebenenfalls einzuführen.

6.2.3.7 Kontrolle

Eine Kontrolle der eingeführten Sollkonzeption wird in zweierlei Hinsicht erforderlich. Zum einen muß vermieden werden, daß nach der Reorganisation doch wieder nach den abgelösten Regelungen verfahren wird. Dieser Rückfall in alte Verfahrensweisen ist bedingt durch das Beharrungsvermögen sowie die Mentalität der Mitarbeiter, lieber bekannte und eingeübte Techniken und Verfahren einzusetzen als nach neuen, von ihnen noch nicht beherrschten Regelungen zu verfahren.

Zum anderen ist zu überprüfen, ob die mit der Einführung der Sollkonzeption prognostizierten Verbesserungen (Beseitigung organisatorischer Mängel - und Schwachstellen) eingetreten sind. Diese Überprüfung kann in unterschiedlichem

Umfange und einem dementsprechenden Zeitaufwand durchgeführt werden. Zu unerscheiden sind:

- die Einzeluntersuchung : die wichtigsten Teilbereiche der realisierten Sollkonzeption werden einer Analyse unterworfen (Stichprobenverfahren)
- Kennzahlenvergleich: Kennzahlen der Sollkonzeption werden mit denen des Istzustandes nach der Reorganisation verglichen, z.B. Zahl der Beschäftigten, Durchlaufzeiten, Bearbeitungszeiten, Liegezeiten, Transportzeiten, Sach- und Personalkosten, usw.
- erneute Istaufnahme: der gesamte reorganisierte Unternehmensbereich wird einer eingehenden Istaufnahme unterworfen. Diese Istaufnahmne kann der Beginn eines erneuten organisatorischen Gestaltungsprozesses sein.

Bei der Feststellung von Abweichungen zwischen Sollkonzeption und ihrer Realisation ist eine Abweichungsanalyse durchzuführen, d.h., es ist klarzustellen, worin die Gründe für das Abweichen von der konzipierten Sollkonzeption zu sehen sind. Die Ergebnisse dieser Überprüfung können den auslösenden Impuls für einen neuen Organisationsauftrag (Projekt) ergeben. Abschließend ist anzumerken, daß die Kontrolle erst nach Ablauf eines gewissen Zeitraumes durchzuführen ist, da die Prüfungsergebnisse nur aussagefähig sind, wenn sich die eingeführte Sollkonzeption konsolidiert hat (nach Beseitigung der Anlaufschwierigkeiten).

6.2.4 Schlußbetrachtung

Zum Abschluß der Ausführungen zum Prozeß der Organisationsgestaltung ist noch die Frage zu beantworten, wer die Aufgabe der Organisationsgestaltung im Unternehmen wahrnehmen soll und wie die Aufgabenverteilung zwischen der Unternehmensleitung/Auftraggeber, Organisator und Mitarbeitern des Untersuchungsbereiches geregelt sein sollte.

Die Frage, wer die Aufgabe der Organisationsgestaltung wahrzunehmen hat, ist oftmals schwierig zu beantworten, da in vielen Fällen keine entsprechend qualifizierten Mitarbeiter im Unternehmen (Organisationsabteilung) vorhanden oder diese mit der Wahrnehmung anderer Aufgaben ausgelastet sind. Daher hat sich folgendes Vorgehen als praktikabel erwiesen. Einfache Organisationsaufgaben, die nur eine Abteilung betreffen und damit keine Veränderungen in anderen Unternehmensbereichen erfordern, sind von den Abteilungsleitern unter Mitwirkung der jeweiligen Mitarbeiter wahrzunehmem. Für abteilungsübergreifende organisatorische Gestaltungsaufgaben, die grundlegende Veränderungen der Gebilde - und Prozeßstruktur erfordern, sind Arbeitskreise zu bilden, die sich aus der Unternehmensleitung, Abteilungsleitern und qualifizierten Mitarbeitern der betroffenen Abteilungen zusammensetzen. Sind entsprechende personelle Ressourcen nicht vorhanden, d.h., sind die in Frage kommenden Mitarbeiter durch die laufende

Aufgabenerfüllung ausgelastet und nicht mit der Mitarbeit im Rahmen der Organisationsgestaltung zusätzlich belastbar, so ist auf externe Mitarbeiter (Organisationsberater) zurückzugreifen. Die Aufgabenverteilung ist, dann wie in der folgenden Abbildung dargelegt, vorzunehmen.

Abb. 31: Aufgabenverteilung im organisatorischen Gestaltungsprozeß

Phasen Nr.	inhaltliche Beschreibung der Phasen	Aufgabenträger		
		Unternehmensleitung (Auftraggeber)	Organisator	Mitarbeiter des Untersuchungsbereiches
1	Bestimmung des zu lösenden Organisationsproblems, Formulierung des Organisationsauftrages und Beauftragung eines internen oder externen Organisators	O	X	
2	Erfassung des Istzustandes (Organisator wählt die einzusetzenden Informationsgewinnungstechniken aus und steuert den Einsatz)		O	X
3	Analyse und Wertung des Ist-Zustandes (Stärken- / Schwächenanalyse, Grundsatz- und Verfahrenskritik)		O	X
4	Erabeitung der zu realisierenden Sollkonzeption (Generierung und Bewertung alternativer Lösungen, Vorschlag der zu realiserenden Alternative)		O	
	Bestimmung der zu realisierenden Problemlösung	O	X	
5	Realisierung der Problemlösung		O	X
6	Kontrolle der Realisierung (Vergleich der realisierten Problemlösung mit der projektierten)		O	X

Zeichenerklärung: O = Treffen von Entscheidungen und Wahrnehmung der ausführenden Tätigkeiten
X = unterstützende Tätigkeiten, insbesondere Bereitstellung von Informationen

Entsprechend Art und Umfang der anstehenden Gestaltungsaufgabe ist eine Form der Projektorganisation[161] zu wählen, die eine effiziente Aufgabenerfüllung sicherstellt.

Beim Einsatz externer Mitarbeiter sollte eine weitgehende Beteiligung unternehmenseigener Mitarbeiter angestrebt werden, damit die Betroffenen zu Beteiligten werden.

Literatur

Acker, H., B., Organisationsanalyse, Verfahren und Techniken praktischer Organisationsarbeit, 9. Aufl., Baden - Baden und Bad Homburg 1977

Atteslander, P., Methoden der empirischen Sozialforschung, 5. Aufl., Berlin - New York 1985

Batelle Institut, Einführung und Anwendung der Methoden der Ideenfindung im Unternehmen. Probleme und Ansätze zu ihrer Überwindung, Frankfurt/ Main 1975

Blum, E., Betriebsorganisation, Methoden und Techniken, 2. Aufl., Wiesbaden 1988

Dressler, W., Keßler, A., Funktionsdiagramme oder Stellenbeschreibungen? Eine vergleichende Analyse der Ziele und Anwendungsmöglichkeiten, in: zfo, 44. Jg. 1975, S. 191 ff.

Friedrichs, J., Methoden empirischer Sozialforschung, 13. Aufl, Reinbek b. Hamburg 1985

Haller - Wedel, R., Das Multimomentverfahrten in Theorie und Praxis, Bd. 2, 2. Aufl., München 1969

Jay, A., Die Kunst der Präsentation, Düsseldorf 1973

Jordt,A., Scheidle, K., Ist-Aufnahme und Analyse von Arbeitsabläufen, in: BTO 1970, S. 459 ff., 663 ff., 887 ff., 1091 ff., 1971 S. 149 ff.

Knebel, H., Schneider, H., Taschenbuch zur Stellenbeschreibung, 3. Aufl., Heidelberg 1985

Littmann, H., F., Organisationstechnik. Die Arbeit des Organisators im Betrieb, 2. Aufl., Harzburg 1978

Mayntz, R., Holm, K., Hübner, P., Einführung in die Methoden der empirischen Soziologie, 5. Aufl., Köln und Opladen 1978

Müller - Pleuss, J., H., Organisationsmethoden, 4. Aufl., Heidelberg 1974

Ropohl, G., Systematische Ansätze bei der Anwendung der morphologischen Methode in der Praxis, in: Blohm, H., Steinbuch, K. (Hrsg.), Technische Prognosen in der Praxis, Düsseldorf 1972, S. 29 ff.

Schmidt, G., Methoden und Techniken der Organisation, 6. Aufl., Gießen 1986

Schwarz, H., Arbeitsplatzbeschreibungen, 11. Aufl., Freiburg 1988

Siemens (Hrsg.), Organisationsplanung, Planung durch Kooperation, 7. Aufl., Berlin - München 1985

Strunz, H., Entscheidungstabellentechnik, in: HWO, Hrsg. Grochla, E., 2. Aufl., Stuttgart 1980, Sp. 642 ff.

Walz, D., Organisationsmethoden, in: HWO, Hrsg. Grochla, E., 1.Aufl., Stuttgart 1973,

[161] Zu den Formen der Projekorganisation siehe Wittlage, H., Unternehmensorganisation, 5. Aufl. , Herne-Berlin 1993, S. 161 ff.

Wittlage, H., Methoden und Techniken der praktischen Organisationsarbeit, 3. Aufl., Herne -Berlin 1993

Wittlage, H., Personalbedarfsermittlung, München 1995

Wohlleben, H., D., Präsentationstechnik, 3. Aufl., Gießen 1984

Wrabetz, W., Die Stellenbeschreibung. Ein Leitfaden für die Praxis, Wiesbaden 1973

6.3 Modifizierung des Vorgehens im Hinblick auf die Realisierung der modernen Organisationskonzeptionen

6.3.1 Vorbemerkung

Das Business Reengineering (Process Reengineering, Business Redesign) ist eine umfassend angelegte Konzeption, die aufgrund ihrer anwendungsbezogenen Ausrichtung sowohl Aussagen im Hinblick auf die anzustrebende organisatorische Lösung - Geschäftsprozeßorganisation - als auch Empfehlungen im Bezug auf die anzuwendende Organisationsmethodik und Organisationstechnik beinhaltet. Auch die in diesem Zusammenhang entwickelten Beratungskonzepte (Vorgehensmodelle) widmen den Methoden und Techniken eine große Aufmerksamkeit. Daher ist es erforderlich, in den folgenden Ausführungen deren grundlegende Überlegungen anhand exemplarisch ausgewählter Vorgehensmodelle im Hinblick auf die Modifizierung des traditionellen organisatorischen Vorgehens darzulegen.

6.3.2 Organisationsmethodik und -technik

6.3.2.1 Methodik

Die in den Ausführungen zum Reengineering wiederholt genannten charakteristischen methodischen Merkmale lassen sich in den folgenden Punkten zusammenfassen:[162]

„Ganzheitlichkeit“

In den meisten Reengineering-Ansätzen wird betont , daß es nicht ausreicht, einzelne Abteilungen, Funktionen oder Teilprozesse zu optimieren, sondern daß daß ein holistischer, ganzheitlicher Ansatz erforderlich ist, um Abhängigkeiten zu zu berücksichtigen und Suboptima zu vermeiden. Im Mittelpunkt steht dementsprechend die Betrachtung des Gesamtunternehmens bzw. kompletter Geschäftsprozesse.

„Tabula rasa“

Ein weiterer wesentlicher methodologischer Bestandteil ist die komplette Loslösung von bestehenden Strukturen und Prozessen. Vielmehr ist eine vollkommen neue Lösung, ein Idealkonzept unter Berücksichtigung neuer Möglichkeiten insbesondere der fortgeschrittenen Informations- und Kommunikationstechnik zu er-

[162] Nippa, M., Bestandsaufnahme des Reengineering - Konzepte, Leitgedanken für das Management, in: Nippa, M., Picot, A. (Hrsg.), Prozeßmanagement und Reengineering, a. a. O., S. 71

arbeiten ("grüne Wiese -", "clean slate -" oder "clean paper"- Planung).

„Top down"

Um Denkstrukturen aufzubrechen und die nur inkrementellen Verbesserungen von partizipativen Effizienzsteigerungsprogrammen wie z. B. Total Quality Management oder Continous Improvement zu überwinden, wird ein konsequenter Top-down Ansatz propagiert, der radikale organisatorische Innovationen von allen Hierarchieebenen einfordert."

"Reengineering takes nothing for granted. It ignores what is and concentrates what should be."[163] Dies verlangt, insbesondere unter Berücksichtigung der modernen Informations- und Kommunikationstechniken, ein induktives Denken. "Wer allerdings die Informationstechnologie im Business Reengineering einsetzen möchte, muß induktiv denken, d.h., die Fähigkeit besitzen, zuerst eine überzeugende Lösung zu erkennen, um dann die Probleme aufzuspüren, die damit aus der Welt geschafft werden können, - Probleme, von denen das Unternehmen gar nicht weiß, daß es sie hat."[164] Induktives und deduktives Denken lassen sich wie folgt gegeneinander abgrenzen.

Ab. 32: Deduktives und induktives Denken

Schrittfolge	deduktives Denken	induktives Denken
1. Schritt:	• Probleme und Ziele definieren	• Lösungen und Ziele definieren
2. Schritt:	• Analyse, welche Lösungsmöglichkeiten ermöglicht die IT	• Möglichkeiten der IT nutzen
3. Schritt:	• ausschließliche Lösung der definierten Probleme	• umfassende Lösung auch von Problemen, die vorher nicht erkannt waren

Die vorstehende Unterscheidung von deduktivem und induktivem Denken entspricht nicht der im Punkte 6231 dargelegten empirischen (induktiven) und konzeptionellen (deduktiven) Vorgehensweise. Deduktives und induktives Denken sind der konzeptionellen (sollzustandorientierten) Vorgehensweise zuzurechen

[163] Hammer, M., Champy, J., Reengineering the Coporation, A Manifesto for Business Revolution, New York 1993, S. 33

[164] Hammer, M., Champy, H., Business Reengineering. Die Radikalkur für das Unternehmen. 2. Aufl. Frankfurt, New York 1994, S. 113 f.

und unterscheiden sich dahingehend, ob nur erkannte Probleme im Unternehmen einer Reorganisation unterworfen werden sollen oder umfassender auch bisher nicht erkannte Probleme.

Das induktive Denken ist im Reengineering dadurch begründet, daß der Istzustand weitgehend ignoriert wird und der Sollzustand Gegenstand der Überlegungen ist. Die Frage, ob und inwieweit diese Vorgehensweise eine detaillierte Istaufnahme im Rahmen der Organisationsgestaltung noch erfordert und zu welchem Zeitpunkt diese im Gestaltungsprozeß durchgeführt werden soll, ist erst anhand der nachfolgend dargelegten Vorgehensmodelle zu beantworten (vgl. die Ausführungen zum Punkt 6323).

6.3.2.2 Technik

Die Techniken, die im Rahmen des Reengineering Anwendung finden, erfahren insofern eine Modifizierung, daß sie im zunehmenden Umfang dv-gestützt eingesetzt werden. Dies erstreckt sich hin bis zum Einsatz dv-gestützter Tools, die speziell für den organisatorischen Gestaltungsprozeß entwickelt wurden. Der Einsatz dv-gestützter Tools wird im Punkte 633 der Ausführungen einer eingehenden Betrachtung unterworfen. An dieser Stelle ist es ausreichend festzustellen, daß die bisher verwandten Organisationstechniken auch weiterhin Verwendung finden, ergänzt um dv-gestützte Tools. Der Gestaltungsprozeß mit dem Ziel der Einführung einer Geschäftsprozeßorganisation soll dadurch effizienter und effektiver gestaltet werden.

6.3.2.3 Analyse ausgewählter Vorgehensmodelle

In den folgenden Ausführungen werden ausgewählte, in deutsch- und englischsprachigen Veröffentlichungen dargelegte Vorgehensmodelle beschrieben, um so die Frage beantworten zu können, ob gravierende Unterschiede zum traditionellen organisatorischen Vorgehen feststellbar sind. Die Analyse beruht dabei auf dem Phasenkonzept, das allen Vorgehensmodellen mehr oder minder ausgeprägt zugrunde liegt. Dabei werden nur die grundlegenden Aspekte berücksichtigt, auf eine Darlegung von Details wird verzichtet.

6.3.2.3.1 Ausgewählte Vorgehensmodelle

Vorgehensmodell nach Davenport

Das Vorgeehnsmodell nach Davenport beinhaltet folgende Phasen:[165]

Phase 1: Identifying Process Innovation

Die Entscheidungsträger (Unternehmensführung) bestimmen die Geschäftsprozesse des Unternehmens, die einer Reorganisation (Erneuerung) unterzogen werden sollen.

Phase 2: Identifying Change Levers

Dieser Schritt umfaßt die Bestimmung der Gestaltungsansätze (Levers), die den Gegenstand des Innovationsprozesses bilden, z. B., Einsatz der I- und K-Technik, Organisationskultur, Personalmanagement.

Phase 3: Developing Process Visions

Entwicklung von Prozeßvisionen, d.h. von Idealvorstellungen (Sollkonkonzeptionen) unter Beachtung der im vorhergehenden Schritt festgeleggelegten Gestaltungsansätze.

Phase 4: Understanding Existing Processes

Dieser Schritt beinhaltet die Erfassung der bestehenden Prozesse sowie deren Stärken und Schwächen.

Phase 5: Designing and Prototyping the New Process

Aufgrund der Kenntnisse der Istprozesse werden die Prozeßvisionen in die zu realisierenden neuen Prozesse überführt.

[165] vgl. Davenport, T. H., Process Innovation, Boston Mass., 1993, S. 23 ff.

Vorgehensmodell nach Kaplan/Murdock [166]

Die fünf Phasen, die nach Kaplan/Murdock ein methodisches Vorgehen erfordert, sind:

Phase 1: Identify Process

Diese Phase beinhaltet die Bestimmung der Kernprozesse (3-4) des Unterhmens, die auf unterschiedliche Weise definiert werden können.

Phase 2: Defining Performance Requirements

Bestimmung der Ziele, die die Prozesse zu erfüllen haben. Diese werden definiert "in term of ´ performance requirements ´, which measure key operating parameters such as througout time, output quality, service levels, new product success rates, or total cost.......During this phase, it is also improtant, to identify the gaps between current and reqired permances." [167]

Phase 3: Pinpointing Problems

Diagnose der festgestellten Gaps im Hinblick auf die Ursachen der performance gaps und identifizieren der speziellen Möglichkeiten der Veränderungen.

Phase 4: Developing a Vision

Diese Phase beinhaltet zwei Zielsetzungen, die Entwicklung einer langfristitigen Redesign Vision sowie die Sammlung spezifischer Veränderungsinitiativen (kurz- und langfristige Maßnahmen).

Phase 5: Making it happen

Einführung der entwickelten Veränderungen, basierend auf einer detaillier ten Realisierungsplanung.

166 vgl. Kaplan, R. B., Murdock, L., Core process redesign, in: The Mc Kinsey Quarterly , Number 2 1991, S. 35 f.
167 ebenda S. 37 / 38

Vorgehensmodell der Bouston Consulting Group

Der Gesamtablauf des Organisationsprozesses wird in die drei Phaseen (Abschnitte) - Richtung vorgeben, Übergang managen, Vorteile verankern - unterteilt, denen jeweils ein Katalog spezifischer Prüfpunkte zugeordnet wird.[168]

Phase 1: Richtung vorgeben

Anhand der zugeordneten Prüfpunkte umfaßt diese Phase die Auswahl der entscheidenden Geschäftsprozesse sowie die Festlegung der anzustrebenden Ziele.

Phase 2: Übergang managen

Diese Phase beinhaltet die Istaufnahme der Prozesse einschließlich der Festlegung der erforderlichen Veränderungen, die Entwicklung der neuen Prozesse und deren Realisierung.

Phase 3: Vorteile verankern

Der Inhalt dieser Phase ist anhand der zugeordneten Prüfpunkte u. a. als Erfolgskontrolle der Reorganisation anzusehen.

Vorgehensmodell Bain & Company [169]

Bain & Copany geht von einem vierstufigen Vorgehensmodell aus, das folgende Phasen beinhaltet.

Phase 1: Abgrenzung und Priorisierung der Kernprozesse

Inhalt dieser Phase: Auswahl der Kernprozesse des Unternehmens, deren Leistungskennziffern definieren und quantifizieren, aufgrund von Brenchmarks Verbesserungspotentiale prognostizieren, Projektorganisation und Projektziele festlegen.

---

168 vgl. Herp, Th., Brand, St., Reengineering aus Management - Sicht, in: Nippa, M., Picot, A. (Hrsg.), Prozeßmanagement und Reengineering, a.a.O., S. 130

169 vgl. Zeller, R., Maßgeschneidertes Reengineering. Ein pragmatischer Ansatz von Bain & Company, in: Nippa, M., Picot, A. (Hrsg.), Prozeßmanagement und Reeingineering, a.a.O., S. 114

Phase 2: Diagnose der Kernprozesse

Analyse (Probleme und Ursachenermittlung) und Dokumentation der Istprozesse, Festlegung der Ziele der Neugestaltung der Prozesse.

Phase 3: Neudesign der Kernprozesse

Radikale Veränderung der Kernprozesse mit dem Ziel eines Quantensprungs der Leistungskennziffern (Vermeidung von nur inkrementellen Verbesserungen).

Phase 4: Pilotierung und Implementierung

Probelauf der wichtigsten Prozesse (Parallelauf zu den alten Prozessen), Vornahme notwendiger Prozeßanpassungen, Implementierung.

Vorgehensmodell "Business-Process-Streamlining (BPS)" [170]

Das Vorgehensmodell BPS untergliedert sich in einen Pre-Check (1. Phase) und in drei darauf folgende Module (Phsaen 2-4).

Phase 1: Pre-Check

Der Pre-Check beinhaltet die Problembeschreibung, die Ermittlung des Analysebedarfs sowie die Festlegung der Zielsetzung der Reorganisation.

Phsae 2: Modul 1

Das Modul 1 beinhaltet die Prozeßidentifikation, -systematisierung und -selektion. Zielstzung ist die Ermittlung von 3-4 kritischen Prozessen, die vorrangig zu reorganisieren sind. Das sind die Prozesse, die ein erkanntes hohes Verbesserungspotential aufweisen und zudem für das Unternehmen eine große Bedeutung besitzen (Ermittlung dieser Prozesse mit Hilfe einer Selektions- und Focussierungsmatrix).[171]

---

[170] vgl. Nippa, M., Klemmer, J., Zur Praxis prozeßorientierter Unternehmensgestaltung, Von der Analyse bis zur Umsetzung. in: Nippa, M., Picot, A.(Hrsg.), Prozeßmanagement und Reengineering, a.a.O., S. 168 ff

[171] siehe Nippa, M., Klemmer, J., a.a.O., S. 173

Phase 3: Modul 2

Dieses Modul (Analyse und Maßnahmenmodul) umfaßt die Prozeßdetaillierung, Konzeptions- und Maßnahmengenerierung. Von der Vorgehensweise her wird eine Kombination induktiven (empirischen) und deduktiven (konzeptionellen) Vorgehens vorgeschlagen. Es wird dabei aber als generell sinnvoll erachtet, mit einer detaillierten Analyse der bestehenden Prozesse zu beginnen. Konzeptionell bedeutet das, den Istzustand radikal in Frage zu stellen (Rethinking). Darauf aufbauend erfolgt gegebenenfalls falls ein Restructuring und Reengineering (Optimierung) der Prozesse. Damit wird das Reengineering dem Rethinking und dem Restructuring untergeordnet.

Phase 4: Modul 3

Das Modul 3 - Erfolg realisieren , gemeinsam umsetzen - umfaßt die Implementierung und Institutionalisierung der neuen Prozesse.

Das BPS soll dabei nicht als ein einmaliger Projektprozeß verstanden werden , sondern in einem permanenten Verbesserungsprozeß einmünden.

Vorgehensmodell Ernst & Young [172]

Das Vorgehensmodell Ernst & Young umfaßt fünf Phasen des folgenden Inhalts:

Phase 1: Assessment

Auf Basis der Unternehmensstrategie (überarbeitete) Bestimmung der wesentlichen Geschäftsprozesse (einschließlich deren Hauptprodukte und Technologien) und Auswahl der zu reorganisierenden Prozesse.

Phase 2: Reengineering

Bewertung der Istprozesse, Entwicklung einer Vision des Sollzustandes, Identifikation kurzfristiger, mit dem angestrebten Sollkonzept konsistenter Verbesserungen, Entwicklung eines Prototyps des neuen Geschäftsprozesses, Abschätzung der damit verbundenen Veränderungen der Prozesse, der Organisation und der Technologie.

[172] Girth, W., Methoden und Techniken für Prozeßanalysen und Redesign, in: Krickl, O. Ch. (Hrsg.), Geschäftsprozeßmanagement. Prozeßorientierte Organisationsgestaltung und Informationstechnologie, Heidelberg 1994, S. 141 ff.

Phase 3: Design

Spezifikation des zukünftigen Geschäftsprozesse einschließlich Organisation und Technologie, Durchführung eines Pilot-Tests, detaillierte Dokumentation des Geschäftsprozesses und Verfeinerung des Umsetzungsplanes.

Phase 4: Realisierung

Erstellung eines funktionierenden Geschäftsprozesses einschließlich Systemanwendungen, Einrichtung aller benötigten Hardware-, System-, Software- und Netzwerkkomponenten.

Phase 5: Implementierung

Implementierung funktionsfähiger Geschäftsprozesse und Systemanwendungen und Überleitung auf die Geschäftsprozeßbeteiligten.

Vorgehensmodell der Akademie für Organisation (AfürO) [173]

Das als GOM (ganzheitliches Organisationsmodell) bezeichnete Vorgehensmodell umfaßt fünf Phasen, die in den folgenden Darlegungen kurz umrissen werden.

Phase 1: Initialisierung des Organisationsprozesses

Anstoß / Impuls für die Ingangsetzung eines Organisationsprozesses.

Phase 2: Prozesse erkennen und auswählen

Situationsanalyse (Prozesse erkennen), Organisationsanalyse (Informationen über Prozesse sammeln, ordnen und dokumentieren).

Phase 3: Prozesse verstehen und beurteilen

Organisationsdiagnose-Stärken und Schwächen eines Prozesses erkennen (Stärken- und Schwächenanalyse)

[173] vgl. Chobrok, R., Tiemeyer, E., Geschäftsprozeßorganisation, Vorgehensweise und unterstützende Tools, in: zfo 3/1996, S. 165 ff.

Phase 4: Prozesse neu konzipieren und bewerten

Zielbildung (Input-, Prozeß-, Outputziele), Konzipierung neuer Prozesse, Bewertung der Prozeßalternativen und Auswahl der zu realisierenden Alternative.

Phase 5: Prozesse umgestalten, beleben, pflegen und neu gestalten

Systembau-Pilotprozeß, Ausbreitungskonzept, Schulungskonzept für die Mitarbeiter im Pilotprozeß und der folgenden Prozesse, Systemausführung.

Abb. 33: Ausgewählte Vorgehensmodelle im Überblick

Phasen → Verfasser ↓	Phase 1	Phase 2	Phase 3	Phase 4	Phase 5
Davenport	Identifying Processes for Innovatin	Identifying Change Levers	Developing Process Visions	Understanding Existing Processes	Designing and Prototyping the New Process
Kaplan / Murdock	Identifying Processes	Defining Performances Requirements	Pinpointing Problems	Developing a Vision	Making it happen
Bouston Consulting Group	Richtung vorgeben	Übergang managen	Vorteile verankern		
Bain & Company	Abgrenzung und Priorisierung der Kernprozesse	Diagnose der Kernprozesse	Neudesign der Kernprozesse	Pilotierung / Implemen-tierung	
Nippa / Klemmer	Pre-Check	Geschäftspro-zesse identifi-zieren, syste-matisieren, selektieren	Verbesserungs potentiale her-ausarbeiten	Erfolge reali-sieren, ge-meinsam um-setzen	
Ernst & Young	Assessment	Reengineering	Design	Realisierung	Implemen-tierung
AfürO	Initialiserung Organisations-prozeß	Prozesse erkennen und auswählen	Prozesse verstehen und beurteilen	Prozesse neu konzipieren und bewerten	Prozesse um-gestalten, be-leben, pfle-gen, neu ge-stalten

Die vorstehend dargelegten Vorgehensmodelle weisen formale Unterschiede im Hinblick auf die Anzahl der Phasen sowie deren Benennungen auf. Inhaltlich unterscheiden sie sich im Hinblick auf die Auswahl der einer Reorganisation zu unterwerfenden Geschäftsprozesse (Ermittlung und Umfang). Weiterhin erfährt die Istanalyse (Stärken- und Schwächenanalyse) eine unterschiedliche zeitliche Einordnung und Gewichtung im Gestaltungsprozeß.

6.3.2.3.2 Ergebnis der Analyse

Aufgrund der vorstehend beschriebenen Vorgehensmodelle als auch weiterer in der Literatur dargelegter Konzepte [174] können aufgrund des Vergleichs mit der traditionellen Vorgehensweise der Organisationsgestaltung folgende Feststellungen getroffen werden.

Die traditionelle Vorgehensweise der Organisationsgestaltung erfährt Modifizierungen im Hinblick auf folgende Aspekte :

- Im Vordergrund der Betrachtung stehen die Kern-Geschäftsprozesse des Unternehmens und deren Reorganisation. Begründet ist dies in dem Primat der Prozeßstruktur, d.h., Ausgangspunkt jedweder Organisationsarbeit müssen die Geschäftsprozesse sein.
- Vorrangiges konzeptionelles Vorgehen, da Quantensprünge der Leistungskennziffern und nicht inkremmentelle Verbesserungen erreicht werden sollen. Dies bedingt, daß die Entwicklung von Visionen (radikale Veränderungen) zukünftig zu praktizierender Kernprozesse höher als die Diagnose des Istzustandes gewichtet wird.
- Ausgangspunkt des organisatorichen Gestaltungsprozesses sind damit nicht bekannte organisatorische Problemstellungen sondern mögliche Innovationspotentiale (Verbesserungen) der Kernprozesse.
- Aufgrund der verfolgten radikalen Veränderung der Geschäftsprozesse mit dem Ziel des Quantensprungs der Leistungskennziffern findet der Aspekt des Kreislaufs der Organisation (laufende Verbesserung) mit Ausnahme des PBS - Vorgehensmodells keine besondere Berücksichtigung.
- Damit ist der Tatbestand verknüpft, daß eine eigenständige Phase der Erfolgskontrolle in den Vorgehensmodellen des Reengineering mit Ausnahme des Vorgehensmodells der Bouston Consulting Group nicht vorhanden ist.

Zusammenfassend kann somit festgestellt werden, daß das traditionelle Vorgehensmodell der Organisationsgestaltung im Hinblick auf die Realisierung der modernen Organisationskonzeptionen folgende Modifizierungen erfährt: die Kerngeschäftsprozesse stehen im Vordergrund der Betrachtung, an die Stelle einer partiellen Betrachtung einzelner Problemfelder tritt das ganzheitliche Denken (induktives Denken → Berücksichtigung noch nicht bekannter Probleme) mit der

[174] vgl. Nippa, M., Picot, A., (Hrsg.), Prozeßmanagement und Reengineering, a.a.O.

Zielsetzung, aufgrund radikaler Veränderungen der Organisationsstruktur Quantensprünge der Verbesserung der Leistungskennziffern zu erreichen.

Abschließend ist noch die im Punkt 3 angesprochene Problematik des Aufgaben-Analyse-Synthese Konzeptes zu erörtern. D.h., sind die Einwendungen gegen dieses Konzept auch für das Vorgehensmodell der Organisationsgestaltung im Rahmen der Einführung der Geschäftsprozeßorganisation zutreffend? In diesem Zusammenhang ist zunächst festzustellen, daß es sich bei der Identifizierung der (Kern-) Geschäftsprozesse eines Unternehmens um nichts anderes handelt als um eine Aufgabenanalyse. Die Gesamtaufgabe eines Unternehmens wird nämlich auf der Basis der kombinierten Anwendung der Gliederungskriterien Objekt und Verrichtung in Teilaufgaben, d.h. Geschäftsprozesse zerlegt, z.B. Auftragsbearbeitung, Anfragebearbeitung, Produktentwicklung, Reklamationsbearbeitung. Die Entwicklung neuer Geschäftsprozesse (Visionen) basiert auf denselben Kriterien, nämlich Objekt und Verrichtung unter Berücksichtigung des Einsatzes moderner I- und K-Techniken. Von einer Aufgabe des Aufgaben-Analyse-Synthese Konzeptes kann daher nicht gesprochen werden. Die gegen dieses Konzept vorgebrachten Einwendungen verlieren durch die kombinierte Anwendung der Kriterien Objekt und Verrichtung an Gewicht bzw. werden gegenstandslos aufgrund folgender Gesichtspunkte:

1. Es wird bewußt an vorhandene Prozeßvorstellungen angeknüpft.

2. In der Prozeßbetrachtung findet die Ganzheitlichkeit der Unternehmensaufgabe Berücksichtigung; die Teilaufgaben (Prozesse) ergeben sich daher logisch zwingend und können nicht als neutrale Teilaufgaben gesehen.

3. Die Komplexität als Aufgabenbedingung findet in der ganzheitlichen Betrachtung in ausreichendem Maße Berücksichtigung.

6.3.3 Dv-Tools im Gestaltungsprozeß

6.3.3.1 Vorbemerkung

Im Rahmen der vorstehend dargelegten Vorgehensmodelle der Organisationsgestaltung wird im zunehmenden Maße die Forderung nach einem Lean-Consulting-Konzept ("schlanke" Beratung, "schlanke" organisatorische Tätigkeit) erhoben. D. h., der Organisator soll seine Aufgabenerfüllung gleichfalls dergestalt erfüllen, wie er den Unternehmen ihre Aufgabenerfüllung organisiert, nämlich in effektiver und effizienter Form. Diese Forderung wird z. T. vereinfacht in der Form einer "papierlosen" Beratung formuliert, vergleichbar mit einer Organisationsge-staltung in Form der " papierlosen" Bearbeitung der Aufgaben im Unternehmen.

Konkret gesehen geht es um den Einsatz der modernen I-und K-Techniken im organisatorischen Gestaltungsprozeß einschließlich des Einsatzes von Expertensystemen. Damit wird ein Problemfeld der Realisierung der Ge-schäftsprozeßorganisation (vgl. die Ausführungen zum Punkte 567) angesprochen.

Das anzustrebende Ziel ist die Entkoppelung der Elemente des magischen Dreiecks Zeit, Effizienz und Kosten der Organisationsgestaltung. Die Effizienz bezieht sich dabei sowohl auf die organisatorische Tätigkeit als auch auf dessen Ergebnis.

Die sich in diesem Zusammenhang ergebenden Fragen lassen sich wie folgt formulieren:

- In welchem Umfang werden z.Zt. im organisatorischen Gestaltungsprozeß dv-gestütze Werkzeuge eingesetzt und wie wird die Notwendigkeit ihres Einsatzes beurteilt ?
- Welche Organisationstechniken werden z.Zt. dv-gestützt durchgeführt, bzw. welche sind einer solchen Unterstützung zugängig ?
- Welche Auswirkungen des Einsatzes dv-gestützter Techniken können im Hinblick auf die organisatorische Tätigkeit, das Ergebnis der organisatorischen Tätigkeit und das Anforderungsprofil des Organisators festgestellt werden ?

Es geht letzendlich um die Frage, inwieweit im Hinblick auf die Realisierung der Geschäftsprozeßorganisation (Business Reengineering) das modifizierte organisatorische Vorgehen durch den Einsatz dv-gestützter Techniken (Organisationstechniken) ergänzt werden soll.

6.3.3.2 Dv-gestützte Techniken (Tools)

6.3.3.2.1 Bedeutung des Einsatzes dv-gestützter Techniken (Tools)

Im Hinblick auf den Einsatz dv-gestützter Techniken sowie der Notwendigkeit ihres Einsatzes im Rahmen der organisatorischen Tätigkeit ergab sich aufgrund einer Befragung von Beratungsunternehmen folgendes Ergebnis: [175]

---

[175] vgl. Kraus, M.. , Zum Stand der papierlosen Beratung, Ein Schappschuß der Unternehmensberatungspraxis in der Bundesrepublik Deutschland oder " Trägt der Schuster selbst die schlechtesten Schuhe?", in: IM 1/1993, S. 6 ff.; die Befragung erfaßte 15 Unternehmensberatungsunternehmen, von denen 10 entsprechende Informationen zur Verfügung stellten. Trotz dieser geringen Zahl kann das Ergebnis als ein wichtiger Hinweis bezüglich des Einsatzes sowie der Bedeutung dv-gestützter Techniken der Organisationsgestaltung angesehen werden, da die bekanntesten Beratungsgesellschaften erfaßt wurden.

- 87 % der befragten Beratungsunternehmen halten den Einsatz dv-gestützter Organisationstechniken für sehr wichtig
- 13 % für wichtig, aber deren Einsatz könne im organisatorischen Gestaltungsprozeß nicht die höchste Priorität zugemessen werden.

Im Gegensatz zu diesen allgemeinen Aussagen steht das Ergebnis im Hinblick auf den Stellenwert des dv-gestützten Technikeinsatzes für die Erfüllung von organisatorischen Aufgabenstellungen durch die befragten Beratungsunternehmen selbst:

- 44 % messen ihm im eigenen Unternehmen einen sehr hohen
- 34 % einen hohen
- 22 % einen mittleren Stellenwert bei.

Im Hinblick auf den Einsatz dv-gestützter Werkzeuge im Rahmen der organisatorischen Tätigkeit nutzen 80% aller befragten Beratungsunternehmen Standardsoftware der allgemeinen Informationsbe- und -verarbeitung ("Bürotätigkeit"), während 20 % die speziell auf die Organisationsarbeit ausgerichteten Tools einsetzen.[176]

Die Diskrepanz zwischen dem angegebenen Stellenwert der für die Organisationsarbeit speziell entwickelten dv- unterstützten Techniken und deren Einsatz ist in den folgenden Aussagen zu sehen:

- 55% der Befragten halten den derzeitigen Stand der dv-gestützten Techniken als ausreichend; diese Feststellung basiert auf dem Einsatz der allgemeinen Standardsoftware der Informationsbe- und -verarbeitung.

- 23 % der Befragten gaben an, daß für sie kein Entwicklungsbedarf besteht.

- 22 % der Befragten bekundeten, daß die allgemeine Standardsoftware für die organisatorische Tätigkeit nicht ausreichend ist, sondern ein hohes Einsatzpotential für speziell entwickelte dv-gestützte Techniken im Rahmen der Organisationsarbeit gesehen werden muß.

Generell kann aufgrund des Ergebnisses der Befragung festgestellt werden, daß dem Einsatz dv-gestützter Techniken im organisatorischen Gestaltungsprozeß ein

[176] Dieser Prozentsatz stellt eine Erhöhung gegenüber dem Ergebnis einer Befragung von 73 Beratungsunternehmen im Jahre 1991 dar. Bei dieser ergab sich ein Wert von 15,5 % für den Einsatz von Organisationssoftware. vgl. Trill, R. Software für Organisatoren, in: Office Management 7/1992, S. 62

hohes Gewicht beigemessen werden kann. Diese Feststellung ist im Hinblick auf deren unterstützenden Charakter zu sehen. Ohne Beherrschung des organisatorischen Vorgehens "zu Fuß" ist der Erfolg ihres Einsatzes aber unsicher.[177]

6.3.3.2.2 Typenbildung

Die im Rahmen der Organisationsarbeit nutzbaren dv-gestützten Werkzeuge lassen sich in in zwei Gruppen zusammenfassen [178] (vgl. Abb. 34), wobei hardwareseitig der Einsatz von PCs und Portables (Laptops, Notebooks und dergleichen) zugrunde gelegt wird. Es kann zwischen dv-gestützten Werkzeugen unterschieden werden, die den Organisationsprozeß betreffen, d.h., das organisatorische Vorgehen, und solchen, die die Informationsbe- und -verarbeitung in Bezug auf das Organisationsobjekt (organisatorische Problemstellung) unterstützen. Letztere Werkzeuge lassen sich wie folgt gruppieren:

Standardsoftware der Informationsbe- und -verarbeitung

Bei diesen Werkzeugen handelt es sich um Software, die in Form von Standardprogrammen im Rahmen der Informationsbe- und -verarbeitung Anwendung findet. Diese Programme weisen keine spezielle Ausrichtung auf die organisatorische Tätigkeit und deren Erfordernisse auf. Sie unterstützen die Be- und Verarbeitung der Informationen, die in den einzelnen Phasen des organisatorischen Gestaltungsprozesses gewonnen werden.

Organisationstechnische Werkzeuge

Bei der hier in Frage kommenden Software handelt es sich um Programme, die einzelne spezielle Organisationstechniken dv-mäßig unterstützen. Sie sind damit speziell im Hinblick auf die organisatorische Tätigkeit entwickelt worden.

Werkzeuge der Organisationsgestaltung

Unter dieser Gruppe werden die Programme subsumiert, die die Organisationstechniken, die in den einzelnen Phasen des Organisationskreislaufes Verwendung finden, miteinander verknüpfen, d.h. von der Informationsgewinnung bis hin zur Implementierung der zu realiserenden Problemlösung. Unter diesem Aspekt kann von dv-gestützten Werkzeugen der Organisationsgestaltung gesprochen

---

[177] vgl. Chrobok, R., Tiemeyer, E., Geschäftsprozeßorganisation, Vorgehensweise und unterstützende Tools, in: zfo 3/1996, S. 165

[178] Bedenken gegen eine Typenbildung, die in den Grenzen der Aussagefähigkeit dieses Vorgehens gesehen werden können, sind im vorliegenden Fall nicht relevant, wie die weiteren Ausführungen zeigen.

werden. Es handelt sich hierbei insbesondere um wissensbasierte Software (Expertensysteme).[179]

Abb.34: Übersicht über die die Organisationsarbeit unterstützenden Werkzeuge[180]

Werkzeuge (Tools)

Organisationsprozeß betreffende Werkzeuge	Untersuchungsobjekt betreffende Werkzeuge		
Standardwerkzeuge der Informationsbe- und -verarbeitung	Standardwerkzeuge der Informationsbe- und -verarbeitung	Organisationstechnische Werkzeuge	Werkzeuge der Organisationsgestaltung
• Projekt Mangement Software	• Textverarbeitungssoftware	• Aufgabenanalyse- und -bewertungssoftware	• Geschäftsprozeßgestaltungssoftware
• Bürokommunikationssoftwarte	• Statistiksoftware	• Kommunikationsanalysesoftware	
	• Graphik Software	• Prozeßanalysesoftware	
	• Tabellenkalkulationssoftware	• Alternativenbewertungssoftware	
	• Datenbanksoftware	• Präsentationssoftware	
⇐ Standardsoftware, die nicht speziell auf die Organisationsarbeit ausgerichtet ist. ⇒		⇐ speziell auf die Organisationsarbeit ausgerichtete Software ⇒	

6.3.3.2.3 Standardsoftware der Informationsbe- und -verarbeitung

Bei dieser Software kann, wie im Punkt 63322 dargestellt, zwischen Programmen unterschieden werden, die die Informationsbe- und -verarbeitung in Bezug auf den

179 vgl. Lehner, Fr., Expertensysteme für Organisationsaufgaben, in: ZfB 61. Jg. 1991, S. 32 ff.

180 vgl. die Tabellen in: Tiemeyer, E., PC Programme für die Organisationsarbeit. Ein Überblick mit Entscheidungshilfen zur Produktauswahl, in: zfo 1/ 1994, S. 52 ff.

Prozeß der Organisationsgestaltung (organisatorisches Vorgehen) und das Untersuchungsobjekt unterstützen

Zu der erstgenannten Software gehört die Gruppe der NPT-Software (CPM, PERT, MPM) und der Projektmanagement-Programme. Diese dv-gestützten Werkzeuge unterstützen im einzenen folgende Funktionen:

- Planungsfunktion (Vorgangsplanung, Zeitplanung, Kostenplanung)
- Kontrollfunktion (Zeit -, Kosten -, Realisierungskontrolle)
- Steuerungsfunktion (Einsatz von Aktivitäten bei Soll-/Istabweichungen im Hinblick auf die Sicherstellung des Zeitpunktes der Problemlösung).

Beispielhaft seien hier genannt: MS-Project, Project für Windows, Superprojekt, Harvard-Projekt-Manager.

Des weiteren sind dieser Software die Programme zuzuordnen, die die Kommunikation zwischen den Mitgliedern des Organisationsteams unterstützen, die Kommunikationsprogramme wie E-Mail, Telefax, Groupeware. Von diesen werden folgende Funktionen wahrgenommen:

- Informationsaustausch zwischen den Teammitgliedern, unabhängig von Zeit und Raum
- Bereitstellung notwendiger Informationen in Bezug auf den Organisationsprozeß und das Organisationsobjekt.

Die Standardsoftware in Bezug auf die Unterstützung der Informationsbe- und -verarbeitung im Hinblick auf das Untersuchungsobjekt (organisatorische Problemstellung) umfaßt folgende Funktionen:

- Dokumentation der Informationen in verbaler und graphischer Form: Textverarbeitungsprogramme (z.B. WORD, Word-Perfect, WinWord) und Graphik-Programme (z. B. Harvard-Graphics, Designer, Corel-Draw)
- Speicherung der Informationen in systematischer Form: Datenbankprogramme (z. B. dBase, Access)
- Auswertung der erfaßten Informationen: Statistische Software (z. B. SPSS, SAS) und Tabellenkalkulationsprogramme (z.B. Excel, Lotus 1-2-3).

Zusammenfassend kann festgestellt werden, daß die vorstehende Standardsoftware Funktionen unterstützt, die sonst auf konventielle Weise erbracht werden müssen. Man kann in diesem Zusammenhang von einer Mechanisierung/Teilautomatisierung der im Rahmen der Organisationsarbeit durchzuführenden manuellen Tätigkeiten sprechen, wobei die spezifischen Belange der Organisationsarbeit keine Berücksichtigung finden.

6.3.3.2.4 Spezielle dv-gestütze Organisationstechniken[181]

Wie die Kennzeichnung dieser Werkzeuge bereits erkennen läßt, handelt es sich um eine Dv-Unterstützung spezieller Organisationstechniken, die in den unterschiedlichen Phasen des Organisationskreislaufes eingesetzt werden (Siehe Abb. 35).

Abb. 35: Einsatz dv-gestützter Organisationstechniken

Phasen des Organisationskreislaufes	Spezielle dv-gestützte Organisationstechniken
Istaufnahme	Kommunikationsanalyse Software,Prozeßanalyse Software Aufgabenanalyse Software
Istkritik	—
Sollkonzeption	Bewertungssoftware für die generierten alternativen Sollkonzeptionen (Nutzwert -, Kostenwirksamkeitsanalyse)
Realisierung	NPT-Software (CPM, PERT, MPM)
Kontrolle	—

Die Leistungen, die speziell entwickelte Software bereitstellt, sind aus der Abbildung 36 ersichtlich.

[181] Zu den folgenden Ausführungen siehe: Tiemeyer, E., a.a.O, S. 52 ff., Chrobok, R., Tiemeyer, E., Geschäftsprozeßorganisation.Vorgehensweise und unterstützende Tools, in: zfo 3/1996, S. 165 ff.

Abb. 36: Leistungsprofile spezieller dv-gestützter Organisationstechniken[182]

Spezielle, dv-gestützte Organisationstechniken	Leistungsprofil [183]
Aufgabenanalyse und und -bewertung	Unterstützung der Aufgabenerhebung Dokumentation (Aufgabenstrukturbild, Matrix) Tätigkeitsbewertungen einzelner Aktionseinheiten Hilfen zur Bewertung von Aufgaben und Stellen
Prozeßanalyse	strukturelle Erfassung von Prozessen Dokumentation (Arbeitsablaufdarstellung, Blockdiagramm) Auswertung von Abläufen Kennzahlenermittlung Verwaltung von Abläufen
Kommunikationsanalyse	Erfassen Fragenkatalog Datenerhebung vor Ort und Erfassung Auswertung Graphiken
Bewertung von Alternativen	Ermittlung des Gesamtnutzwertes Ermittlung des Kostenwirksamkeitsindexes Sensitivitätstests
Präsentation	Erstellung von Graphiken in unterschiedlichsten Formen

Aufgrund der Angaben in den Abbildungen 35 und 36 können folgende Feststellungen getroffen werden:

- Die speziellen dv-gestützten Organisationstechniken beinhalten keine Techniken, die man der Gruppe der Kritiktechniken oder der der Problemlösungstechniken zurechnen könnte. Damit bleiben die Organisationstechniken unberücksichtigt, die für die Problemlösung als die entscheidenden anzusehen sind.
- Das Leistungsprofil der dv-gestützten Organisationstechniken ist durch die Wahrnehmung folgender Funktionen charakterisiert:
  - Dokumentation organisatorischer Tatbestände in verbaler und graphischer Form
  - Ermittlung von Kennziffern / Leistungszahlen
  - Speichern und Verwalten von Informationen.

Bei den vorstehenden Funktionen handelt es sich um die Übernahme manueller bzw. manuell-geistiger Tätigkeiten (Routinetätigkeiten), d. h. solcher Tätigkeiten, die nicht eigenproduktiver und schöpferischer (kreativer) Art sind.

182 Die Software der unterschiedlichen Hersteller/Anbieter weisen nicht immer das ganze Leistungsprofil auf.

183 vgl. die entsprechenden Tabellen bei Tiemeyer, E., a.a.O.

6.3.3.2.5 DV-gestützte Werkzeuge der Organisationsgestaltung

Bei dieser Software handelt es sich um die Zusammenfassung der speziellen dv-gestützten Organisationstechniken, die im Punkte 6.3.3.2.4 dargestellt wurden, mit solchen, die die Schwachstellenanalyse (Istkritik) und die Problemlösung (Konzepterstellung) beinhalten, zu einem Softwaresystem. Diese ganzheitliche DV-Unterstützung des Organisationsgestaltungsprozesses wird beispielhaft anhand des Vorgehensmodells ARIS-Consulting-Assitants Konzept dargelegt. In der folgenden Abbildung werden die jeweiligen DV-Werkzeuge (Tools) den Projektphasen zugeordnet und die sie beinhaltenden Arbeitsschritte aufgezeigt.

Abb. 37: Das Aris-Consulting-Assistants-Konzept [184]
- Projektphasen, Toolunterstützung und Arbeitsschritte -

Toolunter-stützung	ARIS-Pro-ject-Manager	ARIS-Analyzer	ARIS-Modeller	ARIS-Navigator
Projekt-phase	Phase 1: Projekt-steuerung	Phase 2: Analyse	Phase 3: Modellierung	Phase 4: Implementierung
Arbeits-schritte	-Projekte festlegen -Arbeits-schritte definieren -Arbeits-schritte terminieren	-Betriebstypologie festlegen -Funktionsanalyse durchführen -Ist- Vorgangsketten erheben -Soll-Funktionskonzept erarbeiten (grob) -Soll- Integrationskon-zept erarbeieten (grob) -Schwachstellenanalyse Integration durch-führen -Schwachstellenanalyse Funktionsausführung durchführen -Schwachstellenanalyse für FK durchführen -Soll-Funktionsebenen-modell definieren (grob) -Datenarchitektur definieren (grob)	-Neue betriebswirt-schaftliche Konzepte arbeiten/übernehmen -Soll-Prozeßmodell (auf Clusterlevel) de-finieren -Soll-Funktionsmodell ableiten/definieren -Soll-Funktionsebe-nen konzept (evtl.) erweitern -Aufgabenzuordnung/ Zuständigkeitsmodell erstellen (Ablauforga-nisation festlegen) -Soll-Datenmodell auf Objekttypenebene er-stellen -Detailliertes Soll-Prozeßmodell erstel-len -Detailliertes Soll-Da-tenmodell erstellen -Hard- und Software auswählen	-Dokumentation des entwickelten Unter nehmens-modell -Anwenderschu-lung -Systemeinführung

[184] Jost, W., Werkzeugunterstützung in der DV - Beratung, in: IM 8.Jg. 1993, S. 11

Die ganzheitliche DV-Unterstützung basiert insbesondere auf dem Einsatz von Expertensystemen. "Als Expertensysteme werden im allgemeinen Anwendungssysteme, die mit Programmiermethoden der künstlichen Intellgenz entwickelt wurden, bezeichnet ...... als wichtigste Kriterien gelten die Trennung von Wissenbasis und Referenzkomponente, sowie das Vorhandensein einer Erklärungskomponente. In diesem Verständnis können Expertensysteme als neue Hilfsmittel für die DV-Unterstützung von (Organisations-) Aufgaben gesehen werden."[185]

ARIS-Analyzer und ARIS-Modeller sind als Bestandteile eines solchen Expertensystems anzusehen. In diesem Zusammenhang sei auch auf die werkzeuggestützte Geschäftsprozeßoptimierung bei dem Einsatz der SAP-R3 Software hingewiesen. Es werden der R/3-Analyzer als Werkzeug und das R/3-Referenzmodell als Wissensbasis eingesetzt.[186]

Aufgrund der vorstehenden Ausführungen sowie der Abbildung 37 kann folgende Feststellung getroffen werden:

DV-gestützte Werkzeuge der Organisationsgestaltung beinhalten zusätzlich die für die Problemstellung entscheidenden Elemente Schwachstellenanlyse und Problemlösung.[187] Somit wird der Organisator in seiner gestaltenden Tätigkeit auch im Hinblick auf die schöpferische Komponente (Kreativität) unterstützt.

6.3.3.2.6 Tooleinsatz und Geschäftsprozeßorganisation

Der Tooleinsatz im Rahmen der Gestaltung der Geschäftsprozeßorganisation ist davon abhängig, welche Anforderungen im individuellen Fall die Tools erfüllen sollen. Daher ist es erforderlich, einen entsprechenden Anforderungskatalog zu erarbeiten, aufgrund dessen die Entscheidung über den Tooleinsatz zu treffen ist. Da der Anforderungskatalog situationsbedingt unterschiedliche Anforderungen aufweist, können hier nur die wesentlichen Anforderungen aufgezeigt werden.[188] Diese beziehen sich vorrangig auf die Prozeßstruktur.

185 Lehner, Fr., a.a.O., S. 738

186 vgl. Keller, G., Meinhardt, St., SAP R/3 Analyzer, Optimierung von Geschäftsprozessen auf Basis des R/3 Referenzmodells, Walldorf 1994, S. 19

187 vgl. Schmidt, G., Expertensysteme, in: Handbuch Informationsmanagement, hrsg. von Scheer, A.-W., Wiesbaden 1993, S. 849

188 Zu den folgenden Ausführungen siehe: Chrobok, R., Tiemeyer, E., Geschäftsprozeßorganisation, a.a.O., S. 166 ff.

Anforderungen in Bezug auf die Erfassung der Geschäftsprozesse

- Gliederung der Geschäftsprozesse in Gangfolgen, Arbeitsschritte, Arbeitselemente
- Komponenten der Durchlaufzeit: Bearbeitungs -, Liege -, Transportzeit
- Berarbeitungsmengen und Kosten
- Sachmitteleinsatz: Arbeitsmittel und -unterlagen
- am Prozeß beteiligte Aktionseinheiten

Anforderungen in Bezug auf die Dokumentation der Geschäftsprozesse

Darstellung in einer oder mehreren der folgenden Formen
- ablaufgebundene Darstellungen
- Blockdiagramme
- Vorgangskettendiagramme
- SADT (Structured Analysis and Design Technique)
- Petrinetze

Anforderungen in Bezug auf die Prozeßanalyse

- Zeitanalyse (Durchlaufzeiten)
- Kostenanalyse
- Wertkettenanalyse
- Kennzahlen / Leistungszahlen

Anforderungen in Bezug auf die Soll-Prozeßerstellung

- Simulation
- Optimierung
- Bewertung alternativer Prozesse und Auswahl des zu realisierenden Prozesses

Anforderungen in Bezug auf die Systemeinführung

- Umsetzungsplan
- Kontrolle von Zeit und Kosten der Implementierung

Der konkrete Anforderungskatalog kann dazu führen, daß eine Mischung verschiedener Tools, (siehe die in den vorstehenden Tabellen dargelegten Tools), eingesetzt werden muß, z.B. der Einsatz eines Analyse- und Optimierungstools, ergänzt um einen Dokumentationstool.

6.3.3.3 Auswirkungen des Tool-Einsatzes

Die Auswirkungen des Tooleinsatzes müssen im Hinblick auf die organisatorische Tätigkeit, auf das Organisationsergebnis sowie auf das Anforderungsprofil des Organisators gesehen werden. Dabei ist zwischen den in der Abbildung 34 dargelegten Werkzeuggruppen zu unterscheiden.

6.3.3.3.1 Auswirkungen auf die organisatorische Tätigkeit

Für alle einsetzbaren Tools ergeben sich im Hinblick auf die organisatorische Tätigkeit folgende Auswirkungen;

- Verkürzung des Zeitaufwandes für die Durchführung der Organisationsuntersuchung. Dies ist insofern von großem Gewicht, da Organisationsuntersuchungen in der Mehrzahl der Fälle unter hohem Zeitdruck stehen.
- Die Reduzierung des Zeitaufwandes bedeutet gleichzeitig eine Reduktion der Untersuchungskosten, selbst unter Berücksichtigung der Kosten des erforderlichen Hard- und Softwareeinsatzes.
- Erhöhung des die Problemstellung betreffenden Informationsvolumens und dessen Auswertung.
- Einsatzmöglichkeiten rechenintensiver Verfahren der Statistik und des Operations Research.
- Effiziente Planung, Kontrolle und Steuerung des organisatorischen Gestaltungsprozesses
- Arbeitstechnische Vereinfachung der Erstellung der Dokumentations- und Präsentationsunterlagen.

Diese vorstehenden Auswirkungen bedingen aber auch weiterhin (wie beim konventionellem Vorgehen) eine Entscheidung des Organisators, welche Organisationstechniken im einzelnen einzusetzen sind und welche Informationen in welchem Umfange im Hinblick auf die Aufgabenstellung zu erheben und auszuwerten sind. Die Probleme der Gewinung objektiver Informationen durch den Einsatz nicht objektiver Informationsgewinnungstechniken wie Befragung (Interview, Fragebogen) und Selbstaufschreibung (Tagesberichte, Aufgaben- und Tätigkeitsberichte) werden gleichfalls durch den dv-gestützten Werkzeugeinsatz nicht gelöst.

6.3.3.3.2 Auswirkungen auf die Problemlösung

Es stellt sich hier die Frage, in welcher Weise die Problemlösungen durch den Einsatz dv-gestützter Tools beeinflußt werden. Hier sind sowohl positive als auch mögliche negative Auswirkungen auszumachen. Im Hinblick auf die Verbesserung der Problemlösungen sind zu nennen:[189]

- Die Informationsbasis wird durch die Berücksichtigung umfangreicherer Informationen (Quantität) und deren Auswertung verbessert und damit auch die Problemlösung.
- Problemlösungen können gezielter erarbeitet werden.
- Die Anzahl der Problemlösungsalternativen, die in die Entscheidung eingeht, kann vergrößert werden.
- Einsatz von Simulationstechniken.
- Einsatz von Expertensystemen.

Die Verbesserung der Problemlösung durch den Einsatz der Simulation hängt aber entscheidend davon ab, inwieweit es gelingt, organisatorische Sachverhalte in Form von mathematischen Modellen abzubilden. Dies wird nur im Wege der isolierenden, vereinfachenden Abstraktion möglich sein. Hierbei besteht aber die Gefahr, daß wesentliche, die Problemstellung beeinflussende Parameter bzw. deren Auswirkungen unberücksichtigt bleiben. Dies ist insbesondere dadurch bedingt, daß es sich bei Unternehmen um sozio-technische Systeme handelt, die durch die Eigenschaften der Dynamik, Komplexität und Probabilität gekennzeichnet sind.

Im Hinblick auf denEinsatz von Expertensystemen kann folgende Feststellung getroffen werden: "Expertensyteme für Organisationsaufgaben kann man mit einem Berater vergleichen, mit dem man Probleme diskutieren kann. Es handelt sich in Ausnahmefällen um Systeme, die für eine bestimmte Eingabe zu einem eindeutigen Lösungsvorschlag gelangen. Die endgültigen Entscheidungen müssen vom Menschen getroffen werden und können von Expertensystemen leztlich nur durch Vorschläge untzerstützt werden."[190]

Weiterhin ist in diesem Zusammenhang darauf hinzuweisen, daß der Wissenserwerb eine entscheidende Komponente im Bezug auf die Effizienz des Expertensystems darstellt. Die Umsetzung des akquirierbaren Organisationswissens ist als schwammig anzusehen, da pragmatische Aspekte der betrieblichen Anwendung und nicht theoretische Erkenntnisse im Vordergrund stehen und die Organisatoren nicht immer effizient vorgehen. Weiterhin sollten beim Einsatz von Expertensystemen u.a. folgende Voraussetzungen vorliegen:[191]

---

189 vgl. Münch, E., Methodengestützte Organisationsanalyse zur integrierten Planung von Aufbauorganisationen und Technikeinsatz, in: Office Management 1/2 1993, S. 37

190 Lehner, Fr., a.a.O., S. 747

191 vgl. Schmidt, G., a.a.O., S. 850

- Gut analysierbares, aber nicht gut strukturierbares Problem
- Relativ stabile Ausprägung des Problems
- Existenz von Expertenwissen
- Expertenwissen mehrfach nutzbar
- Problem dem Experten gut verständlich und von ihm schnell lösbar
- Kosten des Experteneinsatzes höher als Kosten der Entwicklung und des Einsatzes von Expertensystemen.

Diese Voraussetzungen sind nicht für alle zu lösenden Organisationsprobleme gegeben, so daß Tools zu deren Lösungen nicht verfügbar sind und auch zukünftig nicht sein werden.

Als mögliche negative Auswirkung des Einsatzes dv-gestützter Tools kann der Tatbestand geshen werden, daß dem Tool-Einsatz eine höhere Priorität als der Kreativität des Organisators beigemessen wird. Aber die praktische Erfahrung und die Kreativität des Organisators sind weiterhin als wesentliche Faktoren im Hinblick auf die Qualität der Problemlösung anzusehen. Den dv-gestützten Tools kann daher nur ein unterstützender Charakter zugewiesen werden.

6.3.3.3.3 Auswirkungen auf das Anforderungsprofil des Organisators

Im Zusammenhang mit der Frage nach den Auswirkungen des dv-gestützten Tooleinsatzes auf die organisatorische Tätigkeit stellt sich zugleich die nach den Auswirkungen auf das Anforderungsprofil des Organisators. Kann in diesem Zusammenhang von einer notwendigen Anders- oder Höherqualifikation des Organisators gesprochen werden? Aufgrund der vorstehenden Ausführungen muß wohl von einer Höherqualifikation ausgegangen werden und zwar aus folgenden Gründen. Durch den Einsatz der dv-gestützten Tools sowohl in Form der Standardsoftware der Informationsbe- und -verarbeitung als auch der speziellen dv-gestützten Organisationstechniken und Tools der Organisationsgestaltung wird der Organisator im wesentlichen von manuellen bzw. Routinetätigkeiten wie schreiben, rechnen, vergleichen und dokumentieren entlastet. Anstelle dieser treten folgende Anforderungen: Kenntnisse bezüglich der Einsatzmöglichkeiten dv-gestützter Tools, Handling dieser Tools sowie der erforderlichen Hardware, Entscheidungen über den anforderungsgerechten Tooleinsatz. Diese Anforderungen sind höher zu bewerten als die entfallenden Tätigkeiten, so daß in diesem Sinne von einer Höherqualifikation des Organisators aufgrund des Tooleinsatzes gesprochen werden muß.

6.3.3.4 Resümee

Zusammenfassend lassen sich die anfangs gestellten Fragen wie folgt beantworten. Die auf die Organisationsarbeit hin speziell entwickelten dv-gestützten Tools werden noch in einem unzureichenden Umfange von der Organisationspraxis genutzt. Dies ist darauf zurückzuführen, daß der Nutzen ihres Einsatzes noch nicht in dem erforder-lichen Ausmaß erkannt worden ist. Durch ihren Einsatz bietet sich dem Organisator die Möglichkeit, seine Tätigkeit systematisch und zielorientiert zu gestalten, Zeitaufwand und Kosten des Problemlösungsprozesses zu reduzieren bei gleichzeitiger Erhöhung des verarbeiteten Informationsvolumens. Die Kernphasen des Organisationsprozesses, die Schwachstellenanlyse und die Erarbeitung der Problemlösung (Sollkonzeption) können zwar nicht durch den Einsatz dv-gestützter Tools ersetzt, so aber doch erheblich unterstützt und damit verbessert werden. Hierdurch und durch die dv-maschinelle Abwicklung von Routinetätigkeiten ist es dem Organisator möglich, auf einer verbesserten Informationsbasis und frei gewordener Zeitkapazitäten effizientere Problemlösungen zu generieren. Voraussetzung hierfür ist, daß der Organisator sich ein entsprechendes Wissen über die verfügbaren Tools und deren Einsatzmöglichkeiten verschafft. Ein umfassendes, alle organisatorischen Problemstellungen abdeckendes Softwareprogramm wird es in der Zukunft sicherlich nicht geben. Es wird immer ein Mix unterschiedlicher Tools erforderlich sein, um das jeweilige Organi-sationsproblem zufriedenstellend zu lösen. Dieser Mix wird situationsbedingt zu bestimmen sein. Weiterhin werden in der Zukunft auch Organisationsprobleme zu lösen sein, für die z. Zt. noch keine effizienten dv-gestützten Tools verfügbar sind bzw. auch nicht entwickelt werden können. Selbst wenn dv-gestützte Tools einsetzbar sind, ist eine vorherige Entscheidung im Hinblick auf die Effizienz des Einsatzes erforderlich. Dieser kann sowohl aufgrund des Kosten/Nut-zenverhältnisses als auch anderer Fakten wie fehlende Akzeptanz der von der Organisationsgestaltung betroffenen Mitarbeiter nicht sinnvoll sein.

6.3.4 Zusammenfassung

Die Realisierung der modernen Organisationskonzeptionen verlangt nicht nur eine Modifizierung des methodischen Vorgehens sondern auch eine solche bezüglich des Einsatzes der Organisationstechnik. Die Effektivität und die Effizienz der eingesetzten Organisationstechniken ist durch den Einsatz dv-gestützter Tools zu verbessern. Dabei kann aber nicht auf die Kreativität des Organisators verzichtet werden, die insbesondere ihren Niederschlag in der Erarbeitung von Visionen bezüglich neuer Prozesse findet.[192]

---

[192] vgl. Chrobok, R., Tiemeyer, E., a.a.O., S. 172

Literatur

Abel, R.,D., Die Kommunikationsanalyse. Erfahrungen aus dem Projekt. Technikgestützte Informationverarbeitung. WIBERA-Sonderdruck Nr. 206, Düsseldorf 1988

Bleicher, K., Organisationskonzepte für die 90er Jahre. Ganzheitliches Denken als Voraussetzung für ein integratives Managemnent, in: Office Management, 11/1990, S. 6 ff.

Büchi, R., Chobrok, R., GOM - Ganzheitliches Organisationsmodell. Methode und Techniken für die Gestaltung zweckorientierter sozialer Systeme, Baden-Baden 1994

Chobrok, R., Tiemeyer, R., Geschäftsprozeßorganisation, Vorgehensweise und unterstützende Tools, in: zfo 3/1996, S. 196 ff.

Davenport, T., H., Process Innovation, Boston Mass. 1993

Bebusmann, E., Das VAB - Verfahren zur Analyse und Gestaltung von Bürotätigkeiten, Frankfurt 1984

Debusmann, E., COM: Computerunterstüzte Organisationsmethoden - eine neue Zauberformel?, in: VOP, 6/1991, 374 ff.

Debusmann, E., Umbach, H., Datenbankunterstütztes Organisationsinformationssystem, in: Office Management, 5/1995, S. 26ff.

Girth, W., Methoden und Techniken für Prozeßanalyse und Redesign, in: Krickl, O., Ch.,(Hrsg.), Prozeßorientierte Organisationsgestaltung und Informationstechnologie, Heidelberg 1994, S. 141 ff.

Grund, K-H., Jähning, F., Modell zur Analyse und Simulation von Geschäftsprozessen, in: Management & Computer, 1/1994, S. 49 ff.

Hammer, M., Champy, J., Reengineering the Corporation, A Manifesto for Business Revolution, New York 1994

Hammer, M., Champy, J., Business Reengineering. Die Radikalkur für das Unternehmen, 2. Aufl., Frankfurt/Main 1994

Jost, W., Werkzeugunterstützung in der DV-Beratung, in: IM, 8. Jg.1993, S. 11 ff.

Keller, G., Meinhardt, St., SAP R/3 Analyser. Optimierung von Geschäftsprozessen auf der Basis des R/3 Referenzmodells, Walldorf 1994

Krallmann, H., Klotz, M., Graphisches Organisationswerkzeug zur Unternehmensmodellierung, in: Office Management, 5/1994, S. 49 ff.

Kaplan, R., B., Murdock, L., Core Proces Redesign, in: The McKinsey Quaterly, 2/1991,S. 35 ff.

Kurpicz, F.-J., Die Organisationsdatenbank strukturiert Unternehmen - Büroorganisation ist ohne computergestützte Werkzeuge nicht mehr denkbar, in: Computerunterstüzte Methoden für das Informationsmanagement Hrsg. Schönecker, H., Nippa, M., Baden-Baden 1990, S. 289

Lehner, Fr., Expertensysteme für Organisationsaufgaben, in: ZfB, 7/1991, S. 734 ff.

Münch, E., Methodengestützte Organisationsanalyse zur integrierten Planung von Aufbauorganisationen und Technikeinsatz, in: Office Management 1993

Nippa, M., Bestandsaufnahme des Reengineering-Konzepte, Leitgedanken für das Management, in: Nippa, M., Picot, M., (Hrsg), Prozeßmanagement und Reengineering. Die Praxis im deutschsprachigem Raum, Frankfurt/Main 1996

Nippa, M. , Computerunterstützte Büroanalyse- und -gestaltungsmethoden - Einordnung - Sytematisierung und Auswahl, in: Handbuch des Informationsmanagements in Unternehmen, Hrsg. Bullinger, H., J., München 1991, S. 1109 ff.

Rüschenbaum, F., Einsatz computergestützter Entwicklungsinstrumente in Projekten zur Gestaltung der Büroorganisation und Bürokommunikation, in: HMD 1987, S. 119 ff.

Schmidt, G., Expertensysteme, in: Handbuch Informationsmanagement, Hrsg. Scheer, A.-W., Wiesbaden 1993, S. 845 ff.

Steinle, Cl., Thewes, M., Gestaltung der Büroarbeit durch computergestützte Kommunikatonsanalysen. Merkmale, Vergleich und Praxiseignung, Köln 1989

Tiemeyer, E., Computer Programme für die Organisationsarbeit, Baden-Baden 1994

Trill, R., Software für Organisatoren, in: Office Management, 7/1992, S. 61 ff.

7 Organisatorische Effektivität und Effizienz

7.1 Vorbemerkung

Wie die bisherigen Ausführungen zeigen, ergibt sich aufgrund der Kombination der verschiedenen Ausprägungen der Strukturdimensionen eine Vielzahl unterschiedlicher Formen der modernen Organisationskonzeptionen (u.a. Lean-Konzeptionen, ein- und mehrdimensionale Organisationsstrukturen der Geschäftsprozeßorganisation, T-Form Organization). Damit steht der Organisator im Rahmen einer Reorganisation vor dem Problem, welche Form der modernen Organisationsstrukturen realisiert werden soll. Damit stellt sich die Frage nach den Kriterien, mit deren Hilfe die organisatorische Effektivität und Effizienz einer Organisationsstruktur beurteilt werden kann. In diesem Zusammenhang gilt es zu beachten, daß die Wahlfreiheit der Entscheidung durch den vorliegenden Bedingungsrahmen eingeschränkt werden kann. Unternehmensphilosophie, Machtverhältnisse im Unternehmen, Interessen der Stakeholder (u.a. Unternehmenseigner, Mitarbeiter, Kapitalgeber) können die Entscheidung über die zu realisierende Organisationsstruktur entscheidend beeinflussen. Dies führt dann dazu, daß nicht die effiziente und effektive Organisationsstruktur verwirklicht wird.

7.2 Begriffe organisatorische Effektivität und Effizienz

Die Begriffe organisatorische Effizienz und Effektivität können aufgrund der in der anglo-amerikanischen Literatur getroffenen Unterscheidung wie folgt differenziert werden.[193]

Organisatorische Effektivität (effectiveness) ist eine Maßgröße für die Erreichung der langfristigen Ziele einer Organisation.

Organisatorische Effizienz (efficiency) ist eine Maßgröße für die Wirtschaftlichkeit (Output/Input Relation). Sie erfaßt nur eine einzelne Dimension der Effektivität.

[193] vgl. Scholz, Ch., Effektivität und Effizienz, organisatorische, in: HWO, Hrsg. Frese, E., 3. Aufl., Stuttgart 1992, Sp. 533; Budaus, D., Dahler, C., Theoretische Konzepte von Organisationen, in: Management International Review 1977, S. 62; Dyckhoff, H., Grundzüge der Produktionswirtschaft, Berlin 1995, S. 95 ff.

Im Hinblick auf das Verhältnis von Effektivität und Effizienz können drei Ansätze unterschieden werden:[194]

1. Die Effizienz erfaßt nur eine einzelne Dimension der Effektivität. Dies bedingt, daß die Bewertung einer Organisationsstruktur vorrangig auf der Effektivität zu basieren ist (in der anglo-amerikanischen Literatur vertretene Auffassung).

2. Im deutschsprachigen Raum wird der Effektivität ein geringeres Gewicht beigemessen,"da diese Größe lediglich die zielbezogene Eignung organisatorischer Maßnahmen beschreibt. In bezug auf eine vergleichende Bewertung solcher Handlungsmöglichkeiten wird hingegen die jeweilige Effizienz als ausschlaggebend angesehen. Sie präsentiert eine Verhältnisgröße (etwa im Sinne einer Mittel-Zwek-Beziehung), mit deren Hilfe sich Aussagen über den relativen Zielbeitrag von Maßnahmen tätigen lassen.....Dadurch wird es möglich, zwischen alternativen Organisationsstrukturen qualifizierend abzustufen."[195]

3. Effektivität und Effizienz werden als gleichgewichtig angesehen. " Dabei wird die Effektivität organisatorischer Maßnahmen an deren Beitrag zur Verbesserung der angestrebten, ertragsbezogenen Ziele gemessen ("To do the right things"). Die Effizienz leitet sich demgegenüber aus dem Verhältnis des entstandenen Aufwands zum erreichten Niveau der verschiedenen Ziele ab ("To do the things right").[196] Diese Gleichgewichtung beinhaltet, daß effiziente Organisationsstrukturen auch effektive sein müssen.

7.3 Forschungsansätze

Die organisatorische Effizienzforschung hat eine Vielzahl von Ansätzen entwikkelt. Die am häufigst genannten sind in der folgenden Übersicht zusammengefaßt worden.

---

194 vgl. Ahn, H., Dyckhoff, H., Organisatorische Effektivität und Effizienz, in: WiSt 1/1997, S. 2

195 Ahn. H., Dyckhoff, H., a.a.O., S. 2

196 ebenda S. 3

Abb. 38: Ausgewählte Effizienzansätze x)

Ansatz	Vertreter	Kurzbeschreibung	Nominaldefinition
Zielansatz	Barnard 1938 Georgopoulus u. Tannenbaum	Gundlagen der Effizienzbetrachtung sind die als Ziele interpretierbaren Aspekte der Leistungsfähigkeit einer Unternehmung. Im Mittelpunkt steht die direkte bzw. indirekte Ermiitlung der von einer Unternehmung angestrebten Ziele.	Grad ihrer Zielerreichung
Managerial-Effectiveness-Ansatz	Campbell u.a. 1970, Reddin 1970, Mathoney u.Weitzel 1969	Grundlage der Effizienzbetrachtung ist die Effizienz der die Unternehmung führenden Schlüsselpersonen. Vorraussetzung für die Effizienzbeurteilung ist die Analyse von Verhaltenserwartungen, tatsächlichem Verhalten und Entscheidungssituation.	Situationsgerechte Erfüllung möglichst vieler Verhaltenserwartungen
System-Ressourcen-Ansatz	Yuchtman u. Seashore 1967	Grundlagen der Effizienzbetrachtung sind die Transaktionsbeziehungen zwischen System und Umwelt sowie das Ausmaß, in dem ein System mit anderen um knappe Ressourcen konkurriert.	Stärke/ Schwäche der Verhandlungsposition, die ein System gegenüber einem anderen erreicht.
Einsatzhalter-Ansatz	Friedlander u. Pickle 1968, Gross 1964	Grundlagen der Efizienzbetrachtung sind neben der Interessenbefriedigung unternehmensinterner Gruppen die Zufriedenstellung von Interessen für die Unternehmung relevanter Einsatzhalter (z.B. Aktionäre, Kunden, Banken)	Grad der Zufriedenstellung von Interessen gesellschaftlich relevanter Gruppen

x) entnommen aus: Welge,M., Fessmann, K.-D., Effizienz, organisatorische, in: HWO, Hrsg. Grochla, E., 2. Aufl. Stuttgart 1980, Sp. 579

"Eigentliche Zielgröße der organisatorischen Gestaltung ist die organisatorische Effektivität... Hier drücken die Teil-Effektivitätswerte Erfüllungsgrade von (Teil-) Zielen aus.... Die Bestimmung der *Gesamt*-Effektivität der Organisation (im institutionellen Sinne) ergibt sich als Zielerreichungsgrad der Organisation als Ganzes. Dieser Wert läßt sich insofern einfacher bestimmen, als hier die Zurechenbarkeit auf Verursachungsfaktoren nicht Bedingung für die Bestimmung, wohl aber für die Erklärung der Effektivität der Organisation ist." [197]

Im Hinblick auf die Bestimmung der Effektivität sind eine Vielzahl von Ansätzen entwickelt worden, die in der folgenden Abbildung verdichtet aufgelistet werden.

[197] Scholz, Ch., a.a.O., Sp. 536

Abb. 39: Forschungen zur organisatorischen Effektivität x)

Autor / Jahr	*Vorgehens-weise*	*Ansatz*	*Kriterien*	*Objekt*	*Zahl*	*Aspekt*
Bluedorn 1980	methodisch	Zielansatz	(nicht explizit)	Unternehmen	-	Zielbeziehungen
Connolly/Conlon/Deutsch 1980	methodisch	Interaktionsansatz	(nicht explizit)	Organisation	-	Zielbildungssystem
Fessmann 1980	synthetisch	übergreifend	Kriterienkatalog	Organisationen	-	Synthese
Thom 1980	empirisch	Systemansatz	u. a. Gesamtprozeßdauer	Unternehmen	16	Innovationsprozesse
Angle/Perry 1981	empirisch	Systemansatz	Anpassungsfähigkeit	Unternehmen	24	Verhalten
Cameron/Whet-ten 1981	methodisch Simulation	Systemansatz	Kriterienverschiebung	Organisationen	18	org. Lebenszyklen
Armandi 1982	empirisch	Systemansatz	ROI, Produktivität	Unternehmen	128	Größe und Komplexität
Deal/Kennedy 1982	empirisch	Systemansatz	Unternehmenserfolg	Großunternehmen	78	Unternehmenskultur
v. Heyking 1982	empirisch	Systemansatz	Umsatz, Fluktuation, Gewinn	Handelsunternehmen	1	Arbeitskreise
Hoy/Hellriegel 1982	empirisch	Systemansatz	Systemeffizienz	Kleinbetriebe	150	Entscheidungsstile
Mintzberg 1982	empirisch	System-ansatz	Qualität, Service	Restaurants	n. a.	Dienstleistungssystem
Peters/Water-man 1982	empirisch	Zielansatz	Unternehmenserfolg	Großunternehmen	62	Managementsystem
Quinn/Cameron 1983	methodisch	Systemansatz	Kriterienverschiebung	Organisationen	-	org. Lebenszyklen
Quinn/Rohr-baugh 1983	synthetisch	übergreifend	Effektivitätsverständnis	Organisationen	-	Expertenbefragung
Wilkins/Ouchi 1983	methodisch	Systemansatz	Transaktionskosten	Organisationen	-	Organisationskultur
Cameron 1984	methodisch	Systemansatz	Organisationserfolg	Organisationen	-	Gesamtorganisation
Keeley 1984	methodisch	Interaktionsansatz	(nicht explizit)	Organisati-onen	-	Differenzierung im Interaktionsansatz
Zammuto 1984	synthetisch	Interaktionsansatz	(nicht explizit)	Organisationen	-	Modellvergleich
Brockhoff 1986	empirisch	Systemansatz	partielle Grenzproduktivität	Unternehmen	1	F & E-Abteilung
Cameron 1986 a	empirisch	Systemansatz	Zufriedenheit Kommunikation, persönliche Entwicklung	Universitäten	29	Universitätsplanung
Cameron 1986 b	methodisch	System-nsatz	Unternehmenserfolg	Organisationen	-	Effektivitätsparadoxien
Lewin Minton 1986	synthetisch	übergreifend	-	Organisationen	-	Modellintegration
Reiß 1987	methodisch (Heuristik)	Systemansatz	Kostenminimierung	Modell-Abteilungen	n. a.	Organisationsmethode
Ramanujam/ Venkatraman 1987	empirisch	Systemansatz	Planungseffektivität	Unternehmen	91	Planungssysteme
King 1988	methodisch	Systemansatz	Unternehmenserfolg	Unternehmen	-	Planung von Informationssystemen

x) entnommen aus Scholz, Ch., a.a.O., Sp. 539/540

Die vorstehenden Forschungsansätze werden dabei durch die folgenden Kriterien charakterisiert:

Verfasser /Jahr	
Vorgehensweise:	unterschieden werden methodisches (auf konzeptioneller Ebene mit theoretischen Forschungszielen), empirisches und synthetisches (Zusammenführung unterschiedlicher Efektivitätsstudien) Vorgehen
Ansatz:	unterschieden werden rationaler Zielansatz, Systemansatz (Festlegung auf systemtheoretischer Ziele) und Interaktionsansatz (interdependente Beeinflussung von Organisation und Umwelt)
Kriterien:	Bewertungskriterien
Objekt:	Art der untersuchten Organisationen
Zahl:	Anzahl der bei empirischen Untersuchungen erfaßten Organisationen
Aspekt:	Bezugspunkt der Effektivität

Aufgrund der Vielzahl der Forschungsansätze zur Bestimmung der organisatorischen Effektivität ist es verständlich, daß eine große Anzahl unterschiedlicher Effektivitätskriterien verwandt wird. Campbell weist dreißig Effektivitätskriterien nach.[198] Das Spatial Model (räumliches Modell) von Quinn/Rohrbaugh beinhaltet für die vier zentralen Organisationsfunktionen dreiundvierzig Efektivitätskriterien: personalwirtschaftliche Funktion elf, Anpassungsfunktion acht, Integrationsfunktion zwölf und Zielerreichungsfunktion zwölf Kriterien.[199]

[198] vgl. Campbell, J., P., On the Nature of Organizational Effectiveness, in: New Perspectives on Oraganizational Effectiveness, hrsg. von Goodman, P., S., Pennings, J., M., San Francisco 1977, S. 13 ff.

[199] vgl. Quinn, R., E., Rohrbaugh, J., A., Spatial Model of Effectiveness Criteria: Towards a Competing Values Approach to Organizational Analysis,in: MS 1983, S. 363 ff.

7.4 Probleme der Effektivitätsbestimmung

Die Probleme der Effektivitätsbestimmung sind u.a. in den folgend aufgeführten Fakten zu sehen:

- Die organisatorische Effektivität setzt eine Übereinstimmung von Zielvorgaben und Effektivitätskriterien voraus, d.h., die Meßkriterien der Organisation müssen den vorgegebenen Zielen entsprechen. Daraus ergeben sich folgende Probleme: Eindeutige Identifizierung der Systemziele, Ableitung von Unterzielen, Identifizierung der Auswirkung unterschiedlicher Ausprägungen von Strukturelementen auf den Zielerreichungsgrad.[200]

- Die Zielsyteme der Unternehmen sind nicht nur mehrdeutig und inkonsistent, son dern auch widersprüchlich. Aufgrund der möglichen Widersprüchlichkeit ergibt sich das Effektivitäts-Paradoxon.

- Es besteht ein Validätsproblem bezüglich der Auswahl der zu berücksichtigenden Effektivitätskriterien.

- Meßtheoretische Probleme sind in den folgenden Punkten zu sehen: Operationalisierung der Effektivitätskriterien, Unabhängigkeit der Meßkriterien untereinander, unterschiedliche Dimensionen der Meßkriterien.

Aufgrund der vorstehenden Ausführungen sind im Hinblick auf die Effektivitätsbestimmung folgende Schlußfolgerungen zu ziehen:

"(1) Eine Extremierung hinsichtlich mehrerer (aller) Effektivitätskriterien hat bei der hohen Wahrscheinlichkeit von glockenförmigen Effektivitätsverläufen dysfunktionale Konsequenzen und scheidet daher als Handlungsmaxime aus; vielmehr sind Kompromißlösungen zur Globaleffektivität zu suchen.

(2) Zur Erreichung hoher Effektivität ist eine Lösung des Effektivitäts-Paradoxons *nicht* immer Voraussetzung. Gerade sehr erfolgreiche Organisationen verfolgen auch gleichzeitig gegenläufige Ziele.

(3) In den vorherrschenden Modellen zur Effektivität werden konsitente und symetrische Beziehungen im Zielsystem unterstellt, obwohl allen Organisationen Widersprüchlickeiten inhärent sind. Diese Tatsache ist bei der weiteren Effektivitätsforschung aber auch bei der Auseinandersetzung mit organisatorischer Effektivität und Effizienz in der Praxis zu berücksichtigen."[201]

---

[200] vgl. Welge, M., K., Fressmann, K., D., a.a.O., Sp. 589 /590

[201] Scholz, Ch., a.a.O., Sp. 548

7.5 Praktische Durchführung der Effektivitätsbestimmung

Wie die vorstehenden Ausführungen zeigen, sind die Effektivitätsforschung und die empirischen Untersuchungen nicht zu einem allgemein akzeptierten System der Be- wertung gelangt. Abgesehen von der Schwierigkeit des Fehlens einer wissenschaftlich begründeten und allgemein anerkannten Effektivitätsbeurteilung unterschiedlicher Organisationsstrukturen besteht für den Organisator in einer konkreten Situation die Notwendigkeit, sich für eine der möglichen Strukturierungsalternativen zu entscheiden. Dies gilt auch für die Ablösung einer traditionellen Organisationskonzeption (funktionale, divisionale, Matrix-Produkt-Organisation) durch eine moderne Konzeption (z.B. Lean Konzeption, fraktale Geschäftsprozeßorganisation, T-Form Organization), insbesondere wenn diese eine radikale Umstrukturierung beinhaltet. Will der Organisator sich nicht auf seine Intuition verlassen und soll die Entscheidung überprüfbar sein, muß er die für seine Strukturierungsentscheidung relevanten Effektivitätskriterien finden und sich einer Entscheidungshilfe bedienen.

7.5.1 Ermittlung der organisatorischen Effektivitätskriterien

Die in der Literatur dargelegten Effektivitätskriterien stellen für den Organisator einen Katalog dar, aus dem er im Hinblick auf die konkrete Situation (Bedingungsrahmen) die auszuwählen hat, die von ihrem Inhalt her Berücksichtigung finden müssen. Dabei finden sowohl die Umwelt des Unternehmens - Marktverhältnisse und Technologie, Abhängigkeiten von anderen Institutionen - als auch unternehmensinterne Faktoren - Nutzung der verfügbaren Ressourcen, Zufriedenheit und Motivation der Mitarbeiter, Durchlaufzeiten usw. - Berücksichtigung. Bei der Auswahl der Kriterien müssen die Gebilde- und die Prozeßstruktur Beachtung finden. Die Auswahl der Kriterien ist vom Organisator aufgrund seiner Kenntnisse und praktischen Erfahrungen vorzunehmen, wobei ihm die vorliegenden theoretischen Erörterungen zur organisatorischen Effektivitäts- und Effizienzbestimmung unterstützende Hinweise geben können.

Die Effektivitätskriterien sind in Form von Indikatoren zu operationalisieren. Sie haben neben der voneinander (weitgehenden) Unabhängigkeit folgende Bedingungen zu erfüllen: Sie müssen den jeweiligen Effektivitätskriterien

- exakt zurechenbar
- diese vollständig abbilden
- organisatorisch beeinflußbar
- einer kardinalen und/oder ordinalen Messung zugängig sein.

Auf der Basis der ausgewählten, die vorstehenden Bedingungen erfüllenden Indikatoren sind aus entscheidungstheoretischer Sicht auf der Basis des Dominanzkriteriums in einem ersten Schritt die effizienten Organisationsalternativen zu ermitteln.[202] Unter den effizienten Organisationsalternativen ist in einem zweiten Schritt die zu realisierende (effektivste) auszuwählen.

7.5.2 Ermittlung der effizienten Organisationsalternativen

Vor der Ermittlung der effizienten Organisationsalternativen ist eine Vorauswahl zu treffen. Alle alternativen Organisationsstrukturen sind daraufhin zu prüfen, ob sie bestimmte Mindestanforderungen erfüllen, d.h., ob sie das für ein oder mehrere Indikatoren (Effektivitätskriterien) geforderte Mindestniveau erreichen. Diese Mindestanforderungen zu erfüllenden Indikatoren sind situativ zu bestimmen. Sie weisen den Charakter von K.O.-Kriterien auf. Beispielhaft seien genannt: Die Durchlaufzeit t_i des Aufgabenerfüllungsprozesses I darf x ZE (Zeiteinheiten) nicht überschreiten, die durchschnittliche Anzahl der Hierarchieebenen muß unterhalb der Größe y liegen, die durchschnittliche Leitungsspanne (Anzahl der unmitttelbaren Unterstellungsverhältnisse) muß größer als z sein. Die nicht die K.O.-Kriterien erfüllenden Alternativen bleiben bei den weiteren Überlegungen unberücksichtigt.

Die verbleibenden Organisationsalternativen werden nun anhand des Dominanzkriteriums analysiert. Dieses lautet: Eine Alternative dominiert im Hinblick auf die relevanten Ziele eine andere, wenn erstere im Hinblick auf einen Indikator einen besseren Wert aufweist und alle anderen Indikatoren einen mindestens gleich guten Wert besitzen. Danach ist eine Organisationsalternative effizient, wenn sie von keiner anderen Alternative dominiert wird.

Aufgrund des Vergleichs einer Organisationsalternative mit allen anderen unter Einbeziehung der Ist-Organisation lassen sich die effizienten Alternativen von den dominierten trennen. Die dominierten Alternativen können aufgrund des Rationalprinzips von den weiteren Überlegungen ausgeschlossen werden. Der

[202] Zu den folgenden Ausführungen siehe Ahn, H., Dyckhoff, H., a.a.O., S. 3

Vergleich setzt voraus, daß die Ausprägungen der Indikatoren in ordinaler oder kardinaler Form erfaßbar sind.

Das Ergebnis des ersten Schritts ist eine gegenüber der Ausgangssituation reduzierte Anzahl von Organisationsalternativen. Unter diesen effizienten Alternativen ist in dem zweiten Schritt die zu realisierende zu bestimmen.

7.5.3 Ermittlung der zu realisierenden Organisationsalternative

Die bei der Ermittlung der effizienten Organisationsalternativen verwandten Indikatoren besitzen in Bezug auf die Gesamteffektivität der Organisation ein unterschiedliches Gewicht. Weiterhin sind sie z.T. einer kardinalen bzw. nur einer ordinalen Messung zugängig. Letzteres gilt insbesondere für qualitative Indikatoren. Aufgrund dieser Sachverhalte ist die unterschiedliche Effektivität der effizienten Organisationsalternativen mit Hilfe der Scoring Methode zu ermitteln. Die Vorteile dieses Vorgehens sind in der Transparenz, der Überprüfbarkeit und einer gewissen Objektivierung der Entscheidungsfindung zu sehen.

Entsprechend dem Aufbau von Scoring-Modellen ergibt sich die nun die folgende Schrittfolge:[203]

1. Gewichtung der Indikatoren

Zunächst sind die ausgewählten Indikatoren (Effektivitätskriterien) zu reihen, d.h., die relative Bedeutung des wichtigsten und des am wenigsten wichtigen Indikators ist aufgrund der situativen Gegebenheiten festzulegen; die übrigen sind in den sich dadurch ergebenden Bereich einzuordnen. Der wichtigste Indikator bekommt das höchste, der unwichtigste das niedrigste Gewicht (Punktzahl). Hierbei ist es möglich, eine Spanne von 1-10 für die Gewichte zu vergeben. Andererseits kann auch von einer vorgegebenen Punktsumme (z.B. 100) ausgegangen werden, die dann entsprechend der jeweiligen Bedeutung den Indikatoren zugeteilt wird (z. B. Indikator A 20 Punkte, Indikator B 35 Punkte, Indikator C 10 Punkte usw.). Bei letzterem Vorgehen handelt es sich um eine direkte Gewichtung, bei der im Top-Down-Verfahren die Gesamtpunktsumme auf die Indikatoren verteilt wird. Das Ergebnis ist ein gewichteter Bewertungsbaum.

Ein alternatives Verfahren ist im Paarvergleich gegeben. Wie bei der direkten Gewichtung wird von einer frei wählbaren Punktsumme ausgegangen. Die Gewichte der einzelnen Indikatoren werden nach einem Algorithmus ermittelt, bei dem jeder Indikator mit allen anderen übrigen verglichen wird. Die Ergebnisse dieser Vergleiche, die die Höher- bzw. Niederrangigkeit des betrachteten Indi-

[203] vgl. Wittlage, H., Methoden und Techniken....., a.a.O., S. 245 ff.

kators in Bezug auf die verglichenen Indikatoren angeben, werden in eine Präferenzmatrix eingetragen. Auf Basis dieser Matrix wird das Gewicht jedes einzelnen Indikators schrittweise auf Basis eines vorgegebenen Algorithmus ermittelt.

Die Vorteile des Paarvergleichs sind:

- Bei einer Vielzahl von Indikatoren verlangt der Paarvergleich nur die gleichzeitige Berücksichtigung zweier Indikatoren (Problem der Überschaubarkeit).
- Die Fehleinschätzung eines Indikators im Hinblick auf seine Bedeutug wirkt sich sich im geringerem Umfang auf das Gesamtergebnis aus als bei einer direkten Gewichtung.
- Die Objektivität der Gewichtung wird aufgrund des eingesetzten Algorithmus erhöht.
- Die Gewichtung der unterschiedlichen Indikatoren ist nachvollziehbar und damit die Begründung der unterschiedlichen Gewichtung erkennbar.
- Rangreihen können individuell von mehreren Bewertern erarbeitet werden und durch die Bildung einer einheitlichen Rangreihe zu einer gemeinsamen Gewichtung zusammengefaßt werden.

2. Bestimmung des Erfüllungsgrades der Indikatoren

Die Organisationsalternativen sind im Hinblick auf die Erfüllungsgrade der einzelnen Indikatoren zu bewerten. Man ordnet einem 100% Erfüllungsgrad eine bestimmte Punktzahl zu (z. B. 10) und bewertet die niedrigeren Erfüllungsgrade mit einer entsprechend niedrigeren Punktzahl (z.B. 50% Erfüllungsgrad 5 Punkte). Bei der Bemessung der Punktzahlen für die Erfüllungsgrade ist besonders zu beachten, daß es sich in vielen Fällen nur um eine Schätzung handelt. Die Ungenauigkeit der Schätzung läßt sich nicht durch eine noch so feine Skalierung der Erfüllungsgrade kompensieren.

3. Gesamtbewertung

Die Punktzahl je Erfüllungsgrad eines Indikators ist mit dem zugehörigen Gewicht zu multiplizieren. Die gewichteten Einzelwerte sind zur Gesamtpunktzahl der jeweiligen Organisationsalternative aufzuaddieren. Die Alternative mit der höchsten Gesamtpunktzahl stellt dann die effektivste und damit zu realisiernde Organisationsalternative dar.

4. Sensitivitätstest

Durch eine geringe Variation der Gewichtung der Indikatoren und der Erfüllungsgrade ist zu prüfen, bei welcher Datenkonstellation sich das Ergebnis verändert, d.h., ob an die Stelle der zunächst ermittelten effektivsten Organisationsalternative eine andere tritt. Diese Datenkonstellation ist dann einer kritischen Analyse zu unterziehen.

7.5.4 Schlußbemerkung

Die vorstehend dargelegte praktische Durchführung der Effektivitätsbestimmung von Organisationsalternativen stellt keine Lösung des allgemeinen Problems der Effektivitätsermittlung unterschiedlicher Organisationsstrukturen dar. Sie ist vielmehr als eine Möglichkeit anzusehen, eine befriedigende Antwort auf die Frage zu geben, durch welche moderne Organisationsstruktur in einer konkreten Situation die vorhandene (traditionelle) ersetzt werden kann, um den veränderten unternehmensinternen und unternehmensexternen Anforderungen gerecht zu werden. D.h., daß die Organisationsstruktur einen möglichst hohen Beitrag zur Zielerreichung des Unternehmens ermöglicht.

Literatur

Ahn, H., Dyckhoff, H., Organisatorische Effektivität und Effizienz, in: WiSt 1/1997, S. 2 ff.

Bünting, H.-F., Organisatorische Effektivität von Unternehmungen, Wiesbaden 1995

Dyckhoff, H., Grundzüge der Produktionswirtschaft, Berlin 1995

Fessmann, K.-D., Effienz der Organisation, in: Potthoff, E., (Hrsg.), RKW-Handbuch, Führungstechnik und Organisation, Bd. 1, Berlin 1978, S. 1 ff.

Fessmann, K.-D., Organisatorische Effizienz in Unternehmen und Unternehmensbereichen, Düsseldorf 1980

Grochla, E., Welge, M., K., Zur Problematik der Effizienzbestimmung von Organisationsstrukturen, in: ZfbF 1975, S. 273 ff.

Scholz, C., Effektivität und Effizienz , organisatorische, in: HWO, Hrsg. Frese, E., 3. Aufl., Stuttgart 1992, Sp. 533 ff.

Scholz, C., Organizational Effectivness: A Third Generation of Research, in: Organization Studies 1986, S. 302 ff.

Staehle, W., H., Grabetin, G., Effizienz von Organisationen, in: DBW 1979, S. 89 ff.

Welge, M., K., Fessmann, K.-D., Effizienz, organisatorische, in: HWO 1980, Sp. 577 ff.

8 Führungsverhalten und moderne Organisationskozeptionen

Der Gesichtspunkt, inwieweit das Führungsverhalten[204] im Unternehmen durch die Realisierung der modernen Organisationskonzeptionen tangiert wird, findet in der Literatur eine zu geringe Berücksichtigung. Häufig begnügt man sich mit dem Hinweis auf ein demokratisches Führungsverhalten.

In den folgenden Ausführungen soll daher der Frage nachgegangen werden, ob und in wieweit die Ausprägungen der Strukturdimensionen der Gebilde- und Prozeßstruktur moderner Organisationskonzeptionen die situativen Rahmenbedingungen für eine effiziente Führungskonzeption beeinflussen. D. h., determinieren sie ein bestimmtes Führungsverhalten oder engen sie nur die Wahlmöglichkeiten zwischen unterschiedlichen Führungsstilen ein?

Diese Fragestellung gewinnt dadurch an Gewicht, daß die Ausprägungen der Strukturdimensionen der Gebilde- und Prozeßstruktur nicht allein bestimmend für die Effizienz der Aufgabenerfüllungsprozesse im Unternehmen sind. Aufgrund der Tatsache, daß das Unternehmen ein sozio-technisches System ist, ist das Führungsverhalten eine weitere entscheidende, die Effizienz der Aufgabenerfüllung beeinflussende Größe.

8.1 Führungskonzeptionen

Mit der Frage, wie das Führungsverhalten (Führungskonzeption) gestaltet sein muß, um einen höchst möglichen Beitrag zur Zielerreichung des Unternehmens zu gewährleisten, beschäftigt sich die Wissenschaft als auch die Praxis schon seit langer Zeit. Bis zum jetzigen Zeitpunkt konnte eine allgemein akzeptierte Konzeption des Führungsverhaltens nicht erarbeitet werden trotz einer Vielzahl unterschiedlicher theoretischer Konzeptionen und in der Praxis entwickelter Managementtechniken (z.B. Harzburger Modell, Mangement by Techniken).

Die folgende Zusammenstellung gibt in verdichteter Form einen Überblick über die wichtigsten bisher entwickelten Führungskonzeptionen im Hinblick auf die das Führungsverhalten bestimmenden Faktoren, den jeweiligen Führungsstil sowie die Effizienzkriterien, aufgrund derer der Erfolg des Führungsverhaltens gemessen werden kann. Bei den Führungsstilen wird zwischen autoritärem und demokratischen Führungsstil (Eckpunkte eines Kontinuum) einerseits und personen- und aufgabenbezogenem Führungsstil andererseits unterschieden.

[204] In den folgenden Ausführungen werden die Begriffe Führungsverhalten und Führungsstil synonym verwandt, also nicht im Sinne von Fiedler unterschieden. vgl. Fiedler, F., E., Theory of Leadership Effectivness, New York 1967, S. 36

Abb. 40: Theoretische Führungskonzeptionen [205]

Führungskonzeption	Führungsverhalten bestimmende Faktoren	Führungsstil	Effizienzkriterien
Eigenschaftsansatz	Eigenschaften des Führenden wie Selbstvertrauen, Wissen, hohe Intellegenz	offen	Leistung/Zielerreichung
Interaktionstheorie			
Beeinflussungsprozeß (Levin, French, Raven)	Persönlichkeit des Führers / der Geführten, Struktur des sozialen Systems, Situation, Machtgrundlagen des Führers	offen	Verhalten der Geführten
Führungsstile			
Verhaltensmuster, (Levin, Lippit,White Coch,French)	Machtgrundlagen des Führers	Kontinuum zwischen autoritärem und demokratischem Führungsstil	Verhalten der Geführten
Michigan Forschungen (Blake/Mouton)	Orientierung des Führers: personen-/ aufgabenorientiert	Kontinuum zwischen aufgaben- u. personenorientiertem Führungsstil, Idealtyp:gleichzeitig hohe Ausprägung beider Komponenten	Leistung der Geführten (Produktivität)
Situationstheorien			
Moderator Ansatz (Kontingenzmodell, Fiedler)	Positionsmacht, Aufgabenstruktur, affektive Beziehung des Führers zur Gruppe	Aufgaben- versus Personenorientierung	Leistung
situationale Führungstheorie (Hersey, Blanchard)	Reife der Geführten	Aufgaben- und Personenorientierung	Zielerreichung
multiples Verknüpfungsmodell (Yukl)	intervenierende/moderiende Variablen	offen	Leistung
Entscheidungsmodell (Vroom,Yetton)	Qualitäts-/Akzeptanzsicherung	autokratischer versus partizipativer Führungsstil	Zielerreichung
Weg-Ziel-Theorie (House)	Ziele/Vorstellungen der Mitarbeiter und Aufgabenumwelt	offen	Motivation/Leistung/ Zufriedenheit

[205] in Anlehnung an Steinmann, H.,Schreyögg, G., Management, Grundlagen der Unternehmensführung, 2. Aufl., Wiesbaden 1991, S. 487 ff.

Sofern die vorstehenden Führungskonzeptionen einer direkten oder indirekten empirischen Überprüfung unterzogen wurden, ergaben sich strittige bzw. widersprüchliche Ergebnisse. Eine Analyse der Situationstheorien führt zu der Feststellung, "daß die Bezüge zwischen Situation, Führung und Erfolg weit weniger zwingend sind, als sie sich in den meisten Situationstheorien aufgrund ihres mechanistischen Aufbaus widerspiegeln."[206]

Aufgrund dieser Fakten muß daher die eingangs der Ausführungen gestellte Frage, ob die modernen Organisationskonzeptionen im Hinblick auf ihre Effizienz eines bestimmten Führungskonzeptes bedürfen, wie folgt modifiziert werden."Welches Führungskonzept wird durch die Ausprägungen der Strukturdimensionen der Gebilde- und Prozeßstruktur moderner Organisationskonzeptionen in seiner Realisierung begünstigt?" Dabei ist auch der normative Aspekt zu berücksichtigen, d.h., welches Normensystem wird der Gestaltung der zwischenmenschlichen Beziehungen im Unternehmen zugrunde gelegt. Und weiterhin ist die Frage zu stellen, inwieweit kann der Zielerreichung des Unternehmens (z.B. hohe Produktivität, hohe Gewinnerzielung) zu Lasten der Individualziele der Mitarbeiter (Zufriedenheit mit den zu verrichtenden Aufgaben, Selbstbestimmung, usw.) ein höheres Gewicht beigemessen werden.

Obwohl die letzten Fragen nur situativ beantwortet werden können, wird in den weiteren Ausführungen davon ausgegangen, daß z. Zt. aufgrund des allgemein geltenden Normensystems den Individualzielen ein hohes Gewicht auch im Unternehmen zuzuordnen ist.

8.2 Einfluß der Ausprägungen der Strukturdimensionen moderner Organisationskonzeptionen auf die Kontextvariablen des Führungsverhaltens

Wie die unterschiedlichen Führungskonzeptionen zeigen, sind die die Effizienz eines Führungsstils bestimmenden Variablen zahlreich und bisher nicht in einem theoretischen Ansatz zusammenfassend berücksichtigt worden. Es ist aber davon auszugehen, daß die in den unterschiedlichen Situationstheorien berücksichtigten Kontextvariablen insgesamt den zu praktizierenden Führungsstil beeinflussen.

Die Zielsetzung, einen optimalen Führungsstil bestimmen zu können, ist daher sowohl theoretisch als auch praktisch nicht möglich. Theoretisch nicht, weil es nicht möglich ist, alle Kontextvariablen, insbesondere ihre wechselseitigen Beziehungen zu berücksichtigen (Komplexitätsproblem), praktisch nicht, weil der Führende nicht alle Kontextbedingungen in seinem Führungsverhalten aufgrund

[206] ebenda S. 525

ihrer Vielzahl und seiner unvollkommenen Kenntnisse über diese berücksichtigen kann. Die folgenden Ausführungen können daher nur Hinweise geben, welche Aspekte das praktizierte Führungsverhalten in Unternehmen, die eine moderne Organisationskonzeption realisiert haben, insbesondere zu berücksichtigen sind.

8.2.1 Strukturdimsionen der Gebildestruktur

Im Hinblick auf die Ausprägungen der Strukturdimensionen der Gebildestruktur moderner Organisationskonzeptionen lassen sich die in Bezug auf die insbesondere zu berücksichtigenden Aspekte folgende Feststellungen treffen:

Formale Spezialisierung

Im Hinblick auf den Führungsstil ist hier die Entscheidungsdezentralisation (-delegation) von entscheidender Bedeutung, die sich bis auf den einzelnen Mitarbeiter aus wirkt (Kaskadeneffekt). Der Führenden übernimmt damit die Rolle eines Coaches anstelle der eines Chefs. Das bedeutet, daß die Positionsmacht des Führenden abnimmt. Dies betrifft insbesondere die ihm zugewiesenen Befugnisse und Sanktionspotentiale. Zunehmende Bedeutung gewinnt daher die Macht aufgrund von Wissen und Fähigkeiten, insbesondere im Hinblick auf strategische Entscheidungen, weniger in Bezug auf operative.

Sachliche Spezialisierung

Die objektorientierte Bildung der Aktionseinheiten (Objekt: Geschäftsprozeß) wird mit einer ganzheitlichen Aufgabenerfüllung (Aufgabe der weitgehenden Arbeitsteilung und funktionalen Spezialisierung) und Teambildung verknüpft. Dies erfordert Mitarbeiter einer hohen Qualifikation sowohl in fachlicher als auch in sozialer Hinsicht. Fachliche Kompetenz beinhaltet Kenntnisse und geistige Fähigkeiten, um dem erhöhten Anforderungsprofil der ganzheitlichen Aufgabenerfüllung zu genügen. Soziale Kompetenz umfaßt u.a. Kooperationsfähigkeit und Verantwortungsbereitschaft in der Zusammenarbeit mit den anderen Teammitgliedern.

Koordination

Die Koordinationsart Selbstkoordination erhält gegenüber der technokratischen, der strukturellen und der personenorientierten in der Form der einzelfallbezogenen Anweisungen, der generellen Anweisungen und der Zielvorgabe ein höheres Gewicht. Diese Ausprägung erfordert gleichfalls hoch qualifizierte Mitarbeiter, d.h., hohe fachliche und soziale Kompetenz. Die Einflußnahme des Führers auf den Aufgabenerfülungsprozeß nimmt ab.

Konfiguration

Die flache Hierarchie (wenige Hierarchieebenen, hohe Leitungsspanne) wirkt sich auf die Kontextvariablen des Führungsstils wie folgt aus: ungünstige Situation des Führers im Hinblick auf die Aktivitäten Kontrolle und Koordination der Tätigkeiten/Verrichtungen der ihm unterstellten Mitarbeiter. Damit verringert sich zugleich die Möglichkeit, die intervenierenden Variablen (Prozeßvariablen) zu beeinflussen.

8.2.2 Strukturdimensionen der Prozeßstruktur

In der fraktalen Geschäftsprozeßorganisation wird, wie bereits dargelegt, das Primat im Rahmen der Organisationsgestaltung der Prozeßstruktur zugewiesen. Die Gestaltung der Gebildestruktur, wie z.B. die Bildung der Aktionseinheiten, wird daher entsprechend den Erfordernissen der Prozeßstrukturierung vorgenommen. Dies bedeutet, daß, wie aus den folgenden Ausführungen ersichtlich wird, die Auswirkungen der Ausprägung der Strukturdimensionen der Prozeßstruktur sich auf die Kontextvariablen des Führungsstils in derselben Weise wie die der Gebildestruktur auswirken.

Arbeitstechnische Spezialisierung

Die arbeitstechnische Spezialierung ist in Form der ganzheitlichen Aufgabenerfüllung ausgeprägt. D.h., die in den traditionellen Organisationsstrukturen vorherrschende weitgehende Arbeitsteilung und funktionale Spezialisierung wird aufgegeben. Dies beinhaltet zugleich Job Enlargement und Job Enrichment. Der Einfluß auf die Kontextvariablen des Führungsverhaltens ist darin zu sehen, daß die intervenierenden Variablen nur noch in einem begrenzten Umfang der Gestaltung des Führenden zugängig sind. Der Führungsstil ist daher aus der Sicht der Geführten im Hinblick auf ihre Ziele und Vorstellungen unter dem Motivationsaspekt zu sehen.

Raum

Die Strukturdimension Raum umfaßt die Gestaltung der Komponenten Umwelt des Arbeitsplatzes (Ort der Aufgabenerfüllung) wie Klima, Licht, Geräuschpegel usw., der Anordnung der Arbeitsplätze, des Einsatzes der erforderlichen Sachmittel (Arbeitsmittel und Arbeitsunterlagen). In dem hier betrachteten Zusammenhang steht der Einsatz und die Gestaltung der erforderlichen Arbeitsmittel im Vordergrund. Die modernen Organisationskonzeptionen erfordern die Einrichtung multifunktionaler Arbeitsplätze, d.h., den Einsatz moderner I- und K-Techniken. Der effiziente Einsatz dieser Techniken bedingt einerseits entsprechende

Qualifikationen der Mitarbeiter. Dabei ist es unerheblich, ob man diese als eine Höherqualifikation oder als eine Andersqualifikation ansieht. Andererseits ermöglichen diese Arbeitsmittel eine weitgehende dv-basierte Steuerung der Aufgabenerfüllungsprozesse (Work Flow Management). Dies bedeutet für die Kontextvariablen des Führungsverhaltens, daß die Führenden nur einen geringen Einfluß auf den Prozeßablauf und die Prozeßstruktur ausüben können.

Zeit

In den modernen Organisationskonzeptionen wird die Abstimmung der einen Geschäftsprozeß beinhaltenden Verrichtungen / Tätigkeiten aufeinander nicht mehr aufgrund von Durchschnittszeiten vorgenommen, sondern es wird eine zeitliche Integration angestrebt.[207]Die damit verfolgte Zielsetzung ist in der Minimierung der Liege- und Transportzeiten der zu bearbeitenden Objekte zu sehen. Dies wird durch den Einsatz der modernen I- und K-Techniken ermöglicht, die eine weitgehende papierlose Bearbeitung der Geschäftsprozesse ermöglichen. Die Auswirkungen auf die Kontextvariablen des Führungsverhaltens sind gleich denen der Strukturdimension Raum.

8.2.3 Zusammenfassung

Aufgrund der vorstehenden Ausführungen lassen sich die Einflüsse der Ausprägungen der Strukturdimensionen der modernen Organisationskonzeptionen auf die Kontextvariablen des Führungsverhaltens in der Abbildung 41 zusammenfassen. Dabei finden nur die Kontextvariablen der Situationstheorien des Führungsverhaltens Berücksichtigung, da sich zunehmend die Auffassung durchgesetzt hat, "daß die Wirkung des Führungsstils von den Erfordernissen der Kontexbedingungen abhängt."[208] Damit werden die Theorien Eigenschaftsansatz, Führerschaft als Beeinflussungsprozeß sowie Führungsstile nur insoweit berücksichtigt, als die dort aufgeführten Kontextvariablen in den Situationstheorien ebenfalls Beachtung finden.

---

[207] Zur Abstimmung der Verrichtungen / Tätigkeiten eines Aufgabenerfüllungsprozesses siehe: Wittlage, H., Unternehmensorganisation, 5. Aufl., Herne-Berlin 1993, S. 201 ff.

[208] Steinmann, H., Schreyögg, G., a.a.O., S. 508

Abb. 41: Einfluß der Strukturdimensionen moderner Organisationskonzeptionen auf die Kontextvariablen des Führungsverhaltens[209]

Kontextvariable	Ausprägungen in den modernen Organisationskonzeptionen
Macht	vorrangig Macht durch Wissen und Fähigkeiten, abnehmende Macht aufgrund von Belohnung, Zwang, Persönlichkeitswirkung und Legimitation des Führenden
Aufgabenstruktur	Geschäftsprozesse Basis der Aufgabenstruktur, kein Einfluß des Führenden
Gruppenstruktur und -klima	Teams aufgabenbestimmt, Klima von dem Verhalten der Mitglieder der Gruppe abhängig, Führender in der Funktion des trouble shooters und coaches
Reife der Geführten	Mitarbeiter mit hohen fachlichen und sozialen Kompetenzen
intervenierndе / moderierende Variablen	Einflußnahme auf Mitarbeitermotivation und Führer-Mitarbeiterverhältnis geringer, kein Einfluß auf Aufgabenklarheit, Mitarbeiterqualifikation, Leistungsvermögen, Arbeitsorganisation und Gruppenkohäsion
Qualitäts-/Akzeptanzsicherung	Qualitätsanforderung: hoch Informationsstand des Führenden: situationsabhängig Strukturiertheit des Problems: situativ unterschiedlich Handlungsspielraum der Mitarbeiter: hoch Einstellung der Mitarbeiter zur autoritären Führung: negativ Akzeptanz der Organisationsziele durch die Mitarbeiter: hoch Gruppenkonformität: hoch

Es stellt sich nun die Frage nach dem Einfluß obiger Ausprägungen der Kontextvariablen auf das Führungsverhalten.

8.2.4 Führungsverhalten

Ebensowenig wie man generell ein optimales Führungsverhalten bestimmen kann, läßt sich ein solches in Bezug auf die modernen Organisationskonzeptionen festlegen. Aufgrund der vorstehend dargelegten Ausprägungen der Kontextvariablen können aber folgende Aussagen getroffen werden.

---

[209] in Anlehnung an Steinmann, H., Schreyögg, G., a.a.O., S. 524

- Das Führungsverhalten wird in den modernen Organisationskonzeptionen insbesondere personenbezogen geprägt sein. Da die Mitarbeiter aufgrund der Organisationsgestaltung weitgehend eigenständig und eigenverantwortlich in den Fraktalen tätig sind, ihre fachliche und soziale Kompetenz ein hohes Niveau aufweisen, ist der Focus des Führungsverhaltens gruppenorientiert und weniger auf den einzelnen Mitarbeiter ausgerichtet.

- Die Zielerreichung der Fraktale erhält ein hohes Gewicht. Dies bedeutet, daß die Ziele der Fraktale in einem Aushandlungsprozeß festgelegt werden müssen. Die Akzeptanz der ausgehandelten Ziele verlangt eine weitgehende Partizipation der Mitarbeiter der Fraktale. Dies bedingt ein kooperatives Führungsverhalten.

- Der Führende hat bei sachlichen und personellen Schwierigkeiten in den Fraktalen die Aufgabe, die Beseitigung dieser unterstützend zu begleiten, um ein Auseinanderbrechen des Teams zu vermeiden. Dabei sollte sein Verhalten dem eines primus inter pares nahekommen. Dieses Führungsverhalten schließt aber nicht aus, daß durchaus Situationen denkbar sind, in denen der Führende im Hinblick auf die Zielerreichung ein mehr autokratisches Führungsverhalten praktizieren muß.

- Entscheidend ist grundsätzlich für das Führungsverhalten das Faktum, inwieweit Mitarbeiter aufgrund ihrer sachlichen und fachlichen Kompetenz in der Lage sind, die ihnen im Rahmen der modernen Organisationskonzeptionen zugewiesene Eigenständigkeit (Entscheidungsspielraum, Selbstkoordination, Selbstkontrolle, usw.) wahrzunehmen.

Generell gilt es zu beachten, daß durch die Abflachung der Hierarchie und der damit gestiegenen Leitungsspannen der Leitungsaufwand im Unternehmen in einem erheblichen Umfange reduziert wird und damit der in den traditionellen Organisationskonzeptionen vorhandene Leitungsaufwand nicht mehr verfügbar ist. Des weiteren beruhen die vorstehend dargelegten Einflüsse auf das Führungsverhalten darauf, daß allgemein das hierarchische Denken an Gewicht verloren hat und der Mitarbeiter als ein durchaus mitdenkender und entscheidungsfähiger Leistungsträger gesehen wird. Letzteres findet seinen Ausdruck in der Forderung, daß jeder Mitarbeiter als ein Unternehmer tätig werden soll.

Zusammenfassend kann somit festgestellt werden, daß zwar die modernen Organisationskonzeptionen kein bestimmtes Führungsverhalten verlangen, andererseits aber die Vorraussetzungen ein personenbezogenes und demokratisches Führungsverhalten begünstigen. Weiterhin muß wohl davon ausgegangen werden, daß die Effizienz der modernen Organisationsstrukturen nicht unwesentlich von einem derart geprägten Führungsverhalten bestimmt wird. Ein autoritär oder autokratisch geprägtes Führungsverhalten ist hingegen bei der Realisierung der modernen Organisationskonzeptionen als kontraproduktiv zu bewerten.

Literatur

Corsten, H., Reiß, M., (Hrsg.), Handbuch der Unternehmensführung, Wiesbaden 1965

Corsten, H., Will, Th., (Hrsg.), Unternehmensführung im Wandel: Strategien zur Sicherung des Erfolgspotentials, Stuttgart-Berlin-Köln 1995

Fiedler, F., E., A Theory of Leadership Effectiveness, New York 1967

Kieser, A., Reber, G., Wunderer, R., (Hrsg.), Handwörterbuch der Führung, Stuttgart 1987

Likert, R., New Patterns of Management, New York 1961

Neuberger, O., Führung, 2. Aufl., Stuttgart 1985

Staehle, W.,H., Management, 7. Aufl., München 1994

Steinmann, H., Schreyögg, G., Management. Grundlagen der Unternehmensführung Konzepte, Funktionen, Praxisfälle, 2. Aufl., Wiesbaden 1991, S. 497 ff.

Warnecke, H., J., Neue Organisationsformen im Unternehmen. Ein Handbuch für das moderne Management, Heidelberg 1996,

Wunderer, R., Grundwald, W., Führungslehre, Bd. 1, Berlin New York 1980

Zahn, E., Führungskonzepte im Wandel, in: Bullinger, H.-J., Warnecke, H.-J., (Hrsg.), Neue Organisationsformen im Unternehmen, Ein Handbuch für das moderne Management, Berlin-Heidelberg-New York 1996, S. 279 ff.

9 Schlußbemerkung

Trotz der im Punkte 5.7 dargelegten Kritk an den modernen Organisationskonzeptionen (Geschäftsprozeßorganisation) kann ihre Praxisrelevanz darin gesehen werden, daß die Schwachstellen der traditionellen Organisationskonzeptionen unter den veränderten internen und externen situativen Gegebenheiten herausgearbeitet und Strukturierungsmaßnahmen zu ihrer Beseitigung entwickelt werden. Damit werden den Unternehmen Hinweise bezüglich der Überpüfung der bestehenden Orgnasitionsstruktur gegeben sowie Wege aufgezeigt, durch welche Strukturierungsmaßnahmen vorhandene organisatorische Schwachstellen beseitigt werden können. Diese Strukturierungsmaßnahmen sind aber unter Beachtung der jeweiligen situativen Gegenbenheiten zu modifizieren. Dabei gilt es zu beachten, daß die Organisationsstruktur nur als ein wesentlicher Wettbewerbsfaktor neben vielen anderen zu sehen ist.

Aufgrund dieses Sachverhaltes werden alle Unternehmen gezwungen sein, ihre bestehende Organisationsstruktur einer eingehenden Bewertung unter dem Aspekt zu unterziehen, ob eine Reorganisation in Richtung der modernen Organisationskonzeptionen eine Verbesserung der Wettbewerbsfähigkeit ermöglicht. Diese Bewertung sollte nicht erst dann durchgeführt werden, wenn das Unternehmen dazu aufgrund einer Existenzgefährdung gezwungen wird. Denn der Aufwand der Vermeidung organisatorischer Probleme ist geringer als der der Problemlösung (Probemvermeidung geht vor Problemlösung).

Literaturverzeichnis

Ahn. H., Dyckhoff, H., Organisatorische Effektivität, in: WiSt 1/1997, S. 2 ff.

Al-Ani, Ayad, Continuos Improvement als Ergänzung des Business Reengineerng, in: ZfO 3/1996, S. 142 ff.

Bea, X., Schneitmann, H., Begriff und Struktur betriebswirtschaftlicher Prozesse, in: Das wirtschaftswissenschaftliche Studium, 6/1995, S. 278 ff.

Beer, St., Kybernetik und Management, 3. erw. Aufl., Frankfurt/Main 1967

Betzl, K., Entwicklungsansätze in der Arbeitsorganisastion und aktuelle Unternehmenskonzepte - Visionen und Leitbilder, in: Bullinger, H.-J., Warnecke, H.-J.,(Hrsg), Neue Organisationsformen in Unternehmen, Berlin-Heidelberg 1996, S. 29 ff.

Bleicher, K., Führungsstile, Führungsformen und Organisationsformen, in: ZfO 38. Jg. 1969, S. 31 ff.

Bleicher, K., Organisation: Strategie - Strukturen - Kulturen, 2. Aufl., Wiesbaden 1991

Blohm, H., Organisation, Information und Überwachung, 3. völlig neu bearb. Aufl., Wiesbaden 1976

Blohm, H., Seppler, W.; Neue Impulse durch Sparten- und Matrixorganisation auch für Klein- und Mittelständische Unternehmen, in: ZfO 2/1976, S. 124 ff.

Bösenberg, D., Metzen, H., Lean Management, Vorsprung durch schlanke Konzepte,5. Aufl., Landsberg/Lech 1995

Brecht, L., Hess, Th., Österle, H., Business Reengineering: Von einer Mode zur Methode, in: Harvard Business Manager, 4/1995, S. 118 ff.

Brede, H., Prozeßorientiertes Controlling wandelbarer Organiusationsstrukturen, in: ZfO, 3/1996, S. 154

Breilmann, U., Dimensionen der Organisationsstruktur, Ergebnisse einer empirischen Untersuchung, in: ZfO 3/1995, S. 259 ff.

Brockhoff, Kl., Hauschild, J., Schnittstellen-Management-Koordination ohne Hierarchie, in: Zfo 6/1993, S. 396 ff.

Budaus, D., Dahler, C., Theoretische Konzepte von Organisationen, in: Management International Review 1977, S. 62 ff.

Bühner, R., Betriebswirtschaftliche Organisationslehre, 5. Aufl. München 1991

Bullinger, H.-J., Fuhrberg-Baumann, J., Müller, R., Neue Wege der Kundenauftragsabwicklung, in: ZfO 5/1991, S. 306 ff.

Bullinger, H.-J., Lean Office, in: Office Management 3/1993, S. 16 ff.

Bullinger, H.-J., Roos, A., Wiedemann, G., Amerikanisches Business Reengineering oder japanisches Lean Management, in: Office Management 7/8 1994, S. 14 ff.

Bullinger, H.-J., Wasserloos, G., Innovative Unternehmensstrukturen, Paradigma des schlanken Unternehmens, in: Office Management 1/2 1992, S. 6 ff.

Bürgel, H., D., Gentner, A., Phasenübergreifende Integration zur Steuerung der Entscheidungs- und Anlaufphasen bei der Serienproduktion, Prozeßmanagement und Überleitungsphase, in: Hansen, R., A., Kern, W., Integrationsmanagement für neue Produkte, ZfB Sonderheft, 30 Jg. 1992,

Campbell, J.,P., On the Nature of Organizational Effectiveness, in: New Perspectives von Organizational Effectiveness, hrsg. von Goodman, P.,S., Pennings, J., A., San Francisco 1997, S. 363 ff.

Carr, D., Daugharty, D., Break Point Business Process Design, Arlington 1992

Chobrok, R., Tiemeyer, E., Geschäftsprozeßorganisation, Vorgehensweise und unterstützende Tools, in: ZfO 3/1996, S. 165 ff.

Dahrendorf, R., Homo Soziologicus, 15. Aufl. , Opladen 1977
Davenport, Th., H., Nohria, N., Der Geschäftsvorfall ganz in einer Hand - Case Mangement, in: Harvard Business Manager 1/1995, S. 81 ff.
Davenport, Th., H., Process Innovation, Boston Mass.1993
Davenport, Th., H., Short, J., E., New Industrial Engineering, Information Technology and Business Process Redesign , in: Sloan Management, Nr. Summer 1990, S. 11 ff.
Dobrok, R., Abele, U., Bacher, S., Motivation in der fraktalen Fabrik, in: Office Mangement 7/8 1994, S. 8 ff.
Droege u. Cop., Herausforderung Organisation - Perspektiven in Zeiten des strategischen Umbruchs, Ergebnisse der Befragung von 800 europäischen Unternehmen,in: Wirtschaftswoche vom 1.7. 1993, S. 43 ff.
Dyckhoff, H., Grundzüge der Produktionswirtschaft, Berlin 1995
Earl, M., J., The New and the Old of Business Process Design ,in: Journal of Strategic Information Systems 1994, S. 5 ff.
Ebers, M., Situative Organisationstheorie, in: HWO, Hrsg. Frese, E., 3. Aufl., Stuttgart 1992, Sp. 1818 ff.
Engelmann, Th., Business Process Reengineering, Wiesbaden 1995
Erdl, G., Schönecker, G., Vorgangssteuerung im Überblick, in: Office Management 3/ 1993, S. 13 ff.
Eversheim, W., u.a., Prozeßorientierte Reorganisation der Auftragsabwicklung, in: VDI-Z, 135, Nr. 11/12 1993, S. 119 ff.
Faix, W.,G., Buchwald, Ch., Wetzler, R., Der Weg zum schlanken Unternehmen, Landsberg/Lech 1994
Fallgatter, M., Grenzen der Schlankheit: Lean Management braucht Organizational Slack, in: ZfO 4/1995, S. 215 ff.
Fiedler, F., E., Theory of Leadership Effectivness, New York 1967
Fleter, R., Generaloffensive in der gesamten Wertschöpfungskette, in: Beschaffung Aktuell, 9/1993, S. 20 ff.
Franssen, M., Müller, U., M., Reengineering von Planungsprozessen, in: ZfO 3/1996, S. 149 ff.
Frese, E., Aufbauorganisation, Gießen 1976
Frese, E., Geschäftssegmentierung als organisatorisches Konzept, in; ZfbF 1993
Frese, E., Grundlagen der Organisation, 6. Aufl., Wiesbaden 1995
Frese, E., Organisationstheorie - Stand und Aussagen aus betriebswirtschaftlicher Sicht, Wiesbaden 1990
Frese, E., von Werder, A., Organisation als strategischer Wettbewerbsfaktor - Organisationstheoretische Analyse gegenwärtiger Umstrukturierungen, in: Organisationsstrategien zur Sicherung der Wettbewerbsfähigkeit - Lösungen deutscher Industrieunternehmen, Hrsg. Frese, E., Maly, W., Sonderheft 3/1994 ZfbF, Düsseldorf 1994, S. 1 ff.
Fuhrberg-Baumann, J., Müller, R., Neugestaltung der Auftragsabwicklung, in: VDI-Z 133, Nr 7 1991, S. 52 ff.
Gaitanides, M., Je mehr desto besser?, in: Technologie und Management, 44. Jg. 1995, H. 2, S. 69 ff.
Gaitanides, M., Müffelmann, J., Die Prozeßorganisation ist der Kerngedanke, in: ZfO 3/1996, S. 186 ff.
Gaitanides, M., Prozeßorganisation, München 1993

Gaitanides, M., u.a. Prozeßmanagement. Konzepte, Umsetzungen und Erfahrungen des Reengineering, München 1994

Galbraith, D. R., Nathanson, D., A., Strategy Implementation, The Role of Structure and Process, West Publishing Company 1978

Girth, W., Methoden und Techniken für Prozeßanalysen und Redesign,in: Krickl, O., Ch., (Hrsg), Geschäftsprozeßmanagement. Prozeßorientierte Organisationsgestaltung und Informationstechnologie, Heidelberg 1990, S. 140 ff.

Görgens, J., Prozeßmanagement (Teil 2) - Was Unternehmen heute tun sollten, in: Management und Computer 2, 1995, S. 133 ff.

Grochla, E., Einführung in die Organisationstheorie, Stuttgart 1978

Grochla, E., Unternehmensorganisation, 9. Aufl., Opladen 1983

Grochla, E., Unternehmensorganisation, Rheinbeck bei Hamburg 1972

Gutenberg, E., Grundlagen der Betriebswirtschaftslehre, Bd. 1, Die Produktion, 4. Aufl., Berlin-Göttingen 1958

Hall, G., Rosenthal, J., Wade, J., How to Make Reengineering Really Work, in: Harvard Business Review ,6 /1993, S. 119 ff.

Hall, G., Rosenthal, J., Wade, J., Reengineering: Es braucht kein Flop zu werden. in: Harvard Business Manager, 4/1994, S. 82 ff.

Hammer, M., Champy, J., Business Reengineering. Die Radikalkur für Unternehmen, 6. Aufl., Frankfurt/M, New York 1996

Hammer, M., Champy, J., Reengineering the Corporation, New York 1993

Happen, D., Organisation und Informationstechnologie - Grundlagen für ein Konzept zur Organisationssystemgestaltung, Hamburg 1992

Heinen, E., Grundlagen betriebswirtschaftlicher Entscheidungen. Das Zielsystem der Unternehmung, 3. Aufl., Wiesbaden 1976

Herp, Th., Brand, St., Reengineering aus Managementsicht , in: Nippa, M., Picot, A., (Hersg), Prozeßmanagement und Reengineering, Frankfurt/M 1996

Hill, W., Fehlbaum, R., Ulrich, P., Organisationslehre, Bd. 1, 5. Aufl., Bern - Stuttgart 1994, Bd. 2, 4. Aufl., Berlin-Stuttgart 1992

Hinterhuber, H., H., Paradigmawechsel. Vom Denken in Funktionen zum Denken in Prozessen, in: Journal für Betriebswirtschaft, 2/1994, S. 58 ff.

Hinterhuber, H., H., Strategische Unternehmensführung, 3. Aufl., Berlin-New York 1984

IHK Nürnberg, MW 2/96; Berichte und Analysen.

Jost, W., Werkzeugunterstützung in der DV-Beratung, in: IM 8. Jg., 1993, S. 11 ff.

Kaplan, B., Murdock, L., Core Process Redesign, in: The McKinsey Quaterly, Nr. 2 1991, S. 27 ff.

Khandwalla, P., N., The Design of Organization, New York 1977

Kieser, A., Business Reengineering - neue Kleider für den Kaiser?, in: ZfO 3/1996, S. 179 ff.

Kieser, A., Kubicek, M., Organisation, 3. Aufl., Berlin/New York 1992

Kläger, W., Hoffmann, J., Lean Production - Fat Office, in: Office Management 3/1993, S. 37 ff.

Köhler, A., Reengineering der Auftragsabwicklung bei der Deutschen Aerospace AG, in: Controlling 5/1995, S. 98 ff.

Koller, G., Meinhardt, St., SAP R3/Analyser. Optimierung von Geschäftsprozessen auf der Basis des R3 Referenzmodells, Walldorf 1994

Kosiol, E., Organisation der Unternehmung, 1. Aufl., Wiesbaden 1962 (2. Aufl. 1976)

Kraus, M., Zum Stand der papierlosen Bearbeitung. Ein Schnappschuß der Unternehmensberatungspraxis in der Bundesrepublik Deutschland, oder „ Trägt der Schuster selbst die schlechtesten Schuhe?", in: IM 1/1993, S. 6 ff.

Kraus,A., Historische Entwicklung von Organisationstrukturen, Ursachen für die Notwendigkeit neuer Organisationskonzepte?, in: Geschäftsprozeßorganisation, (Hrsg.) Krickl, O., Ch., Heidelberg 1994, S. 3 ff.

Krickl, O., Ch., Business Design, Prozeßorientierte Organisationsgestaltung und Informationstechnologie, in: Krickl, ,O.Ch., Geschäftsprozeßmanagement, Heidelberg 1994, S. 28 ff.

Krickl, O., Ch., Business Redesign, Wiesbaden 1995

Kubicek, H., Messung der Organisationsstruktur, in: HWO, Hrsg. Grochla, E., 2. Aufl., Stuttgart 1980, Sp. 1788 ff.

Kubicek, H., Unternehmensziele, Zielkonflikte und Zielbildungsprozeß. Kontroversen und offene Fragen in einem Kernbereich betriebswirtschaftlicher Theorienbildung, in: WiST 10. Jg. 1981, S. 458 ff.

Kubicek, H., Wollnik, M., Kieser, A., Wege zur praxisorientierten Erfassung der formalen Organisationsstruktur. Konfektionsware, Sebstgestricktes oder Maßschneiderei?, in: Der praktische Nutzen empirischer Forschung, Hrsg.Witte, E., Tübingen 1981

Kubick, H., Organisation, 3. Aufl., Berlin/New York 1992

Lehner, Fr., Expertensysteme für Organisationsaufgaben, in: ZfB, 61 Jg. 1991, S. 737 ff.

Lucas, H., Jr., The T-Form Organization, Using Technology to Design Organization for the 21st Century, San-Francisco 1996

Metken, M., Prozeßorientierte Organisationsoptimierung, in: Office Management, 3/1993, S. 6 ff.

Morris, D., Brandon, J., Revolution im Unternehmen, Landsberg/Lech 1965

Müller-Pleuß, J., H., Organisationsmethoden, 4. Aufl., Heidelberg 1974

Münch, E., Methodengestützte Organisationsanalyse zur integrierenden Planung von Aufbauorganisation und Technikeinsatz, in: Office Management,1/2 1993

Nippa, M., Bestandsaufnahme des Reengineering - Konzepte, Leitgedanken für das Mangement, in: Nippa, M., Picot, A., Prozeßmanagement und Reengineering, Frankfurt/M. 1996

Nippa, M., Klemmer, J., Zur Praxis prozeßorientiertter Unternehmensgestaltung. Von der Analyse bis Umsetzung, in: Nippa, M., Picot, A., (Hrsg.), Prozeßmanagement und Reengineering, Frankfurt/M 1996

Nippa, M., Picot, A., (Hrsg.), Prozeßmanagement und Reengineering. Die Praxis im deutschsprachigen Raum, Frankfurt/M 1996

Nippa, M., Reengineering - Top oder Flop, in: ZfO 3/1995, S. 153

Nordsieck, F., Betriebsorganisation, Betriebsaufbau und Betriebsablauf, 4. Aufl., Stuttgart 1972

Nordsieck, F., Grundlagen der Organisationslehre, Stuttgart 1934

Osterloh, M., Frost, J., Business Reengineering : Modeerscheinung oder Business Revolution?, in: ZfO 6/1994, S. 356 ff.

Osterloh, M., Frost, J., Prozeßmanagement als Kernkompetenz. Wie sie Business Reengineering strategisch nutzen können, Wiesbaden 1996

Ostroff, Fr., Smith, D., The horizontal organization, in: McKinsey Quaterly 1 1992, S. 148 ff.

Pankus, G., Führung und schlankes Denken: Der Wettbewerb zwingt zum Umschalten, in: Gablers Magazin 4/1993, S. 13 ff.

Pfeiffer, W., Weiß, E., Lean Management, Grundlagen der Führung und Organisation industrieller Unternehmen, Berlin 1992

Picot, A., Franck, E., Prozeßorganisation, Eine Bewertung des neuen Ansatzes aus Sicht der Organisationslehre, in: Nippa, M., Picot, A., (Hrsg), Prozeßmanagement und Reengineering im deutschsprachigen Raum, Frankfurt/M. 1996, S. 26 ff.

Picot, A., Neuberger, P., Niggl, J., Electronic Data Interchange (EDI) und Lean Management, in: ZfO 1/1993, S. 20 ff.

Poesgens, D., H., Koordination, in: HWO, Hrsg. Grochla, E., 2. Aufl., Stuttgart 1980, Sp. 1131 ff.

Prahalad, C., K., Hamel, G., Nur Kernkompetenzen sichern das Überleben, in: Harvard Manager 2/1991, S. 66 ff.

Quinn, R., E., Rohrbaugh, J., A., Spatial Model of Effectiveness Criteria, Towards a Competing Value Approach to Organizational Analysis, in: MS 1983, S. 363 ff.

Rossa, G., Soll, R., Dissiativ-Controlling in Versicherungsunternehmen, in: Versicherungswirtschaft 3/1994, S. 170 ff.

Scheff, J. Business Redesign, in: Krickl, o., Ch., (Hrsg.), Geschäftspprozeßmanagment, Heidelberg 1994, S. 55ff.

Schmidt, B., Lean Management, in: Office Mangement 3/1993, S. 38 ff.

Schmidt, G., Expertensysteme, in: Handbuch Informationsmanagement, Hrsg. Scheer, A., W., Wiesbaden 1993, S. 845 ff.

Schmidt, G., Methoden und Techniken der Organisation. 6. Aufl., Gießen 1986

Schneider, S., Konflikte in einer Matrixorganisation, in: ZfO 44. Jg. 1975, S. 321 ff.

Scholz, Ch., Matrixorganisation, in: HWO, Hrsg. Frese, E., 3. Aufl., Stuttgart 1992, Sp. 1302 ff.

Scholz, Ch., Organisatorische Effektivität und Effizienz, in: HWO, Hrsg. Frese, E., 3.Aufl. , Stuttgart 1992, Sp. 533 ff.

Scholz, R., Geschäftsoptimierung, Bergisch Gladbach/Köln 1993

Scholz, R., Müffelmann, J., Reengineering als strategische Aufgabe, in: Technologie und Management, 44 Jg. , H. 2 1995, S. 77 ff.

Schreyögg, G., Organisation. Grundlagen moderner Organisationsgestaltung, Wiesbaden 1996

Seidel, N., Betriebsorganisation, Berlin/Wien 1932

Sriening, H.-D., Prozeß-Managemnet, Frankfurt/M 1988

Steinmann, H., Schreyögg, G., Management, Grundlagen der Unternehmensführung, 2. Aufl., Wiesbaden 1991

Stewart, Th., A., Reengineering the hot new Managing Tool, in: Fortune, August 23 1993, S. 33 ff.

Striening, H.- D., Qualität im indirektden Bereich durch Prozeß-Management, in: Zink, Kl., (Hrsg), Qualität als Managementaufgabe, Landsberg/Lech 1994

Striening, H.-D., Prozeßmanagement im indirekten Bereich, in: Controlling 6/1989, S. 324 ff.

Talwar, R., Business Reengineering - A Strategy - driven Approach, in: Long Range Planning 26/1993, S. 22 ff.

Theuvsen, L., Business Reengineering - Möglichkeiten und Grenzen einer prozeßorientierten Organisationsgestaltung, in: ZfbF 1/1996, S. 65 ff.

Thienel, A., Richter, Kl., Zimmermann, H.,P., Einfacher, schneller und zufriedener: Bessere Anfragen- und Auftragsabwicklung durch technisch- organisatorische Innovation, in: Office Management 3/1990, S. 62 ff.

Tiemeyer, E., PC Programme für die Organisationsarbeit. Ein Überblick mit Entscheidungshilfen zur Produktauswahl, in: ZfO 1/1994, S. 51 ff.

Trill, R., Software für Organisatoren, in: Office Management, 7/1992, S. 62 ff.

von Eiff, W., Geschäftsprozeßmanagement. Integration von Lean Management - Kultur und Business Process Reengineering, in: ZfO 6/1994, S. 364 ff.

Warnecke, H.-J., Braun, J., Hüser, M., Die Fraktale Fabrik, in: Organisations-Management, II. 3, 1994, S. 1 ff.

Warnecke, H.-J., Revolution der Unternehmenskultur, Berlin 1993

Welge, M., K., Jansen, A., Organisation, Kurseinheit 1, Ziele der organisatorischen Gestaltung, Fernuniversität Hagen, Hagen 1982

Welge, M., K.,. Fessmann, K.-D., Organisatorische Effizienz, in: HWO, Hersg. Grochla, E., 2. Aufl., Stuttgart 1980, Sp. 577 ff.

Wild, J., Zur praktischen Bedeutung der Organisationstheorie, in: ZfB, 37. Jg. 1967, S. 572 ff., 588 ff.

Wildemann, H., (Hrsg.), Lean Management. Strategien zur Erreichung wettbewerbsfähiger Unternehmen, Frankfurt 1993

Wirtz, B., W., Business Process Reengineering - Erfolgsdeterminanten, Probleme und Auswirkungen eines neuen Reorganisationsansatzes, in: ZfbF 11/1996, S. 1023 ff.

Wittlage, H., Lean Organization - Eine Konzeption für mittelständische Unternehmen?, in: Internationales Gewerbearchiv, 3/1994, S. 145 ff.

Wittlage, H., Methoden und Techniken praktischer Organisationsarbeit, 3. Aufl., Herne-Berlin 1993

Wittlage, H., Organisationsgestaltung mittelständischer Unternehmen, Wiesbaden 1996

Wittlage, H., Organisationsgestaltung unter dem Aspekt der Geschäftsprozeßorganisation, in: ZfO 4/1995, S. 210 ff.

Wittlage, H., Unternehmensorganisation, 6. Aufl., Herne-Berlin 1998

Wolter, G., Messung der Organisationsstruktur, Stuttgart 1985

Zeller, P., Maßgeschneidertes Reengineering. Ein pragmatischer Ansatz von Bain und Company, in: Nippa, M., Picot, A.,Prozeßmanagement und Reengineering , Frankfurt 1996

Stichwortverzeichnis

Z

Betriebliche Informationskonzepte

Von Hypertext zu Groupware

von Wolfgang Riggert

1998. XII, 281 S., 63 Abb. Kart. DM 98,–
ISBN 3-528-05662-2

Aus dem Inhalt: Dokumentenmanagement - EDIFACT - Geschäftsprozeßmodellierung - Workflow - Groupware

Leistungsfähige, innovative Informationssysteme sind heute für Unternehmen unverzichtbarer Ausdruck ihrer Wettbewerbsfähigkeit. Verfügbarkeit und Qualität der Information sind dabei Gradmesser des Erfolges. Der Leser erhält einen praxisbezogenen Überblick über die wichtigsten Techniken und Konzepte betrieblicher Informationsverarbeitung. Besonderes Gewicht liegt auf einer kompakten, übersichtlichen Darstellung der momentan diskutierten Konzepte und ihrer praxisgerechten Einordnung. Hypertext, Dokumentenmanagement, EDIFACT, Workflow und Groupware werden als zentrale Themen behandelt.

Abraham-Lincoln-Str. 46, Postfach 1547, 65005 Wiesbaden
Fax: (06 11) 78 78-4 00, http://www.vieweg.de

Stand 1.1.98
Änderungen vorbehalten.
Erhältlich im Buchhandel
oder beim Verlag.

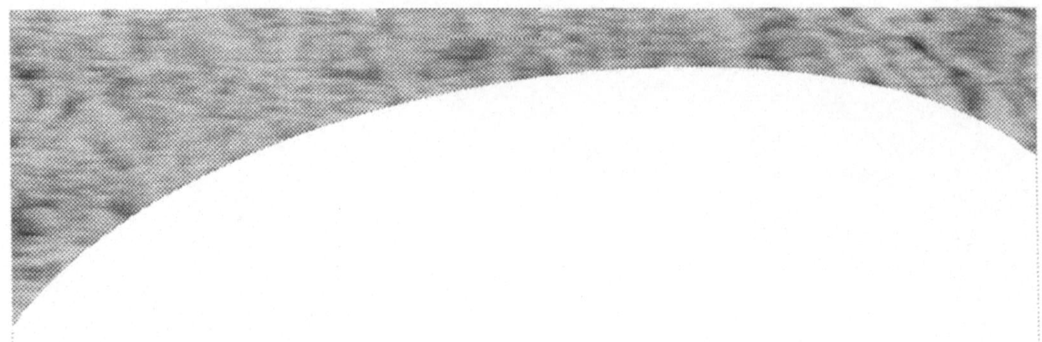